高速转子动平衡技术

邓旺群　任兴民　著

科学出版社
北　京

内 容 简 介

本书以高速转子动平衡为核心内容，从单盘转子、多盘转子到实际复杂转子的高速动平衡，特别是高速柔性转子瞬态动平衡进行全面论述，其中还包括瞬态动平衡的原理、方法及对相关主要因素的适应性等。高速柔性转子的动平衡试验部分包括试验技术、减振技术、单元体平衡技术等。

本书适合航空发动机、旋转机械、转子动力学等研究领域的高校教师、研究生、工程技术人员阅读，也可作为相关专业的研究生教材。

图书在版编目(CIP)数据

高速转子动平衡技术/邓旺群，任兴民著. —北京：科学出版社，2017. 3
ISBN 978-7-03-052241-2

Ⅰ. ①高… Ⅱ. ①邓…②任… Ⅲ. ①高速转子-动平衡-研究 Ⅳ. ①TH133

中国版本图书馆 CIP 数据核字(2017)第 054860 号

责任编辑：牛宇锋 / 责任校对：桂伟利
责任印制：赵 博 / 封面设计：蓝正设计

科学出版社出版
北京东黄城根北街 16 号
邮政编码：100717
http://www.sciencep.com

北京华宇信诺印刷有限公司印刷
科学出版社发行 各地新华书店经销
*
2017 年 3 月第 一 版 开本：720×1000 1/16
2025 年 1 月第七次印刷 印张：17 1/2
字数：338 000

定价：150.00 元

(如有印装质量问题，我社负责调换)

前　言

在国务院颁布的《中国制造2025》中，航空装备是需要大力推动的重点领域之一，其中指出“突破高推重比、先进涡桨(轴)发动机及大涵道比涡扇发动机技术，建立发动机自主发展工业体系。”因此，研制先进航空发动机是建设创新型国家、提高我国自主创新能力和增强国家核心竞争力的重大战略举措。

高速和柔性是现代先进航空发动机转子的主要特点，其不平衡是导致航空发动机振动的主要原因之一。过大的不平衡会使转子产生较大变形和应力，导致连接松动、轴承负荷过大、工作不良以至于损坏。据有关资料统计，不平衡故障约占转子故障总数的30%以上。对转子进行严格的动平衡，是降低航空发动机振动，提高使用安全性、可靠性和寿命的重要措施，它贯穿于发动机的制造、安装、使用和维护的各个环节，在航空发动机的研制中占有非常重要的地位。

转子动平衡通过在转子上去除材料或添加配重的方法来改变转子的质量分布，使转子由于偏心离心力引起的振动或作用在轴承上、与工作转速一致的振动力减小到规定的允许范围之内，以达到机器平稳运行的目的。影响系数法和振型平衡法是柔性转子平衡中的两种基本的方法，经过许多年的发展和工程实践，在工程中已取得较好应用。在实际平衡过程中，传统的柔性转子平衡方法和理论面临一些新问题：一是实际的航空发动机转子多数都是依靠高压燃气驱动，因而很难精确稳定在某一转速下运转，用传统的稳态平衡理论对其进行平衡将存在一定的困难。二是平衡转速接近转子的临界转速，长时间在该转速下停留测量对航空发动机十分不利。三是需要进行多次试车才能确定校正质量，平衡周期长、费用比较高。因此，结合发动机转子实际运行的特点，研究一种基于过临界响应信息的、启车次数少的瞬态动平衡方法具有重要的理论意义和实用价值。

本书提出的利用航空发动机高速柔性转子加速起动瞬态响应信息进行转子不平衡识别，是对经典动平衡理论的发展，可提高航空发动机转子动平衡的效率，具有重要的工程应用价值，可推广应用在航天、化工、钢铁、冶金等行业中高速旋转机械的转子动平衡试验中，为这些行业的转子设计和试验提供技术支持。

本书以高速转子动平衡为核心内容，从单盘转子、多盘转子到实际复杂转子的高速动平衡，特别是对作者提出的高速柔性转子瞬态动平衡进行全面论述，包括瞬态动平衡的原理、方法、适应性等。书中另一部分内容是高速柔性转子的动平衡试验，包括试验技术、减振技术、单元体平衡技术等。

本书可作为相关专业的研究生教材，也可作为相关工程技术人员的参考用书。不当之处请批评指正。

作　者

2016年8月

目　录

第1章 绪 论

转子动力学是研究所有与旋转机械转子及其部件和结构有关的动力学特性的科学，包括转子平衡、振动、动态响应、稳定性、可靠性、状态监测、故障诊断以及振动控制等。主要研究方向有：转子系统的动力学建模与分析计算方法；转子系统的临界转速、振型与不平衡响应分析计算；转子支承系统各类轴承的动力学特性分析；转子系统的稳定性分析；高速转子动平衡技术；转子系统的故障模式和机理、动态特性、监测方法和诊断技术；密封动力学；转子系统的非线性振动、分叉与混沌；转子系统的电磁激励与机电耦联振动；转子系统动态响应测试与分析技术；转子系统振动与稳定性控制技术；转子系统的线性与非线性设计技术与方法等[1]。

转子动力学的发展是与大工业的发展紧密相关的。1869年，Rankine[2]发表的题为“论旋转轴的离心力”的论文是第一篇有记载的研究转子动力学的文献。文章关于“转轴只能在一阶临界转速以下稳定运转”的结论使转子的工作转速一直限制在一阶临界转速以下。1919年，Jeffcott[3]通过对简单模型转子（该模型1895年由Foppl[4]提出）的研究，得到了在超临界运行时，转子会产生自动定心现象，因而可以稳定工作的结论。20世纪20年代起，各国设计生产了很多种超临界工作的涡轮、压缩机、泵转子等，但在使用中不断发生严重的振动事故。美国通用电气公司的研究实验室对转子支承系统的稳定性进行了一系列的试验研究。1924年，Newkirk[5]指出转子的这类不稳定现象是油膜轴承造成的，确定了稳定性在转子动力学分析中的重要地位。Lund[6]在稳定性研究领域也作出了重要的贡献。

20世纪50年代以来，随着电力、航空、航天、石化、船舶等工业的飞速发展，各种旋转机械向高速、重载、自动化方向发展，在国防及国家经济建设中的作用越来越突出，对转子动力学的研究也提出了更重、更新的任务，以满足在旋转机械设计及使用中提出的更高要求[7]。

转子动力学设计是旋转机械设计中的重要环节。它的主要任务是：预计临界转速，预计转子不平衡引起的振动响应，预计转子失稳的门槛转速，预计转子在叶片丢失、加速或减速等瞬态过程中的响应等。为工程设计提供实用、准确的计算和试验方法，是转子动力学研究的主要目的[7]。

事实上，转子是不可能做到完全平衡的，转子不平衡引起的转子系统和发动机的振动是强迫振动，它使转子作正同步进动。这种过大振动常在转子临界转速或其附近发生。发动机常常因振动过大不敢开车通过转子临界转速。因此研究解决转子不平衡引起的过大振动问题也常与解决转子系统的临界转速问题关联在一起。转子系统是发动机中最重要的部件，转子的不平衡量过大将引起整机振动过大，转子零件也将发生较大应力和变形、连接松动、轴承负荷过大、工作不良以至于损坏。转子变形过大则产生动、静件的碰摩，以及许多零组件的振动、疲劳、损伤。振动传到飞机上则会引起飞机零、组件振动，影响到仪表正常工作、精度、寿命，并引起飞机零组件的疲劳损伤，严重时将造成飞行事故[8]。

平衡精度反映转子平衡性的好坏，平衡精度越高表示转子平衡得越好。平衡精度既考虑转速又考虑偏心矩的影响。刚性转子的平衡精度等级有国际标准可循，共分为 11 级，从 $G0.4$ 到 $G4000$ 按比值为 2.5 的等比级数递增排列。柔性转子的平衡尚没有统一的标准可循，不能用不平衡量的大小来表示其平衡性的好坏，而是直接用转子振动(位移、速度、加速度或过载系数)的大小来衡量转子平衡的好坏。尚未见有正式的文件对柔性转子允许的不平衡量作出规定，主要用允许的发动机振动量大小来确定柔性转子的允许不平衡量。因在生产中柔性转子仍需要在低转速按刚性转子进行静、动平衡，并且有的柔性转子还是用刚性转子平衡法进行平衡，所以目前仍规定其允许的刚性转子的不平衡量。

对于航空发动机而言，成功的转子动力学设计应满足如下要求[7]：

(1) 转子应避开临界转速工作，若需越过临界转速时，应使其动态响应尽可能小；

(2) 转子工作过程中，叶尖、密封间隙应尽可能小，但不致发生碰摩；

(3) 不发生转子动力失稳。

为了达到所要求的转子动力学特性，必须满足五项主要设计准则[7]：

(1) 容许的转子临界转速；

(2) 容许的挠曲应变能；

(3) 适当的转子和静子之间的间隙；

(4) 容许的支承结构载荷；

(5) 容许的转子稳定性储备。

这五项设计准则的根本目的是保证重量轻、转速高的航空发动机不仅能安全可靠运行，而且性能好、寿命长。

现代航空涡轮轴发动机多为中小型发动机，是一种高转速(燃气发生器转速高达 30000～50000r/min，动力涡轮转速在体内减速器减速之前亦达 20000～30000r/min)、高压比、高温度的发动机，主要是作为直升机的动力。鉴于中小型涡轮轴发动机转速高、径向间隙小的特点，要求转子的挠度小、径向间隙变化小。这给转子轴系的设计和高速转子动力特性设计带来了新的问题和困难，直接关系到发动机研制的成败。减小振动、控制间隙以减小性能损失，以及降低支承结构载荷是转子动力学设计准则所涉及的关键内容。为了满足日益增长的发动机高功重比要求，希望设计出柔性更好的转子和重量更轻的结构，使得发动机成为非常柔性的结构。影响和制约这一设计要求的主要因素是如何控制发动机系统的振动。航空涡轮轴发动机在很多情况下采用前输出轴方案及套齿结构，由于动力传动轴需穿过燃气发生器转子内腔，伸到发动机前端，即动力传动轴支承之间的跨度不可能短于燃气发生器转子的长度，导致动力涡轮转子很可能在高于弯曲临界转速之上工作，因此，有必要进行柔性转子高速动平衡并配置外部阻尼器。美国T700涡轮轴发动机就采用了前输出轴方案，它是一台典型的转子系统成功超越弯曲临界转速工作的发动机。其动力涡轮转子在工作转速以下有两阶临界转速，临界转速下的转子应变能分别为26％和61％，均超过25％。两阶临界转速均属于弯曲临界转速，特别是第二阶临界转速更明显，因此在2号轴承和5号轴承位置设计有挤压油膜阻尼器[8]。追求高功重比一直是航空涡轮轴发动机研制的重要目标之一，发动机转子越来越细长，静子部件采用大量的柔性结构，以致整机振动故障成为发动机最常见的故障之一。减小整机振动的主要方法有：

(1) 临界转速设计符合要求；

(2) 提供足够的阻尼；

(3) 适当的平衡；

(4) 避免机匣共振；

(5) 排除故障(如振荡燃烧、失稳、喘振或失速、叶片断裂、碰摩等)。

可见，转子平衡在航空发动机的研制中占有重要地位。转子平衡是在转子制成后采取的一种减振措施。通过在转子某些截面上增加或减小质量，使转子的重心和其几何中心靠近，以及使主惯性轴尽量和旋转轴线靠近，以减小转子工作时的不平衡力、力偶或在临界转速附近的横向振动量，从而减小转子系统及整机的振动。

1.1 转子动平衡技术研究现状

随着转子动力学的发展，其平衡理论也在不断地发展、成熟和完善。1907年，德国的拉瓦切克(Lawaczeck)制造出了世界上第一台动平衡机，随后黑曼(Heyman)对其进行了改进，使之付诸于工业应用。1934年，Thearle[9]首先提出了采用影响系数的两平面校正法，它标志着转子动平衡方法基本思想的确立。随后转子动平衡技术经历了两个历史性的发展阶段：①20世纪30年代到50年代是刚性转子动平衡技术的发展阶段，在此期间，几乎所有的平衡研究工作都限于刚性转子的平衡及平衡机在刚性转子平衡中的应用。②从20世纪50年代开始，随着旋转机械向高速、重载方向发展，许多转子被设计在一阶，甚至二阶临界转速以上运行，这样原来的刚性转子平衡方法已无法保证机组的平稳运行，随之开始了柔性转子动平衡的研究。

刚性转子由于其工作转速相对较低，运行过程中不考虑转子本身的弯曲变形，且其平衡状态不受转速的影响，平衡原理比较简单，采用双面加重的方法完全能满足平衡要求，故在 20 世纪 30 年代后期其平衡理论已近成熟，到了 40 年代已形成了正式的国际平衡精度标准 ISO1940。在转子平衡理论发展的初期，人们就采用平衡机对刚性转子进行平衡，大大节省了平衡的解算过程，提高了平衡效率。从最初的软支承平衡机到后来的硬支承平衡机，以及大型真空动平衡设备，目前已经有各种各样的专用或通用动平衡机可供选择。

1.2 传统柔性转子平衡方法的发展过程

自 20 世纪 50 年代末开始提出柔性转子动平衡的理论以来，这项技术发展的很快，目前已趋于完善。传统的柔性转子动平衡方法可以归纳为两大类：一类是以 Federn、Bishop、Kellenberger 等为代表所提出的振型平衡法，或称为模态平衡法；另一类是以 Thearle、Baker、Goodman 为代表所提出的影响系数法，该方法可以看作是刚性转子的双面平衡法在柔性转子系统中的推广。由于技术的限制，早期的平衡方法不可能严重依靠测量和计算工具，这种情况下，模态平衡法首先应运而生。从 20 世纪 80 年代开始，随着转子动平衡理论的逐步成熟，其在各种大型旋转机械的平衡中得到了广泛的应用。转子动平衡技术进入了全新的发展阶段。

1.3 传统柔性转子平衡方法的优化和改进

随着转子系统应用日益广泛，各种与平衡相关的问题不断出现。在传统稳态平衡方法的基础上，针对平衡过程中的一些实际问题，人们提出了不同的改进方法，可归纳如下。

1. 优化平衡技术

在减小转子质量不平衡振动的各种平衡方法中，影响系数法是一种十分有效的方法，在工程实际中得到了广泛的应用。在影响系数的总体框架下，最小二乘法(LS)和最小化极大残余振动法(Min-max)是两类非常重要的优化平衡方法。

2. 无试重平衡方法

传统的转子平衡方法，无论是模态平衡法还是影响系数法，其基本过程都包括测量转子初始不平衡振动、添加平衡试重、测量添加试重后转子的振动，现场平衡时甚至要多次重复该过程。因此，用传统平衡方法进行柔性转子平衡是一个费时、费事的过程，一般都需要转子的多次起停车，这无疑降低了平衡的效率。如何在保证动平衡精度的前提下尽可能减少平衡过程的起车次数，缩短平衡周期，许多研究者进行了大量卓有成效的工作。其中，无试重动平衡已成为一个重要的研究内容。转子的无试重平衡方法，是根据测量得到的转子振动来模拟实际的转子系统，从数学上来预测转子的不平衡量，这样就省去了加试重、试运转等复杂环节。转子的无试重平衡法属于一种典型的动力学反问题，它实际上是一个转子-轴承系统的逆向求解过程。在这个过程中，转子的平衡配重一般通过非线性规划来进行求解。转子的无试重动平衡技术始于 20 世纪 70 年代，近 40 年来已取得了很大进展，其平衡效果一次可达到 80%以上。

3. 转子自动平衡技术

旋转机械在线自动平衡的本质就是要在不停机的情况下，在线地重新改变转子的质量分布，以抵消由于转子在运行中产生的不平衡量(或不平衡量的改变)，使转子的惯性主轴和旋转主轴重合，达到减振的目的[10,11]。这一设想在 19 世纪末就有人提出，其后又有许多专家和工程技术人员从事这方面的研究，提出了许多可行的方案，并进行了试验。目前，转子自动平衡装置可分为两大类:被动式自动平衡装置和主动式自动平衡装置，但是一种合理的、可靠的、适应现代技术发展的自动平衡装置还不多见，只在磨床或实验室中的某些单盘转子上有较成功的应用。

4. 多传感器信息集成和融合

传统的柔性转子平衡所利用的振动信息，都是用一个传感器从转子单向采集的，使用的都是单维信息。这样做是基于转子系统各向刚度相等的假设，在转子各向刚度存在明显差异时，传统的平衡方法必然会带来误差，降低平衡的精度和效率。1989 年，西安交通大学的屈梁生院士提出了全息动平衡技术[12]，该方法实现了将转子多向传感信息有机地集成和融合，更加真实全面地反映出转子的振动状态，提高了平衡的效率和精度。全息动平衡方法首先利用全息谱技术，精确地求出各传感器拾取信号的幅值、频率和相位，作出各个数据采集面的二维全息谱及转子转频下的三维全息谱，然后，利用二维和三维全息谱分析转子的振动行为，判断失衡状态，选择平衡面。最后利用转子的试重轨迹和移相椭圆来完成平衡计算。1998 年，屈梁生院士[13]对全息动平衡方法作了全面的总结，在分析全息谱技术应用于动平衡领域的可能性与优势的基础上，介绍了全息动平衡方法的基本概念，如试重椭圆、初相点和移相椭圆等。此后，其课题组成员邱海、徐宾刚等[14,15]对全息动平衡方法进一步进行了补充说明。Liu[16]基于自适应神经网络推理系统(ANFIS)和全息谱的信息融合技术，提出了一种新的柔性转子现场平衡方法。通过全息谱技术可充分利用来自传感器的振动信息，利用 ANFIS 建立模拟振动响应和平衡重量之间影响关系的网络模型。实验结果表明，基于 ANFIS 的网络平衡模型能获得满意的平衡结果，具有现场平衡前景。Liu[17]针对工作在一阶临界转速之上的柔性转子，传统上需低速刚体平衡和高速平衡两个阶段来实现平衡目的所带来的不足，发展了一种低速全息平衡方法(LSHB)。LSHB的原理主要基于全息谱技术，通过多个传感器的组合来构成清晰而精确地描述转子振动响应的一个三维全息谱，然后根据全息谱的分解结果，LSHB可以在一个低于一阶临界转速的低转速下很容易地平衡柔性转子。由于LSHB不像其他传统平衡方法那样需要在高于一阶临界转速下的任何试运行，平衡过程更加安全而经济。

第 2 章　转子平衡技术

2.1　转子平衡的概念和基本理论

转子平衡就是通过在转子上去除材料或添加配重的方法来改变转子的质量分布，使转子由于偏心离心力引起的振动或作用在轴承上、与工作转速一致的振动力减小到规定的允许范围之内，以达到机器平稳运行的目的。转子平衡的具体目标是减少转子挠曲、减少机器振动以及减少轴承动反力。这三个目标有时是一致的，有时是矛盾的，但它们必须统一于平衡的最终目标——保证机器平稳地、安全可靠地运行。

2.1.1　转子平衡的分类

转子的平衡，按平衡时转子工作转速和临界转速之间的关系，可分为刚性转子平衡和柔性转子平衡，或者称为低速动平衡和高速动平衡。工程上一般把工作转速是否超过其一阶临界转速作为挠性转子与刚性转子的分界，但从平衡的角度可按如下方法区别刚性转子和柔性转子：当工作转速 ω 与一阶临界转速 ω_{c1} 之比满足 $\omega/\omega_{c1}<0.5$ 时，为刚性转子；当满足 $0.5\leqslant\omega/\omega_{c1}<0.7$ 时，为准刚性转子；当满足 $\omega/\omega_{c1}\geqslant0.7$ 时，为柔性转子。刚性转子与柔性转子的动力学特性有很大的不同，因而它们的平衡方法也有很大的差别。

按平衡平面的多少可将转子的平衡分为单面平衡、双面平衡和多面平衡。

(1) 单面平衡。单面平衡就是只用一个校正面就可进行的平衡，在下列两种情况下可进行单面平衡：①与直径相比轴向长度短的转子的平衡，如飞轮、离合器、风扇叶轮、皮带轮等的转子；②不平衡非常大的转子的预备平衡。

(2) 双面平衡。为使转子达到平衡，至少应在转子轴向位置不同的两个平面上加平衡校正量，这样的平衡称为双面平衡。

(3) 多面平衡。挠性转子一般进行多面平衡，由低速直到 N 阶临界转速都存在不平衡问题时，需要选择 N 平面法或 $N+2$ 平面法进行平衡。一些特殊的刚性转子，也需要进行多面平衡，如多缸曲轴等一般要进行多面平衡[18]。

按平衡时转速是否变化分为稳态平衡和瞬态平衡。稳态平衡法是让转子稳定在一个或多个转速下对它进行平衡。现有的平衡方法，不论是影响系数法、模态平衡法，还是它们的改进方法，从本质上来说都是稳态平衡法。转子平衡时，理论上讲应该使转子在工作转速以下的所有转速范围内都得到平衡，但实际中实现起来是不可能的，只能保证在几个选定的转速上使转子得到平衡。随着对转子平衡工作研究的深入，人们一直希望能通过转子运转状态下获得的振动信息，经济、快捷地识别出转子的不平衡量，以实现转子的平衡，这就产生了转子的瞬态平衡方法。

按平衡方式和平衡时的工作条件可分为工艺平衡、现场平衡和在线自动平衡。工艺平衡也称为机上动平衡，是指在动平衡机上进行的平衡，其主要应用于转子的制造阶段，消除转子在加工和装配过程中造成的初始不平衡。针对不同的动平衡工艺有各种各样的专用和通用动平衡机可供选择。现场动平衡是转子在它本身的轴承和机架上，利用一些现场测试和分析设备对转子实施的平衡操作。现场动平衡一般是在工艺平衡的基础上进行的，它除了能够解决工艺平衡不能解决的现场问题，还可以进一步提高动平衡的精度。特别对于高速旋转的高精度设备，非常需要现场动平衡[19]。在线自动平衡是指在机组不停车的状态下，通过一种自动控制机构来实现对转子系统平衡的方法。

刚性转子在运行过程中，转子本身的弹性弯曲是忽略不计的，因此可以用刚体力学的办法来处理其平衡问题。

对于圆盘状的刚性转子，选择圆盘面为平衡校正面，通过单面静平衡的方法就可完成其平衡过程。具体做法是把转子放在水平的两条平行导轨或滚轮架上任其自由滚动，盘的质心总是位于质点的下方，经过几次加重(或减重)后，转子的不平衡就能减小到许可的程度。

具有任意不平衡分布的刚性转子通常采用双面动平衡方法对其进行平衡。平衡满足条件[20]：

$$\begin{cases} \boldsymbol{W}_1+\boldsymbol{W}_2=-\int_0^l \boldsymbol{u}(z)\mathrm{d}z \\ z_1\boldsymbol{W}_1+z_2\boldsymbol{W}_2=-\int_0^l \boldsymbol{u}(z)z\mathrm{d}z \end{cases} \tag{2-1}$$

其中，$\boldsymbol{u}(z)$为转子沿轴向 z 的初始不平衡分布函数；$\boldsymbol{W}_i(i=1,2)$为轴向位置 $z_i(i=1,2)$处的平衡校正量；l 为转子的长度。

刚性转子一旦在某一转速下平衡后，不论在任何转速下(只要符合刚性转子的条件)它总是保持平衡的。

2.1.2 柔性转子平衡方法

柔性转子一般工作在一阶甚至二阶、三阶弯曲临界转速之上，因此柔性转子的平衡又称为高速动平衡。柔性转子的平衡不仅要消除转子的刚体不平衡，而且要消除工作转速范围内的振型不平衡[21]。从平衡原理上区分，柔性转子的平衡法可归纳为两大类：模态平衡法和影响系数法。

1. 模态平衡法

模态平衡法的基本思想：把转子的不平衡量按各阶主振型分解成许多不平衡分量，根据振动理论，每一分量只能激起转子相应阶的一个主振型。由低到高，逐阶平衡好各阶模态不平衡分量，则转子在整个转速范围内也就得到了平衡。

N 平面模态平衡法应满足如下条件[20]：

$$\sum_{i=1}^{N}\boldsymbol{W}_i\phi_n(z_i)=-\int_0^l \boldsymbol{u}(z)\phi_n(z)\mathrm{d}z \quad (n=1,2,\cdots,N) \tag{2-2}$$

$N+2$ 平面模态平衡法应满足如下条件[14]：

$$\begin{cases}\displaystyle\sum_{i=1}^{N+2}\boldsymbol{W}_i=-\int_0^l \boldsymbol{u}(z)\mathrm{d}z \\ \displaystyle\sum_{i=1}^{N+2}\boldsymbol{W}_i z_i=-\int_0^l \boldsymbol{u}(z)z\mathrm{d}z \qquad (n=1,2,\cdots,N) \\ \displaystyle\sum_{i=1}^{N+2}\boldsymbol{W}_i\phi_n(z_i)=-\int_0^l \boldsymbol{u}(z)\phi_n(z)\mathrm{d}z\end{cases} \tag{2-3}$$

式中，$\boldsymbol{u}(z)$为转子沿轴向 z 的初始不平衡分布函数；$\boldsymbol{W}_i$ 为轴向位置 z_i 处的平衡校正量；$\phi_n(z)$为转子的第 n 阶振型函数；l 为转子的长度；n 为所平衡的振型编号。

2. 影响系数法

对于具有 N 个平衡面、L 个振动测量位置和 K 个平衡转速的转子系统，其影响系数定义为

$$\boldsymbol{\alpha}_{ij}=\frac{\boldsymbol{A}_{ij}-\boldsymbol{A}_{i0}}{\boldsymbol{T}_j}=\frac{\Delta\boldsymbol{A}_{ij}}{\boldsymbol{T}_j} \quad (i=1,2,\cdots,M;j=1,2,\cdots,N) \tag{2-4}$$

其中，$M=L\times K$ 为总的振动测点数；$\boldsymbol{A}_{i0}$ 为第 i 测点的原始振动；$\boldsymbol{A}_{ij}$ 平衡面 j 上加试重 $\boldsymbol{T}_j$ 后在第 i 测点的振动；$\boldsymbol{\alpha}_{ij}$ 为第 j 平衡面对第 i 测点的影响系数。

所谓影响系数法，就是在线性系统的假设下，由影响系数矩阵 $\boldsymbol{\alpha}$ 和选定转速下不同测点处的初始不平衡响应列向量 $\boldsymbol{A}_0$，计算校正重量 $\boldsymbol{W}$，使得转子的残余振动为零或达到最小。加上校正重量 $\boldsymbol{W}$ 后，转子的残余振动可表示为

$$\boldsymbol{\delta}=\boldsymbol{A}_0+\boldsymbol{\alpha W} \tag{2-5}$$

平衡过程中，当平衡面的数目与测振点总数相等，即 $M=N$ 时，式(2-5)表示的转子残余振动最小值为零，此时可求得校正重量为

$$\boldsymbol{W}=-\boldsymbol{\alpha}^{-1}\boldsymbol{A}_0 \tag{2-6}$$

通常会出现平衡面的数目小于测振点总数，即 $N<M$ 时，可以通过最小二乘法求得校正重量为

$$\boldsymbol{W}=-[\boldsymbol{\alpha}^{\mathrm{H}}\boldsymbol{\alpha}]^{-1}\boldsymbol{\alpha}^{\mathrm{H}}\boldsymbol{A}_0 \tag{2-7}$$

用最小二乘法求得各测点的残余振动 $\boldsymbol{\delta}_i(i=1,2,\cdots,M)$ 后，如果最大残余振动大大超过了残余振动的均方根值 $\boldsymbol{R}$，可以通过加权迭代的方法来平抑残余振动。加权因子矩阵一般取

$$\boldsymbol{E}_k=\mathrm{diag}\left(\frac{|\boldsymbol{\delta}_{1k}|}{\boldsymbol{R}_k},\frac{|\boldsymbol{\delta}_{2k}|}{\boldsymbol{R}_k},\cdots,\frac{|\boldsymbol{\delta}_{Mk}|}{\boldsymbol{R}_k}\right) \tag{2-8}$$

下标 k 表示第 k 次迭代。经过第 k 次迭代后，求得新的平衡校正重量为

$$\boldsymbol{W}_k=-[\boldsymbol{\alpha}^{\mathrm{H}}\boldsymbol{E}_k\boldsymbol{\alpha}]^{-1}\boldsymbol{\alpha}^{\mathrm{H}}\boldsymbol{E}_k\boldsymbol{A}_0 \tag{2-9}$$

再求得平抑后的残余振动，可进行反复加权迭代，直到 $|\boldsymbol{\delta}_{ik}|_{\max}$ 达到要求为止，这就是加权最小二乘法。该方法可均化残余振动，使各点的残余振动值相接近，避免了过大残余振动的出现，但有可能使残余振动较小的测点的振动有所增大。

3. 混合平衡法

影响系数法的优点：可同时平衡几个振型，尤其是对轴系的平衡更为方便；可利用计算机辅助平衡，便于实现数据处理的自动化。缺点：在高转速下平衡起动的次数多；在高阶振型时，敏感性降低，有时使用了非独立平衡平面可能得到不正确的校正量。振型平衡法的优点：在高转速平衡时，起动次数少，且仍有较高的敏感性，使低阶振型不受影响。缺点：当系统阻尼影响较大时不够有效，振型不易测准；用于轴系平衡时，在临界转速附近不易获得单一振型。

混合平衡法综合了两种方法的优点。在影响系数法的基础上，充分利用了振型平衡法中振型分离的特点来选择各项参数，使柔性转子的平衡方法更完善。

混合平衡法应用了振型平衡法的特点，可对各阶振型分离平衡而不影响低阶振型，在高转速下平衡避免了影响系数法那样需一组试重多次升速，减少了运行次数。同时，吸取了影响系数法的特点，可利用计算机辅助平衡。

2.2　转子的动平衡技术

转子平衡是为了调整转子的质量分布，使转子由于偏心离心力引起的振动或作用在轴承上、与工作转速频率相一致的振动力减小到允许范围内。刚性转子的工作转速低于其一阶临界转速，运转时弯曲变形很小，动平衡时可不考虑变形的影

响。柔性转子的工作转速大于其第一阶临界转速，在较高转速下因偏心离心力的作用转子会产生较大的弯曲变形，平衡时必须考虑转子变形的影响。低速动平衡的转速在转子第一阶临界转速的 30%～40%以下，在此平衡转速下转子的变形不致明显影响其不平衡量的大小和分布，平衡中只把力与力偶的不平衡量降低到许可范围。高速动平衡是一个多平面多转速的动平衡过程，转子主要是在临界转速和工作转速下的动平衡。高速动平衡可使力与力偶的不平衡量以及可能出现的“n”阶固有振型时的不平衡量降低到许可范围。

2.2.1　转子产生不平衡的原因及不平衡所引起的振动特点

1. 转子产生不平衡的原因

转子产生不平衡大致可归纳为以下四种基本原因：

(1) 转子结构的不对称；

(2) 原材料或毛坯的缺陷；

(3) 加工和装配有误差；

(4) 在机器运转过程中所产生的不平衡。

因此，在机器设计、制造、安装和使用过程中应尽量减小转子产生不平衡的因素，避免转子出现过大的不平衡而引起机器振动。

2. 转子不平衡所引起的振动特点

转子不平衡离心力所引起的振动或支承附近动载荷与其他原因引起的振动或动载荷不同，它具有固有的特征，即动载荷与转速平方成正比，频率与转速同频，并且由于转子质量分布特性不同，支承所受动载荷也不同。

2.2.2　柔性转子平衡的条件、特点、评价标准、目的和要求

1. 柔性转子的平衡条件

柔性转子的平衡条件可用下式表示：

$$\begin{cases} \sum_{i=1}^{q} \boldsymbol{W}_i = -\int_0^l \boldsymbol{u}(z)\mathrm{d}z \\ \sum_{i=1}^{q} \boldsymbol{W}_i z_i = -\int_0^l \boldsymbol{u}(z) z\mathrm{d}z \\ \sum_{i=1}^{q} \boldsymbol{W}_i \phi_n(z_i) = -\int_0^l \boldsymbol{u}(z)\phi_n(z)\mathrm{d}z \end{cases} \quad (n = 1, 2, \cdots, N) \tag{2-10}$$

式中，$\boldsymbol{u}(z)$为转子沿轴向 z 的原始不平衡分布函数；$\boldsymbol{W}_i$ 为 z_i 轴向位置上的校正质

量；$\phi_n(z)$为振型函数；l 为转子的长度；q 为校正质量的个数；n 为需平衡的振型数目。

2. 柔性转子的平衡特点

从柔性转子的平衡条件可以得出柔性转子的平衡特点：

(1) 在工程上，对于最高工作转速超过其第 N 阶临界转速的转子，为实现其动平衡，一般只需满足式(2-10)中的前 $N+2$ 个方程即可。因此，柔性转子的平衡是在一定转速范围内的平衡。为了消除转子的前 N 阶挠曲振型，通常将转子依次驱动到相应的临界转速附近，进行转子的动平衡检测和校正。因此，整个柔性转子的平衡过程是一个多转速下的动平衡过程。

(2) 为了满足式(2-10)中的前 $N+2$ 个方程，在转子上需选取 $N+2$ 个校正平面，以便施加 $N+2$ 个校正质量块。因此，柔性转子的动平衡又是一个多平面的平衡工艺。

总之，柔性转子的平衡特点是一种多转速多平面的平衡工艺，与刚性转子一个转速两个平面的平衡工艺相比具有明显的区别。

柔性转子一般先在低于第一阶临界转速 30%的低转速条件下，按刚性转子的平衡特点和要求进行动平衡，称之为柔性转子的低速动平衡。然后在转子的临界转速附近，甚至包括转子的工作转速下进行平衡，称之为柔性转子的高速动平衡。

3. 柔性转子平衡的评价标准

任何转子的不平衡，总是通过其不平衡振动响应表现出来。因此，转子的平衡必然以转子-轴承系统的不平衡振动响应为基础。在工程技术上，用来反映转子是否平稳运转，常以下列三种方法之一来表示：

(1) 以不平衡所引起的转子-轴承系统的振动响应来表示；

(2) 以转子作用在轴承上的不平衡合力的大小来表示；

(3) 以转子的剩余不平衡量来表示。

转子的平衡结果是使转子-轴承系统的不平衡振动响应，或作用在轴承上的不平衡合力，或转子的剩余不平衡量控制在允许的范围内。

4. 柔性转子的平衡目的和要求

一般来说，柔性转子的平衡目的在于消除转子的不平衡挠曲变形和作用在轴承上的不平衡力，以保证转子在其工作条件下平稳地运转。然而，完全没有必要也不可能使转子达到完全平衡的状态。在工程上，柔性转子的平衡通常要求其转子本身或轴承的不平衡振动减小到允许范围内，或使转子的剩余不平衡量减小到允许范围内。

不同机器的转子有其不同的平衡要求。有些转子仅需在某一定转速下平衡，而大多数转子则需在其整个转速范围内，包括其中的几个临界转速，都要求把转子的不平衡量所引起的振动或作用在轴承上的不平衡力减小到很小的程度。

2.2.3　转子自动平衡技术

转子自动平衡技术是国内外学者进行转子动平衡研究的又一重点，取得了可喜的研究成果。文献[22]对转子现场平衡的局限性、自动平衡装置的类型，以及自动平衡方法进行了论述，概述如下。

对转子做现场动平衡，是消减机器振动的最直接而有效的手段，但也有其局限性：

(1) 平衡是一个间断和反复调整的过程，必须停机后才能加“试重”；

(2) 消耗大量人力物力，平衡过程时间长；

(3) 机器的热不平衡状态是随着工况的改变而变化的，动平衡难以使转子在空载和满负荷情况下都达到良好的平衡状态；

(4) 大型旋转机械每次起动的状态都不一样，加上仪器仪表的测量误差，使平衡校正难以达到精确水平；

(5) 当转子突然失衡(如叶片脱落)时，即使立即停机，也容易造成机器损坏，并且在长期运行中，转子的不平衡状态会发生变化，故必须定期停机进行平衡。

避免上述局限性的最好途径是实现转子在运行过程中的自动平衡，转子自动平衡装置的主要类型分为被动式自动平衡装置和主动式自动平衡装置。被动式自动平衡装置是指没有任何外部能量供给的平衡装置，利用系统本身的动能来驱动自动平衡装置内校正质量的移动。主动式自动平衡装置分为自动去重或加重型和质量内部自动分布型两种形式。最常用的转子自动平衡方法是采用平衡头的自动平衡装置，平衡头又分为单平衡头和多平衡头两种形式。

总之，转子动平衡是保证旋转机械安全可靠运行的重要手段。目前，转子正朝着长径比越来越大、转子越来越“柔”的方向发展，柔性转子的平衡是一个困难的问题。在实际平衡时，需要相当的技术和时间。由于理论与实践之间的差别(主要是建立理论时假定条件的问题)以及计算误差等原因，如不借助实际经验，则平衡是很难完成的。此外，柔性转子的平衡至今尚没有一个统一的标准，对于一个具体转子来说，如何确定合理的平衡精度以及为确保这一精度而建立的平衡手段(包含平衡状态的判别和评价的标准)依然是平衡的中心问题。

2.3 动平衡工艺

根据 GB/T 6444—1995《机械振动 平衡术语》的规定,刚性转子的定义为:可以在任意选定的两个校正平面上进行平衡校正,并且校正之后,在直至最高工作转速的任何转速以及接近实际工作运转的支承条件下,其剩余不平衡量(相对轴线)无明显改变的转子。

按照 GB 9239—1988《刚性转子平衡品质》的规定,刚性转子的平衡品质等级分为 11 级,对常用的各类转子的平衡品质给出了最低限度规定值;如果按规定值选定转子的平衡品质,则可以在很大程度上使转子安全平稳地运行,还可以避免对平衡要求的严重疏漏或要求过高。

2.3.1 转子质量与许用不平衡量

一般说来,转子质量越大其许用不平衡量也越大,可用下式所定义的许用不平衡度 e_{per}来表示许用不平衡量 W_{per}与转子质量 m 的关系:

$$e_{per}=\frac{W_{per}}{m} \tag{2-11}$$

在特殊情况下,即转子不平衡能简化为一个横截面内单个不平衡的等效系统而偶不平衡为零时,许用不平衡度 e_{per}可与转子质心偏离轴线的许用质量偏心距等效。

2.3.2 平衡品质等级与工作转速和许用不平衡度的关系

一般情况下同类转子在图 2.1 所示各平衡品质等级的转速范围内,许用不平衡度与转子最高工作转速 ω 成反比,即

$$e_{per}\cdot\omega=\text{const} \tag{2-12}$$

也就是说,几何形状相似的转子在相等的圆周速度下,由于剩余不平衡离心力的作用,转子及其轴承受到的应力相同。因此,规定平衡品质等级 G 由许用不平衡度 e_{per}(μm)与转子最高工作角速度 ω(rad/s)之积用1000 除所得的值(mm/s)来表示

$$G=\frac{e_{per}\cdot\omega}{1000} \tag{2-13}$$

平衡品质的等级规定为 11 级,见表 2.1。根据转子实际工作或平衡工艺的需要,如需要精确控制许用不平衡量时,各专业标准在某一等级内可进行更精细的划分,如确需增设新的等级,可按等级间的公比 2.5 予以扩展。

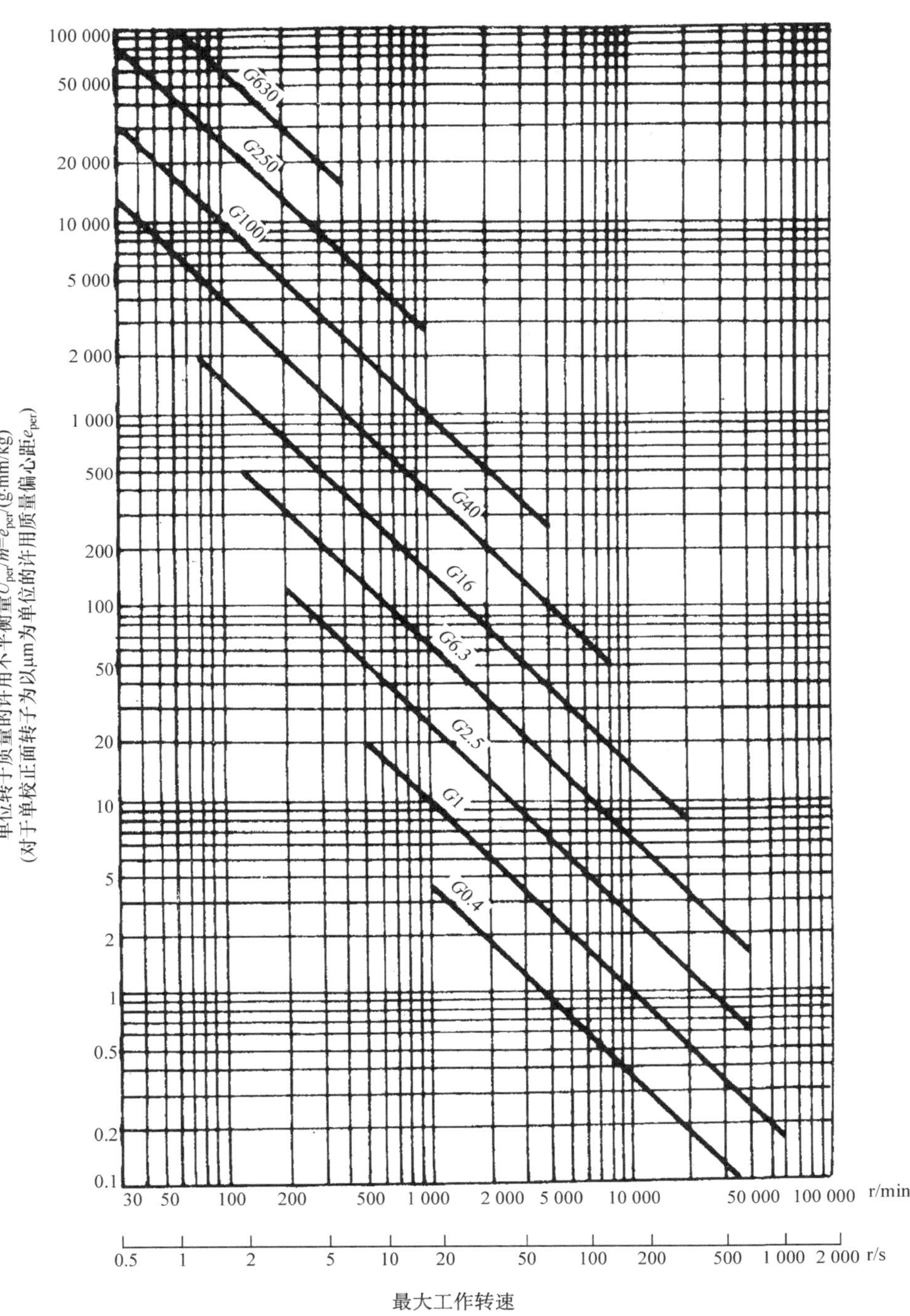

图 2.1　对应于各平衡品质等级的最大许用不平衡度

表 2.1　平衡品质等级表　（单位：mm/s）

平衡品质等级	平衡品质等级值
$G0.4$	≤0.4
$G1$	≤1
$G2.5$	≤2.5
$G6.3$	≤6.3
$G16$	≤16
$G40$	≤40
$G100$	≤100
$G250$	≤250
$G630$	≤630
$G1600$	≤1600
$G4000$	≤4000

常用的各种刚性转子的平衡品质等级以及与各平衡品质等级相对应的最大许用不平衡度分别列于表 2.2。表 2.2 中未列入的类似转子可参照执行。

表 2.2　常用各种刚性转子的平衡品质等级

平衡品质等级	$e_{per} \cdot \omega$ /(mm/s)	转子类型实例
$G4000$	4000	具有奇数个汽缸刚性安装的低速船用柴油机的曲轴驱动装置
$G1600$	1600	刚性安装的大型二冲程发动机的曲轴驱动装置
$G630$	630	刚性安装的大型四冲程发动机的曲轴驱动装置 弹性安装的船用柴油机的曲轴驱动装置
$G250$	250	刚性安装的高速四缸柴油机的曲轴驱动装置
$G100$	100	六缸或更多缸高速柴油机曲轴驱动装置 汽车、货车及机车的发动机曲轴驱动装置
$G40$	40	汽车车轮、轮辋、车轮总成、驱动轴弹性安装的六缸或更多缸高速四冲程（汽油或柴油）发动机曲轴驱动装置 汽车、货车及机车的发动机曲轴驱动装置
$G16$	16	特殊要求的驱动轴（螺旋桨轴、万向传动轴）粉碎机零件 汽车、货车和机车用（汽油、柴油）发动机个别零件 特殊要求的六缸或更多缸发动机曲轴驱动装置

续表

平衡品质等级	$e_{per}\cdot\omega$ /(mm/s)	转子类型实例
$G6.3$	6.3	造纸机辊筒、印刷机辊筒风扇、通风机、鼓风机、航空燃气涡轮机转子部件、飞轮泵的转子部件或叶轮机床及通用机械零件 普通中型和大型电机转子(轴中心高超过 80mm)大量生产的小型电枢，其安装条件对振动不敏感或有隔振装置 特殊要求的发动机个别零件增压器转子
$G2.5$	2.5	燃气和蒸汽涡轮，包括船舶(商船)主涡轮 刚性涡轮发动机转子 计算机存储磁鼓或磁盘 透平压缩机转子 机床驱动装置 特殊要求的中型和大型电机转子 不具备 $G6.3$ 级两条件之一的小型电枢 涡轮驱动泵
$G1$	1	磁带录音机及电唱机驱动装置 磨床主传动装置及电枢 特殊要求的小型电枢
$G0.4$	0.4	精密磨床的主轴、磨轮及电枢陀螺仪

注：若转速 n 的单位为 r/min，ω 的单位为 rad/s，有 $\omega=\frac{2\pi n}{60}\approx\frac{n}{10}$。

2.3.3　平衡品质的确定

转子的平衡品质可用下述三种方法确定：

第一种方法是基于转子平衡、运转的实践经验而得出的经验平衡品质等级；

第二种方法是实验法，它常用于大批量生产转子或有特殊要求转子的平衡品质的确定；

第三种方法是根据额定许用支承载荷确定平衡品质。

具体方法应由制造厂和用户协商确定。

1. 根据经验平衡品质等级确定平衡品质

平衡品质等级可用来对转子的平衡品质进行分类。表 2.1 中每一个平衡品质等级包括从上限到零的许用不平衡度范围，平衡品质等级的上限由乘积 $e_{per}\cdot\omega$ 确定，单位为 mm/s，平衡品质等级 G 由该乘积的值表示，各等级间的公比为 2.5。图 2.1 中对应于最高工作转速绘出了 e_{per} 的上限，知道 e_{per} 值后转子许用不平衡量

W_{per}为

$$W_{per}=e_{per}\cdot m \tag{2-14}$$

式中，m 为转子质量，kg；e_{per} 为许用不平衡度，g · mm/kg；W_{per} 为许用不平衡量，g · mm。

2. 根据实验确定平衡品质

用实验来确定所需平衡品质通常用于大批量生产转子的平衡工艺过程。实验一般是在转子工作时的支承状态下进行的，个别情况下，如果平衡机的特性与转子的安装工作条件基本相同，也可在平衡机上进行。

每个平面上的许用不平衡量是通过在各个平面逐次加上不同的试验质量用实验的方法确定的，所选的判断依据应由最具代表性的要素给出（如振动、力或不平衡引起的噪声）。

在双面平衡时，必须考虑同相位的不平衡量及不平衡力偶的不同影响。此外，工作过程中可能产生的环境变化或转子的变化也应考虑在内。

3. 根据额定许用支承载荷确定平衡品质

由轴承传递到支承上的不平衡力的影响是重要因素，每个轴承平面上的许用不平衡量，可以直接由每个轴承平面上由不平衡引起的最大许用载荷导出。如果转子是在测量轴承平面上剩余不平衡的平衡机上平衡，则这些值可以直接采用。如果剩余不平衡是在其他平面上测得的，则在这些平面上的许用不平衡量可以采用某一方法（转子许用不平衡量向校正平面的分配）计算。

2.3.4 确定转子是刚性的还是柔(挠)性的方法

如果转子属于刚性范畴，可用低速平衡方法来平衡。通常，柔（挠）性转子需要在高速下，采用多速平衡和/或工作转速下平衡的方法进行平衡。然而，有的转子按定义是柔（挠）性的但处于边界，也可以采用单面平衡、双面平衡、装配前单部件平衡、控制初始不平衡量之后平衡、装配期间分级平衡、最佳平面上平衡等专门方法做低速平衡。

转子的物理外形对平衡而言不足以确定转子是属于刚性范畴还是柔（挠）性范畴。如果转子在高速下工作，它可能靠近或超越临界转速，转子会有明显弯曲，因此要求高速平衡。如果转子最高工作转速与第一阶挠曲临界转速之比小于 0.7，对平衡而言认为转子是刚性的。

下列几点可用来确定转子是刚性的还是柔（挠）性的，从而确定采取的平衡方法。

（1）向转子制造厂咨询以明确转子结构型式和特性以及推荐的平衡方法；

(2) 如果转子的最大工作转速与第一阶挠曲临界转速之比小于 0.7，对平衡而言，这转子能认为是刚性的；

(3) 按照 GB/T 9239—1988《刚性转子平衡品质》中规定的方法在低速下做两面平衡。

2.3.5　一般试验测量设备

机器的转子部件是主要的振动来源，转子振动会传递到机器的基础、机壳、地板上。由此，对振源进行检测是检测旋转机械故障最为有效的方法。它通常是由两个非接触式位移传感器安装在正交位置上，并靠近轴承位置，以测量横向振动以及静态轴心相对于其安装固定部分的位置。

目前，国内外在机械设备测试方面制定了各种规范用以观察转子的转动。除了测量对象以外，还需要径向传感器、键相传感器以及相应的数据采集设备。通常有六个与振动有关的参数在旋转机械的稳态与瞬态过程中经常要进行测量：

(1) 测量总体振动大小，可用于确定问题的严重程度；

(2) 测量振动分量的频率，用以寻找故障的根本原因；

(3) 检测转子振动的时域波形、轴心轨迹及其涡动方向，来找出故障性质；

(4) 为识别不平衡位置，相位是极其重要的参数；

(5) 掌握转子中心位置用以获得径向负荷状况及转子在轴承中的相对位置；

(6) 应了解转子振动的 1× 分量与总体振动水平之间的比例数，这有助于机器故障诊断。

一般来说，转子振动信号通常可以重复获得，有时因为载荷、温度和过程参数的影响会有一些小的变化。环境及载荷的条件应当在记录数据时一并记录。

2.4　小　　结

本章介绍了传统的平衡方法、动平衡技术发展过程以及一般的动平衡工艺，为建立适用于高速转子的瞬时动平衡方法提供了理论基础。

第 3 章　单盘转子的瞬态响应及其瞬态平衡

由于能明确、形象地说明转子在不平衡质量惯性离心力作用下引起的涡动现象，Jeffcott 转子已成为转子动力学分析中最常用的一类力学模型。其稳态不平衡响应可以通过解析形式来表示，求解和分析方法已十分成熟。关于其瞬态不平衡响应，一般通过两种方法来进行求解：有限元法和传递矩阵法。这两种方法都必须和数值求解过程相结合，才能给出转子瞬态不平衡响应的最终结果。虽然有研究者试图通过解析的形式来表示转子的瞬态不平衡响应，但其过程极其繁琐，而且由于过多的近似假设，其求解结果并不比数值方法有效。现有的数值求解方法都是以转子瞬态不平衡响应趋势的分析和预测为目标，集中在数值方法本身的优劣或求解精度的讨论上，并没有对转子瞬态不平衡响应本身进行深入的探讨。本章将通过数值方法，以 Jeffcott 转子模型为例，对单盘转子的加速瞬态不平衡响应进行深入的分析，将重点探讨加速瞬态运动过程中转子的动挠度、自转角速度、进动角速度、自转角、进动角、相位角等的变化关系和变化规律。在此基础上通过不平衡瞬态响应信息对转子的不平衡进行识别，建立一种单盘转子的瞬态平衡方法，并通过一悬臂转子的瞬态平衡算例对该方法进行验证。

3.1　Jeffcott 转子的瞬态响应

本节以 Jeffcott 转子模型为例，建立其匀加速起动过程的瞬态运动微分方程，然后通过引进 Newmark 积分方法，对转子的瞬态运动方程进行求解。分析在不同阻尼和角加速度下，转子起动过程中各物理量的变化情况，总结瞬态响应规律，为转子的不平衡识别奠定基础。

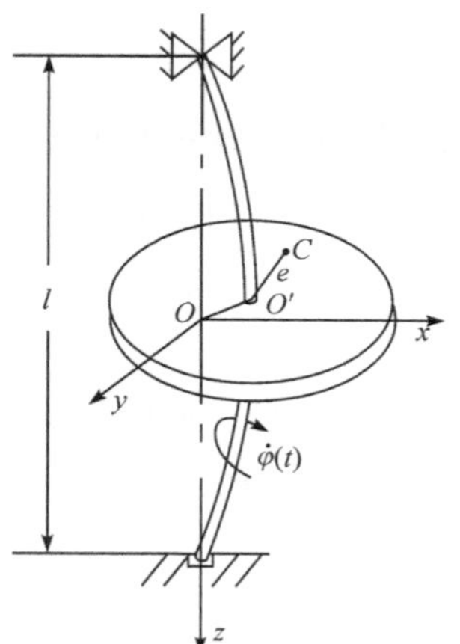

图 3.1　Jeffcott 转子示意图

3.1.1　瞬态运动方程

典型的 Jeffcott 转子由一根不计质量的弹性轴和轴正中央固定的一个不可变形圆盘组成，轴的两端刚性铰接，如图 3.1 所示。其中轴的长度为 l，盘的质量和偏心分别为 m 和 e，静止时轴心连线与盘的交点为 O。当转子以一定的规律运行时，偏心引起的惯性力将使轴弯曲，产生动挠度，此时轴与盘的交点为 O'，

盘的质心为 C。根据理论力学和材料力学的相关理论，在固定坐标系 Oxy 下，可建立盘心 O' 的运动微分方程

$$\boldsymbol{M}\ddot{\boldsymbol{U}}+\boldsymbol{C}\dot{\boldsymbol{U}}+\boldsymbol{K}\boldsymbol{U}=\boldsymbol{F} \tag{3-1}$$

其中，质量矩阵 $\boldsymbol{M}$、阻尼矩阵 $\boldsymbol{C}$ 和刚度矩阵 $\boldsymbol{K}$ 可分别表示如下：

$$\boldsymbol{M}=\begin{bmatrix} m & 0 \\ 0 & m \end{bmatrix} \quad \boldsymbol{C}=\begin{bmatrix} c & 0 \\ 0 & c \end{bmatrix} \quad \boldsymbol{K}=\begin{bmatrix} k & 0 \\ 0 & k \end{bmatrix} \tag{3-2}$$

不平衡激振力 $\boldsymbol{F}$ 和广义位移 $\boldsymbol{U}$ 分别为

$$\boldsymbol{F}=me\begin{bmatrix} \dot{\varphi}^2\cos(\varphi+\varphi_0)+\ddot{\varphi}\sin(\varphi+\varphi_0) \\ \dot{\varphi}^2\sin(\varphi+\varphi_0)-\ddot{\varphi}\cos(\varphi+\varphi_0) \end{bmatrix} \quad \boldsymbol{U}=\begin{bmatrix} x \\ y \end{bmatrix} \tag{3-3}$$

式(3-2)和式(3-3)中，c 为圆盘处的黏性阻尼系数；k 为轴跨中的刚度

$$k=\frac{48EI}{l^3}$$

$\varphi(t)$ 为 t 时刻转子的自转角（如图 3.2 所示），φ_0 为其对应的初值；$\dot{\varphi}(t)$ 和 $\ddot{\varphi}(t)$ 分别为 t 时刻转子的瞬时自转角速度和角加速度；$\psi(t)$ 为进动角。

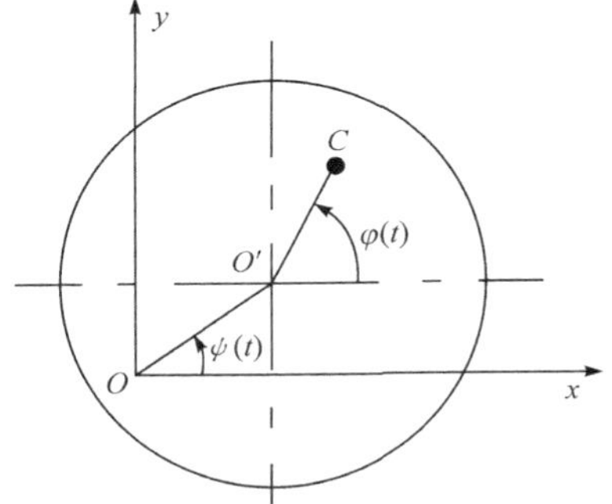

图 3.2　盘的瞬时位置示意图

3.1.2　Newmark 积分方法

对于一般的线性转子系统瞬态运动微分方程(3-1)，很难得到其解析解，目前只能通过数值方法对其进行仿真研究。为了研究转子的瞬态响应，文献[23]对时域内各种数值积分方法的稳定性进行了讨论，当积分参数选择适当时，Newmark 方法是无条件稳定的，而且其算法相对来说比较简单，具有较高的精度。因此，本章将通过 Newmark 积分方法来求解转子的瞬态运动方程。

Newmark 法是线性加速度法的一种推广，针对方程(3-1)，其采用如下形式的近似表达式：

$$\dot{\boldsymbol{U}}_{t+\Delta t}=\dot{\boldsymbol{U}}_t+[(1-\delta)\ddot{\boldsymbol{U}}_t+\delta\ddot{\boldsymbol{U}}_{t+\Delta t}]\Delta t \tag{3-4}$$

$$\boldsymbol{U}_{t+\Delta t}=\boldsymbol{U}_t+\dot{\boldsymbol{U}}_t\Delta t+[(1/2-\alpha)\ddot{\boldsymbol{U}}_t+\alpha\ddot{\boldsymbol{U}}_{t+\Delta t}]\Delta t^2 \tag{3-5}$$

其中，$\boldsymbol{U}_t$、$\dot{\boldsymbol{U}}_t$、$\ddot{\boldsymbol{U}}_t$ 分别为 t 时刻对应的广义位移、速度和加速度；$\boldsymbol{U}_{t+\Delta t}$、$\dot{\boldsymbol{U}}_{t+\Delta t}$、$\ddot{\boldsymbol{U}}_{t+\Delta t}$ 分别为 $t+\Delta t$ 时刻对应的广义位移、速度和加速度；Δt 为积分步长；α、β 为积分控制参数，当 $\delta\geqslant 0.5$，$\alpha\geqslant 0.25(\delta+0.5)^2$ 时，积分是无条件稳定的。

令

$$a_1=\frac{1}{\alpha\Delta t^2}\quad a_2=\frac{1}{\alpha\Delta t}\quad a_3=\left(\frac{1}{2\alpha}-1\right)\quad a_4=\frac{\delta}{\alpha\Delta t}$$
$$a_5=\frac{\delta}{\alpha}-1\quad a_6=\frac{\Delta t}{2}\left(\frac{\delta}{\alpha}-2\right)\quad a_7=\Delta t(1-\delta)\quad a_8=\Delta t\delta \tag{3-6}$$

则由式(3-4)和式(3-5)可求出由 $\boldsymbol{U}_{t+\Delta t}$、$\dot{\boldsymbol{U}}_t$、$\ddot{\boldsymbol{U}}_t$以及 $\boldsymbol{U}_t$表示的$\ddot{\boldsymbol{U}}_{t+\Delta t}$和$\dot{\boldsymbol{U}}_{t+\Delta t}$

$$\ddot{\boldsymbol{U}}_{t+\Delta t}=a_1(\boldsymbol{U}_{t+\Delta t}-\boldsymbol{U}_t)-a_2\dot{\boldsymbol{U}}_t-a_3\ddot{\boldsymbol{U}}_t$$
$$\dot{\boldsymbol{U}}_{t+\Delta t}=a_4(\boldsymbol{U}_{t+\Delta t}-\boldsymbol{U}_t)-a_5\dot{\boldsymbol{U}}_t-a_6\ddot{\boldsymbol{U}}_t \tag{3-7}$$

由式(3-1)可得 $t+\Delta t$ 时刻的平衡方程

$$\boldsymbol{M}\ddot{\boldsymbol{U}}_{t+\Delta t}+\boldsymbol{C}\dot{\boldsymbol{U}}_{t+\Delta t}+\boldsymbol{K}\boldsymbol{U}_{t+\Delta t}=\boldsymbol{F}_{t+\Delta t} \tag{3-8}$$

将式(3-7)代入式(3-8)得

$$\boldsymbol{K}\overline{\boldsymbol{U}}_{t+\Delta t}=\overline{\boldsymbol{F}}_{t+\Delta t} \tag{3-9}$$

其中

$$\overline{\boldsymbol{K}}=a_1\boldsymbol{M}+a_4\boldsymbol{C}+\boldsymbol{K} \tag{3-10}$$

$$\overline{\boldsymbol{F}}_{t+\Delta t}=\boldsymbol{M}(a_1\boldsymbol{U}_t+a_2\dot{\boldsymbol{U}}_t+a_3\ddot{\boldsymbol{U}}_t)+\boldsymbol{C}(a_4\boldsymbol{U}_t+a_5\dot{\boldsymbol{U}}_t+a_6\ddot{\boldsymbol{U}}_t)+\boldsymbol{F}_{t+\Delta t} \tag{3-11}$$

上面即为 Newmark 方法的基本原理。

对于方程(3-1)，如果给定初始条件($\boldsymbol{U}_{t_0}$，$\dot{\boldsymbol{U}}_{t_0}$，$\ddot{\boldsymbol{U}}_{t_0}$)，可由式(3-10)和(3-11)求得 $\overline{\boldsymbol{K}}$ 和 $\overline{\boldsymbol{F}}_{t+\Delta t}$，然后代入式(3-9)求得 $\boldsymbol{U}_{t_0+\Delta t}$，再通过式(3-7)求得$\dot{\boldsymbol{U}}_{t_0+\Delta t}$和$\ddot{\boldsymbol{U}}_{t_0+\Delta t}$。如此反复迭代，即可得到方程(3-1)的全部数值解。

3.1.3 瞬态响应分析

为了说明问题的方便，假定该 Jeffcott 转子以恒定的角加速度 $\ddot{\varphi}=a$ 起动。在对其瞬态响应进行分析之前，需对一些相关的物理量进行说明。

1) 转子的瞬态动挠度 $r(t)$

转子某时刻的瞬态动挠度 $r(t)$由 $x(t)$和 $y(t)$合成得到

$$r(t)=\sqrt{x^2(t)+y^2(t)} \tag{3-12}$$

2) 转子的瞬时角速度 $\dot{\varphi}(t)$和自转角 $\varphi(t)$

$$\dot{\varphi}(t)=\omega_0+at \tag{3-13}$$

$$\varphi(t)=\varphi_0+\omega_0 t+\frac{1}{2}at^2 \tag{3-14}$$

ω_0、φ_0 分别为自转角速度和自转角的初值，如无特别说明，一般认为 $\omega_0=0$，$\varphi_0=0$。

3) 转子的进动角 $\psi(t)$

转子的进动角满足关系：

$$\tan\psi(t)=\frac{y(t)}{x(t)} \tag{3-15}$$

由式(3-15)得到

$$\psi(t)=n\pi+\arctan\left[\frac{y(t)}{x(t)}\right]\quad(\psi(t)\geqslant 0) \tag{3-16}$$

其中，n 为任意整数值，且 n 的取值应保证进动角 $\psi(t)$ 在宏观上呈持续增加的趋势。

4）转子的进动角速度 $\dot{\psi}(t)$

$$\dot{\psi}(t)=\left[\arctan\left(\frac{y(t)}{x(t)}\right)\right]'=\frac{\dot{y}(t)x(t)-\dot{x}(t)y(t)}{x^2(t)+y^2(t)} \tag{3-17}$$

5）相位角 $\theta(t)$

转子的相位角 $\theta(t)$ 等于自转角 $\varphi(t)$ 与进动角 $\psi(t)$ 之差

$$\theta(t)=\varphi(t)-\psi(t) \tag{3-18}$$

下面将通过数值方法对图 3.1 中模型转子的瞬态响应进行仿真。转子的各项参数列于表 3.1 中。在不同的阻尼和起动角加速度下，对转子系统的瞬态不平衡响应进行分析。

表 3.1　Jeffcott 转子的结构参数

参数	数值
轴的全长	$l=560\text{mm}$
盘的质量	$m=800\text{g}$
盘的直径	$D=75\text{mm}$
盘的偏心距	$e=40\mu\text{m}$
轴的直径	$d=10\text{mm}$
弹性模量	$E=2.1\times10^{11}\text{Pa}$

1）取盘所在位置的阻尼系数为 $c=7.5\text{N}\cdot\text{s/m}$，考察不同起动角加速度下转子的瞬态响应

(1) 起动角加速度 $\ddot{\varphi}(t)=120\text{rad/s}^2$

此时，转子的瞬态响应如图 3.3 所示。

(2) 起动角加速度 $\ddot{\varphi}(t)=60\text{rad/s}^2$

此时，转子的瞬态响应如图 3.4 所示。

(3) 起动角加速度 $\ddot{\varphi}(t)=30\text{rad/s}^2$

此时，转子的瞬态响应如图 3.5 所示。

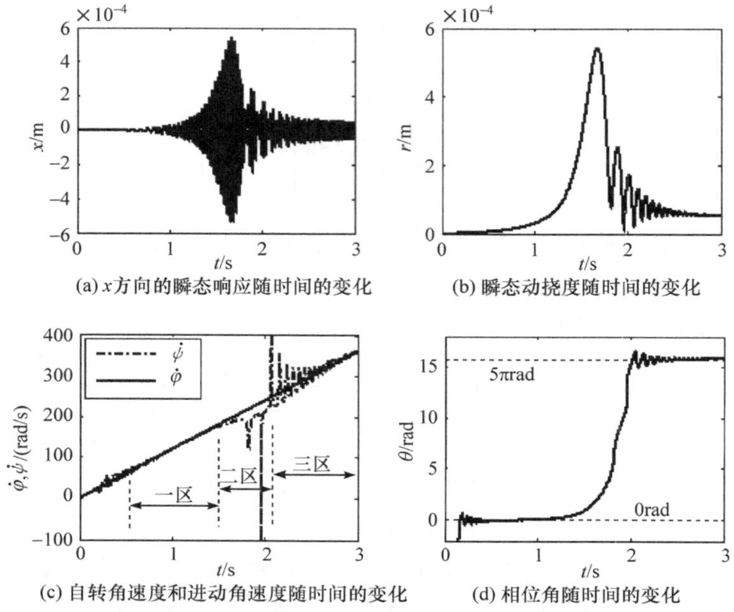

图 3.3 阻尼系数 c=7.5N · s/m，起动角加速度 $\ddot{\varphi}(t)$=120rad/s^2 时的瞬态响应

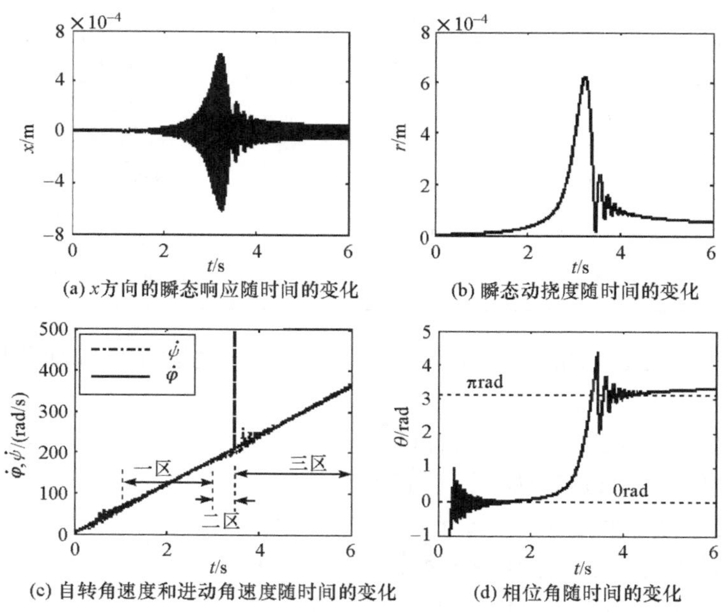

图 3.4 阻尼系数 c=7.5N · s/m，起动角加速度 $\ddot{\varphi}(t)$=60rad/s^2 时的瞬态响应

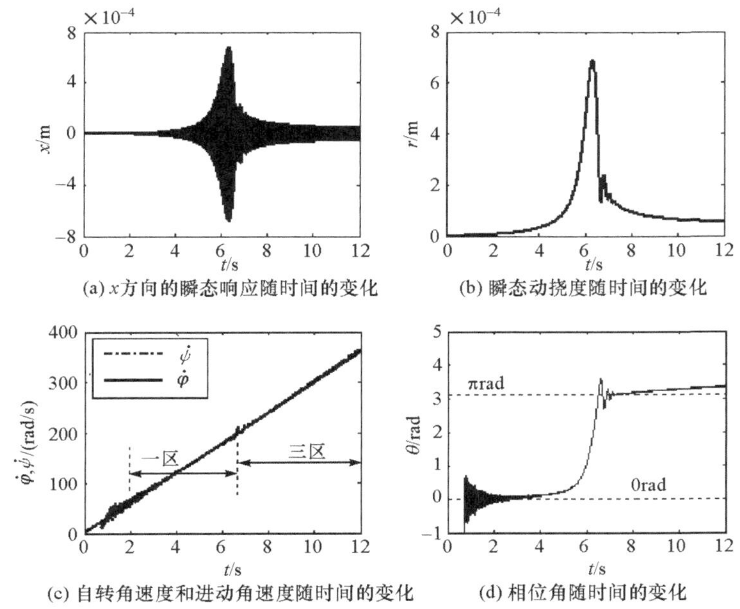

图 3.5 阻尼系数 $c=7.5\mathrm{N\cdot s/m}$,起动角加速度 $\ddot{\varphi}(t)=30\mathrm{rad/s^2}$ 时的瞬态响应

图 3.3～图 3.5 基本可反映出所给模型转子的不平衡加速响应规律。现以图 3.3 为例进行分析。考虑到转子结构的各向同性,在图 3.3 中,x 方向的瞬态响应与动挠度 r 的变化趋势是相同的,一个明显特点是,转子起动的角加速度(或升速率)越大,其共振振幅越小。在等加速起动的初始阶段,动挠度 r 逐渐增大,在临界转速附近出现最大值,之后,随着转速继续增大,动挠度会逐渐减小,而且减小过程中会出现“拍振”的现象。

由于开始一段时间转子处于“起动”阶段,运动不稳定,观察图 3.3(c),发现前 0.5s 左右转子的进动角速度跳动比较大,变化毫无规律。在 0.5s 到 1.6s 这段时间内,图形上表现为两曲线基本重合,实际中表示在这段时间内,转子的进动角速度和自转角速度基本相等。随着时间的延长,在 1.6s 到 2.1s 这段时间内,进动角速度始终小于自转角速度,且进动角速度出现剧烈的波动,波动的周期越来越小、波动的幅值则越来越大。在 2.1s 以后,进动角速度围绕自转角速度上下波动,波动的周期和幅值都随时间的延长而减小,直到完全越过共振区后,进动角速度和自转角速度逐渐趋于一致。除去转子起动初始阶段的不稳定,可把进动角速度随时间的变化分成三个区,如图 3.3(c)和图 3.4(c)所示。可以看出,共振区内进动角速度波动的剧烈程度与转子起动的角加速度(升速率)大小密切相关,角加速度(升速率)越大,共振区内进动角速度的波动越剧烈。当角加速度(升速率)小到一定程度时,进动角速度的第二区基本消失,如图 3.5(c)所示。

对应进动角速度的三个分区(如图 3.6,此图即为图 3.3(c)),同样可以将相位角的变化分为三个区(如图 3.7 所示)。一区内,由于进动角速度与自转角速度基本相等,因此,相位角在 0 值附近缓慢增加;二区内,进动角速度始终小于自转角速度,因此,对应的相位角持续增大,而且在这一区内,进动角速度图形上有脉冲性的减小部分,每一脉冲表明进动角速度与自转角速度的差在对应时间内会突然增大,因此相位角会急剧增大。结合图 3.3～图 3.7,对应二区内进动角速度的每一个脉冲,相位角会增大 2πrad。第三区内,进动角速度围绕自转角速度波动,波动的周期和幅度在不断减小,在远离共振区的高速区,进动角速度与自转角速度又逐渐趋于相同。

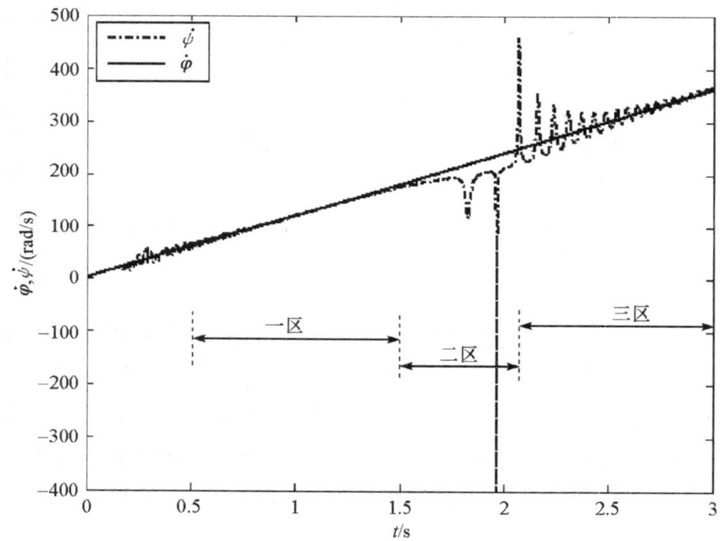

图 3.6 阻尼系数 c=7.5N·s/m,起动角加速度 $\ddot{\varphi}(t)$=120rad/s^2 时自转角速度和进动角速度随时间的变化

通过图 3.3～图 3.5 中的(d)图,可以看出,临界区前后,转子的相位角增加了 $(2n+1)\pi$rad(n 为整数),这正是 Jeffcott 转子自动定心现象在瞬态响应过程中的反映。进一步观察可以发现,若进动角速度第二区内脉冲的数目为 n,则临界区后转子的相位角增加值正好是$(2n+1)\pi$rad。

如前所述,当转子的起动角加速度(或升速率)较大时,共振区内转子的进动角速度波动十分剧烈。甚至出现短时间内进动角速度小于零的情况,如图 3.6 中进动角速度的向下脉冲,将其局部放大,如图 3.8 所示。可以看到在 1.965～1.969s 这段时间内,转子的进动角速度小于零(为负),理论上表明在这段 4ms 的时间内,转子出现了反进动,但是否真的发生了这一现象,只有通过实验才能完全说明。

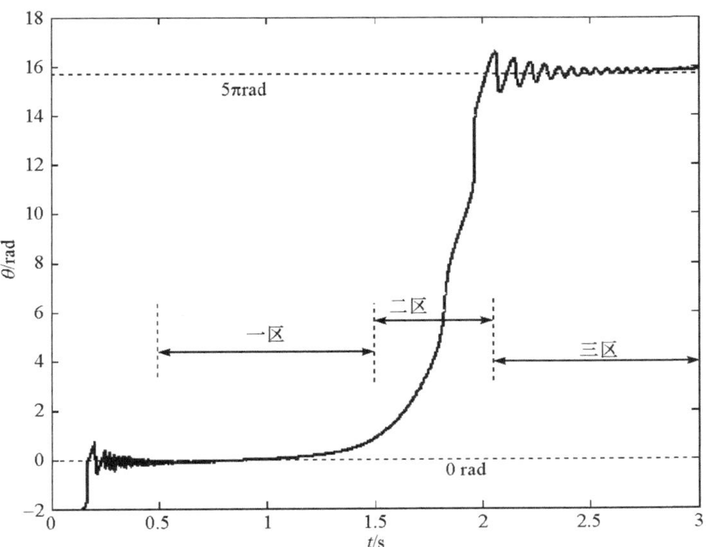

图 3.7　阻尼系数 $c=7.5\mathrm{N\cdot s/m}$，起动角加速度 $\ddot{\varphi}(t)=120\mathrm{rad/s^2}$ 相位角随时间变化

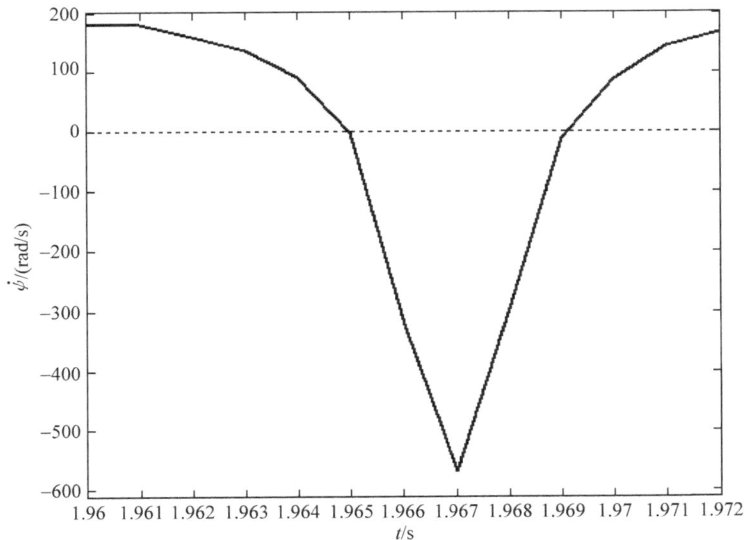

图 3.8　阻尼系数 $c=7.5\mathrm{N\cdot s/m}$，起动角加速度 $\ddot{\varphi}(t)=120\mathrm{rad/s^2}$ 时转子进动角速度的局部变化图

2）取转子的起动角加速度为 $\ddot{\varphi}(t)=60\mathrm{rad/s^2}$，分别在不同阻尼系数下，分析转子的瞬态响应

(1) 阻尼系数 $c=3\mathrm{N \cdot s/m}$

瞬态响应如图 3.9 所示。

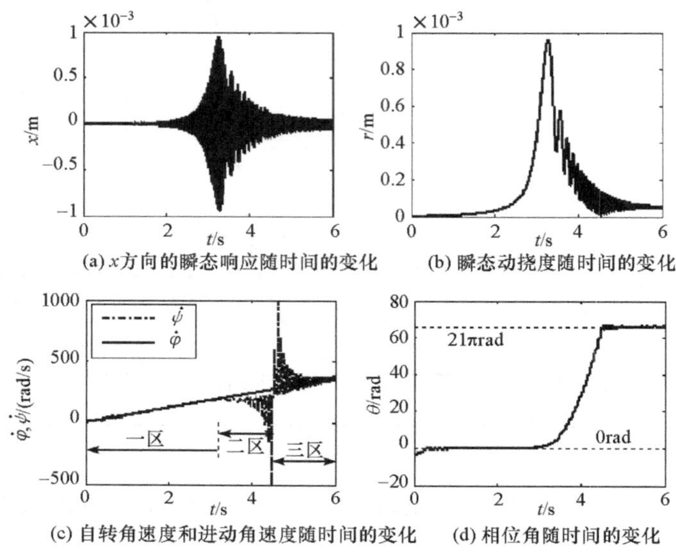

图 3.9　阻尼系数 $c=3\mathrm{N \cdot s/m}$,起动角加速度 $\ddot{\varphi}(t)=60\mathrm{rad/s^2}$ 时的瞬态响应

(2) 阻尼系数 $c=7.5\mathrm{N \cdot s/m}$

此时的瞬态响应图在前面已给(如图 3.4 所示)。为了方便比较,再次给出,如图 3.10 所示。

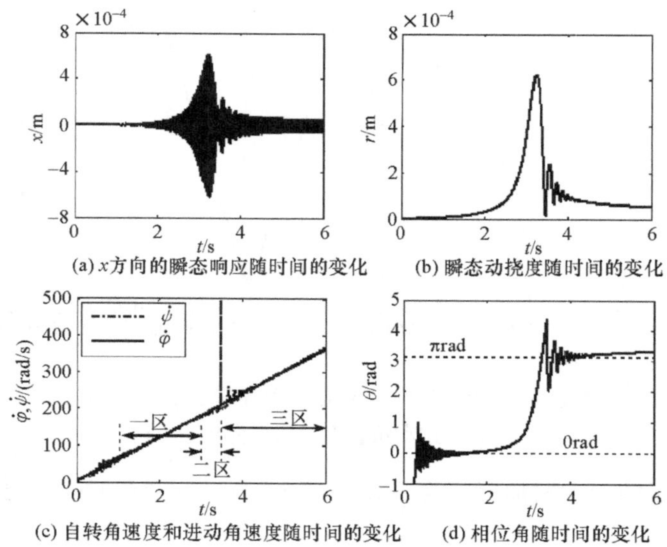

图 3.10　阻尼系数 $c=7.5\mathrm{N \cdot s/m}$,起动角加速度 $\ddot{\varphi}(t)=60\mathrm{rad/s^2}$ 时的瞬态响应

(3) 阻尼系数 $c=15\text{N}\cdot\text{s/m}$

瞬态响应如图 3.11 所示。

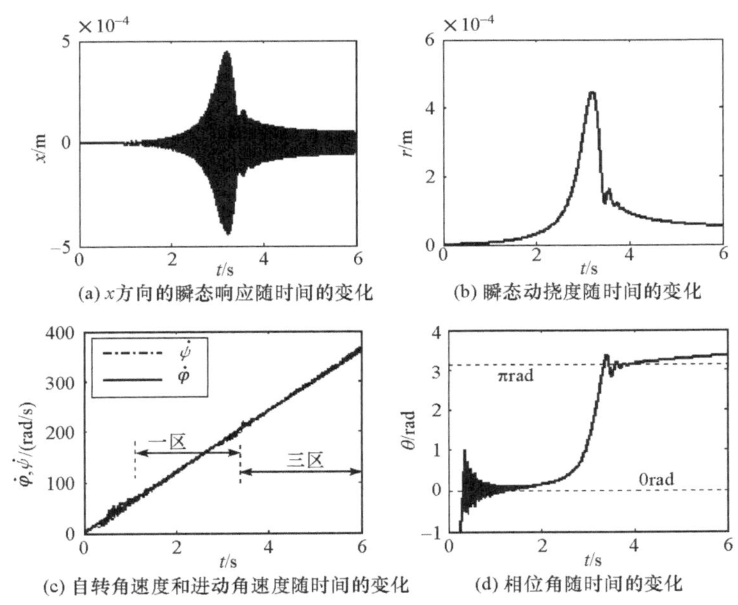

图 3.11　阻尼系数 $c=15\text{N}\cdot\text{s/m}$,起动角加速度 $\ddot{\varphi}(t)=60\text{rad/s}^2$ 时的瞬态响应

由图 3.9～图 3.11 可以看出,不论阻尼怎样变化,转子瞬态不平衡响应变化的总趋势是相同的。当阻尼增大时,瞬态动挠度的最大值和经过临界后的各个极大值都会不同程度地减小,进动角速度的波动也趋于平缓。当阻尼 $c=3\text{N}\cdot\text{s/m}$ 时(如图 3.9 所示),在共振区内,进动角速度剧烈波动。进动角速度在其第二区内一共有 $n=10$ 个脉冲,对应的临界后相位角增加了 $(2n+1)\pi\text{rad}$(即 $21\pi\text{rad}$,如图 3.9(d)所示),这一结果与前面的结论一致。随着阻尼的增大,进动角速度第二区的范围不断减小,当阻尼 $c=15\text{N}\cdot\text{s/m}$ 时,第二区基本消失,如图 3.11(c)所示。

3.1.4　转子瞬态不平衡响应图的叠加

将阻尼 $c=7.5\text{N}\cdot\text{s/m}$,起动角加速度 $\ddot{\varphi}(t)=60\text{rad/s}^2$ 时转子的动挠度 $r(t)$、进动角速度 $\dot{\psi}(t)$、自转角速度 $\dot{\varphi}(t)$ 和相位角 $\theta(t)$ 置于同一坐标系中(如图 3.12 所示),分析其相互关系。为了更好地说明共振区附近转子瞬态响应的变化情况,将图 3.12 中椭圆内的部分放大如图 3.13 所示。图 3.13 中,在第三区内,动挠度、进动角速度、相位角都出现有规律的波动,而且三者波动的快慢是相同的,动挠度的波动与进动角速度的波动在相位上正好相差 180°(反向),与相位角的波动基本相差 90°。也就是说,在第三区内动挠度 r 取得极小值时,进动角速度 $\dot{\psi}$ 就取得极大值，相位角 θ 则正好等于 πrad。

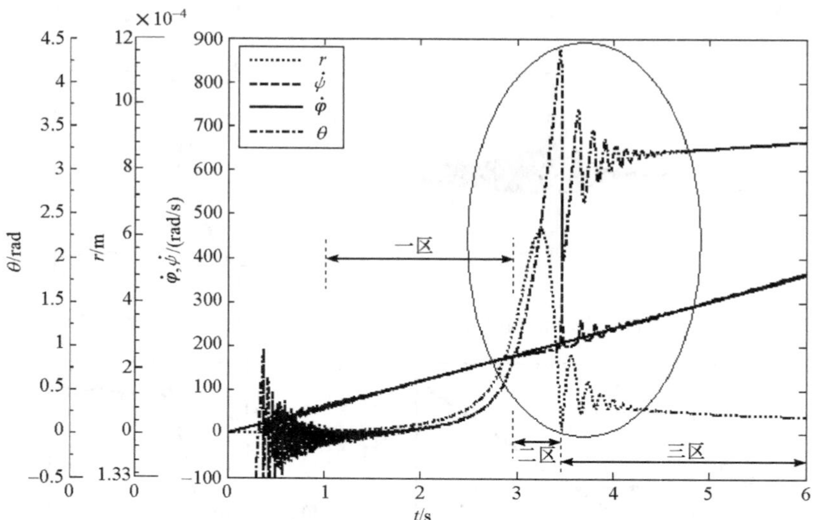

图 3.12 转子瞬态不平衡响应的叠加结果

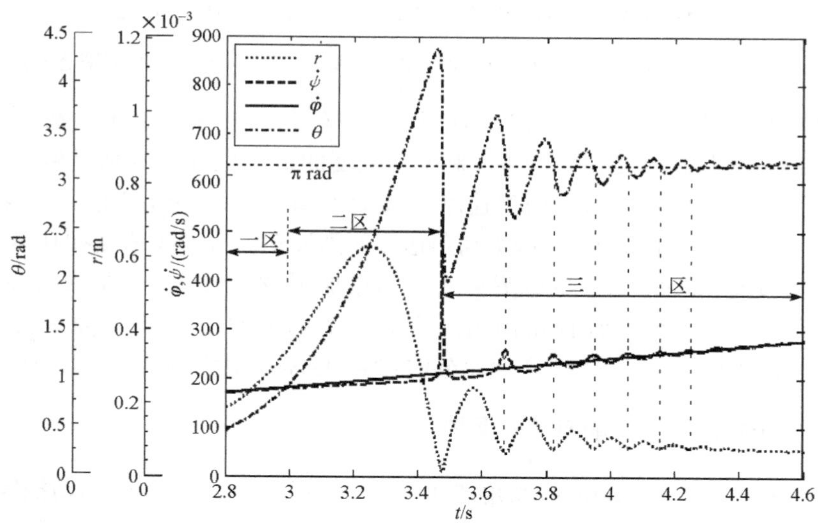

图 3.13 转子瞬态不平衡响应叠加图的局部放大结果

键相信号是转子动力学分析和测试中必不可少的一路信号，在传统的稳态响应分析中，它一般作为确定所分析信号相位的一个参考。本章把键相信号引入到转子的瞬态响应分析中。不同的是，稳态响应分析中，键相信号是一系列等时间间隔的脉冲信号，而在加速瞬态响应分析中，键相信号脉冲之间的时间间隔是不断减小的。为了说明瞬态动挠度与相位角之间的变化关系，图 3.14 给出了它们的关系图（图中底部的脉冲为键相信号）。在相位角的第三区内，若将动挠度波动的每一极小值所对应的时刻记为 t_1，则 t_1 时刻盘的瞬时位置可用图 3.15 中的实线表示，其中 O_2、C_2 分别表示该时刻盘的几何中心和质心；若将 t_1 时刻前面紧邻的键相信号脉冲对应的时间记为 t_0，则 t_0 时刻盘的瞬时位置可用图 3.15 中的虚线表示，其中 O_1、C_1 分别表示该时刻盘的几何中心和质心。K 表示键相槽，S_x、S_y 分别表示 x、y 向布置的位移传感器，δ_k 表示键相信号传感器 S_k 与 x 轴正方向的夹角（逆时针为正），为一给定的已知量。ψ_2 为 t_1 时刻转子的进动角，δ 表示不平衡偏心所在的方位角。

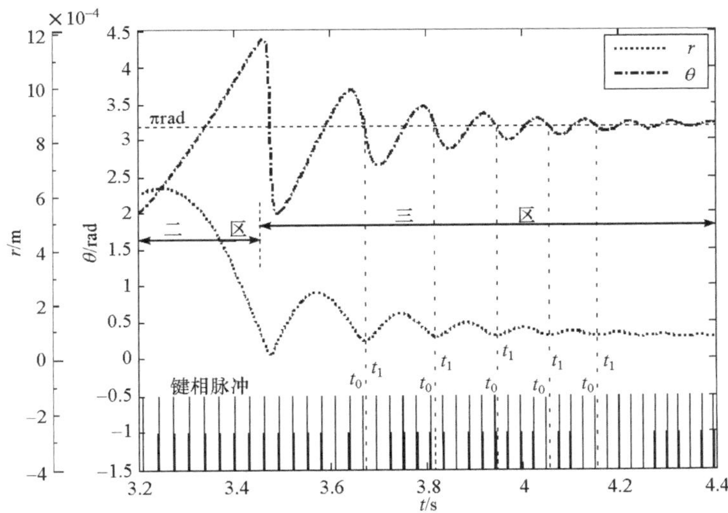

图 3.14　瞬态动挠度、相位角、键相信号之间的关系图

为了说明 t_0、t_1 时刻盘瞬时位置之间的相互关系，将图 3.15 中两盘的瞬时位置平移到一起，得到图 3.16。图 3.16 中，转子不平衡偏心所在的方位角 δ 可表示如下：

$$\delta=\Delta\varphi-\psi_2'-\delta_k \tag{3-19}$$

如果转子以恒定的角加速度（升速率）$\ddot{\varphi}(t)=a$ 起动，则式(3-19)中的 $\Delta\varphi$ 可表示为

$$\Delta\varphi=2\pi-\left(\frac{1}{2}at_1^2-\frac{1}{2}at_0^2\right) \tag{3-20}$$

且有

$$\psi_2'=\pi-\psi_2 \tag{3-21}$$

将式(3-20)和式(3-21)代入式(3-19)，可得

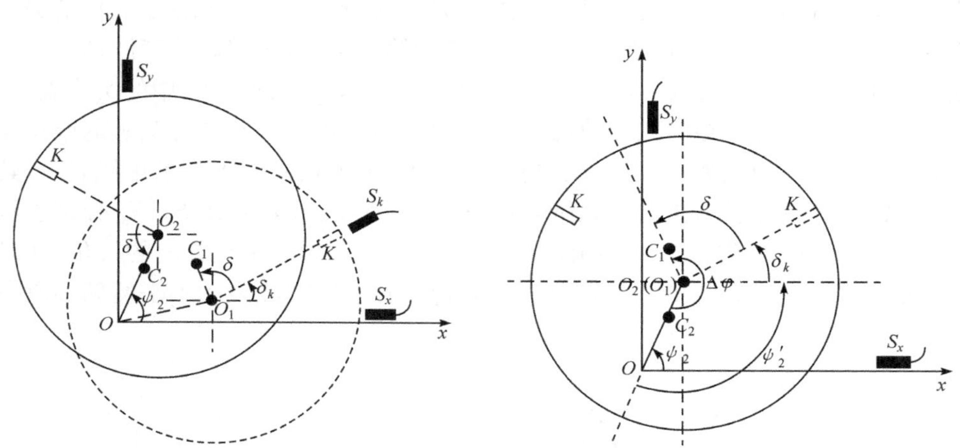

图 3.15 两不同时刻盘的瞬时位置示意图　　图 3.16 两不同时刻盘瞬时位置之间的关系

$$\delta=\pi+\psi_2-\frac{1}{2}a(t_1^2-t_0^2)-\delta_k \tag{3-22}$$

实际中，常将键相信号传感器水平安装，则 $\delta_k=0$（如无特别说明将认为 $\delta_k=0$）。ψ_2 可由式(3-16)求得，不同的是，此时 ψ_2 应满足

$$\psi_2\in[0\quad 2\pi]$$

根据式(3-16)，ψ_2 可进一步表示如下：

$$\psi_2=\begin{cases}\arctan\left[\dfrac{y(t_1)}{x(t_1)}\right] & (x(t_1)>0,y(t_1)>0)\\ \pi+\arctan\left[\dfrac{y(t_1)}{x(t_1)}\right] & (x(t_1)<0)\\ 2\pi+\arctan\left[\dfrac{y(t_1)}{x(t_1)}\right] & (x(t_1)>0,y(t_1)\leqslant 0)\\ \pi/2 & (x(t_1)=0,y(t_1)>0)\\ 3\pi/2 & (x(t_1)=0,y(t_1)<0)\end{cases} \tag{3-23}$$

若能采集到转子瞬态响应过程中的转速随时间变化数据 $\dot{\varphi}(t)=\omega(t)$，则式(3-20)还可表示为另外一种形式：

$$\Delta\varphi=2\pi-\int_{t_0}^{t_1}\omega(t)\,\mathrm{d}t \tag{3-24}$$

3.2 单盘转子的瞬态平衡

3.1 节对 Jeffcott 转子的瞬态不平衡响应进行了详细的分析。对于任意的单盘转子，其瞬态运动方程都具有式(3-1)的形式（唯一的差别是不同结构形式的单

盘转子其刚度矩阵 $\boldsymbol{K}$ 的表达式不同)，因此其瞬态不平衡响应具有相同的规律。本节在3.1节分析的基础上，对单盘转子瞬态不平衡响应的规律进行了总结，并通过瞬态不平衡响应对转子的不平衡进行了识别，从而建立了单盘转子的瞬态平衡理论。

3.2.1　单盘转子的瞬态运动规律

通过前面的分析，可对单盘转子的瞬态不平衡响应规律总结如下：

(1) 转子加速起动过程中，在响应峰值到来之前，响应幅度随转速的增加而逐渐增大。在越过共振峰值后，响应会出现波动。随着转速继续增大，波动幅度逐渐减小。

(2) 在越过共振峰值后，转子响应波动的幅度与升速率(起动角加速度)和阻尼有关。升速率越大，响应波动越剧烈；阻尼越小，响应波动越剧烈。

(3) 在远离临界转速的低速区，进动角速度围绕自转角速度有小幅度的波动，但两者大体上相等；在临界转速区内，进动角速度出现剧烈的波动；在大于临界转速的高速区，两者又逐渐趋于相等。根据进动角速度和自转角速度的关系，可将进动角速度分成三个区(如图3.6所示)。共振区内进动角速度的波动情况与转子的升速率(角加速度)和阻尼有关，阻尼越小或者升速率越大，共振区内进动角速度波动越剧烈。在小阻尼情况下，当转子的升速率足够大时，在进动角速度第二区对应的时间内可能出现反进动现象。

(4) 进动角速度第二区内若存在 n 个波动的脉冲，则经过共振峰值后转子的相位角将围绕 $(2n+1)\pi\mathrm{rad}$ 波动，在远离临界转速的高速区，相位角将最终趋近于 $(2n+1)\pi\mathrm{rad}$。

(5) 与进动角速度的三个分区相对应，同样可以把相位角分成三个区(如图3.7所示)。一区对应低速情况，此时转子的相位角在0值附近缓慢增加；二区对应共振区，此时相位角持续单调增大；三区对应转子越过临界区，此时相位角出现有规律的波动，并最终趋于定值 $(2n+1)\pi\mathrm{rad}$。

(6) 在第三区内，转子的动挠度、进动角速度、相位角三者具有相同的波动频率，且动挠度的波动与进动角速度的波动在相位上正好相差180°(反向)，与相位角的波动基本相差90°。也就是说，在第三区内动挠度取得极小值时，进动角速度就取得极大值，相位角则正好等于 $(2n+1)\pi\mathrm{rad}$。

3.2.2　单盘转子的瞬态平衡理论

转子平衡的本质就是对其不平衡的识别。本节将单盘转子不平衡的识别分为两个过程：不平衡偏心所在方位角的识别和不平衡大小的识别。根据式(3-22)，可通过转子起动过程的不平衡瞬态响应信息，完成转子不平衡偏心所在方位角的识别。然后，在已经识别出的不平衡所在的方向上或其相反的方向上加试重，以相同的升速率（起动角加速度）再次起动转子，通过式(3-25)的关系可求得不平衡大小：

$$\frac{W_0}{|r_0|}=\frac{W_1}{|r_1|} \tag{3-25}$$

式中，W_0 表示待求的初始不平衡大小；$|r_0|$ 为在初始不平衡下，转子起动过程中瞬态不平衡响应共振幅值的大小；W_1 为初始不平衡与所加试重合成后总的不平衡大小；$|r_1|$ 为加试重起动后，转子瞬态不平衡响应共振幅值的大小。

3.3 平衡算例

考虑如图 3.17 所示的一单盘悬臂转子，其各项结构参数列于表 3.2 中。转子的不平衡是由特征盘的偏心引起，轴上没有不平衡。忽略轴承处的阻尼，两轴承分别简化为刚度为 k_1 和 k_2 的弹性支承。

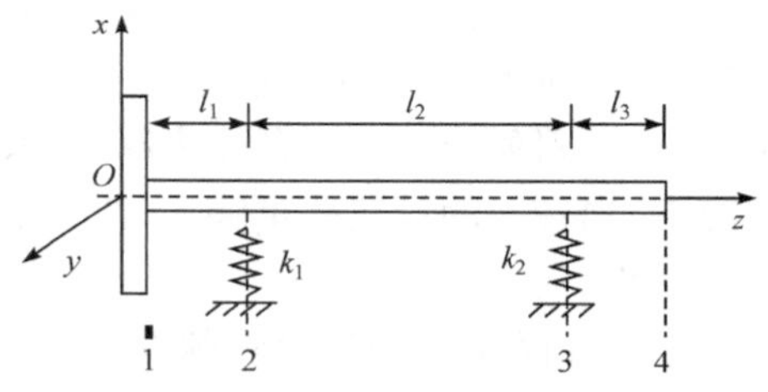

图 3.17 单盘悬臂转子示意图

表 3.2 单盘悬臂转子的结构参数

参数	数值
盘的质量	$m=8$kg
盘的直径	$D=0.25$m
盘的偏心矩	$e=0.03$mm
盘处的阻尼	$c=60$N·s/m
轴的直径	$d=0.03$m
轴的长度	$l_1=0.24$m;$l_2=0.96$m;$l_3=0.05$m
弹性支承刚度	$k_1=1\times10^6$N/m;$k_2=1\times10^8$N/m

不考虑轴向的位移，特征盘有四个自由度，即 x、y 向的位移和转角。因此广义位移可表示为：$\boldsymbol{U}=[\beta\quad x\quad \alpha\quad y]^{\mathrm{T}}$。假定转子以恒定的升速率（角加速度）起动，通过传递矩阵法，借助转子两端的边界条件，可建立具有式(3-1)形式的瞬态运动方程。其中质量矩阵 $\boldsymbol{M}$、阻尼矩阵 $\boldsymbol{C}$、刚度矩阵 $\boldsymbol{K}$ 和外激振力矩阵 $\boldsymbol{F}$ 分别具

有如下形式：

$$\boldsymbol{M}=\begin{bmatrix} I_d & 0 & 0 & 0 \\ 0 & m & 0 & 0 \\ 0 & 0 & I_d & 0 \\ 0 & 0 & 0 & m \end{bmatrix} \quad \boldsymbol{C}=\begin{bmatrix} 0 & 0 & I_p\dot{\varphi} & 0 \\ 0 & c & 0 & 0 \\ -I_p\dot{\varphi} & 0 & 0 & 0 \\ 0 & 0 & 0 & c \end{bmatrix}$$

$$\boldsymbol{K}=\begin{bmatrix} -\dfrac{c_5}{c_3} & -\dfrac{c_4}{c_3} & 0 & 0 \\ -\dfrac{c_2}{c_3} & -\dfrac{c_1}{c_3} & 0 & 0 \\ 0 & 0 & -\dfrac{d_5}{d_3} & -\dfrac{d_4}{d_3} \\ 0 & 0 & -\dfrac{d_2}{d_3} & -\dfrac{d_1}{d_3} \end{bmatrix}$$

$$\boldsymbol{F}=m\begin{bmatrix} 0 \\ \dot{\varphi}^2\cos\left(\dfrac{1}{2}\ddot{\varphi}t^2+\dot{\varphi}_0 t\right)+\ddot{\varphi}\sin\left(\dfrac{1}{2}\ddot{\varphi}t^2+\dot{\varphi}_0 t\right) \\ 0 \\ \dot{\varphi}^2\sin\left(\dfrac{1}{2}\ddot{\varphi}t^2+\dot{\varphi}_0 t\right)-\ddot{\varphi}\cos\left(\dfrac{1}{2}\ddot{\varphi}t^2+\dot{\varphi}_0 t\right) \end{bmatrix}$$

其中

$$c_1=t_{x_{31}}t_{x_{43}}-t_{x_{41}}t_{x_{33}} \quad c_2=t_{x_{32}}t_{x_{43}}-t_{x_{42}}t_{x_{33}} \quad c_3=t_{x_{34}}t_{x_{43}}-t_{x_{44}}t_{x_{33}}$$

$$c_4=t_{x_{31}}t_{x_{44}}-t_{x_{41}}t_{x_{34}} \quad c_5=t_{x_{32}}t_{x_{44}}-t_{x_{42}}t_{x_{34}}$$

t_x 为表示 x 方向从截面 1 到 4 的传递矩阵，其下标表示矩阵中对应的元素；当转子系统各向同性时，$d_i(i=1,2,\cdots,5)$ 与 $c_i(i=1,2,\cdots,5)$ 具有相同的形式，只是表达式中将 t_x 改为 t_y。

通过计算，该转子的一阶临界转速在 166.0rad/s 附近。当转子起动的角加速度为 $\ddot{\varphi}(t)=30\text{rad/s}^2$ 时，转子的瞬态响应如图 3.18 所示(通过前面的分析可知，不平衡识别时只需要瞬态动挠度和键相信号，所以本图中没有给出进动角速度和自转角速度曲线)。

为了通过式(3-22)求取转子不平衡所在的方位角，必须事先对转子的瞬态动挠度进行低通滤波(如图 3.19 所示)，以使动挠度波动的极小值清晰可辨。然后在动挠度波动的前五个极小值处(如图 3.18 所示)，通过式(3-22)对不平衡方位角进行识别。针对不同的不平衡方位角，识别结果如表 3.3 所示。

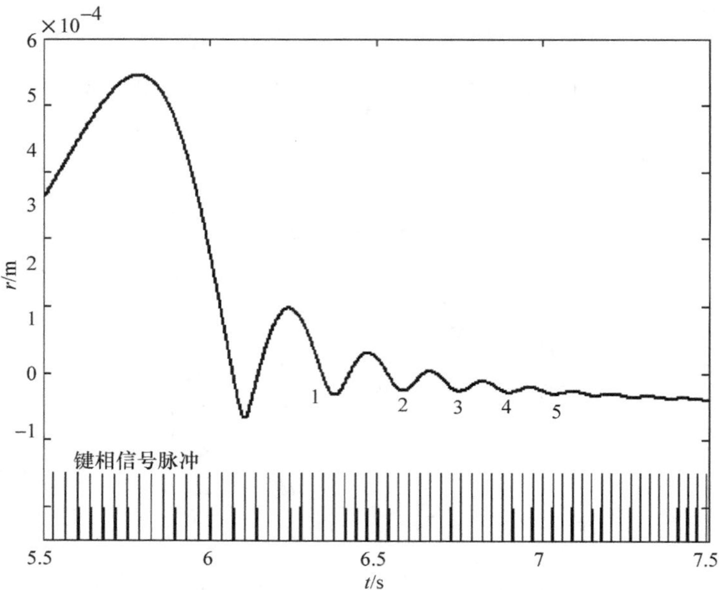

图 3.18　单盘悬臂转子的瞬态动挠度

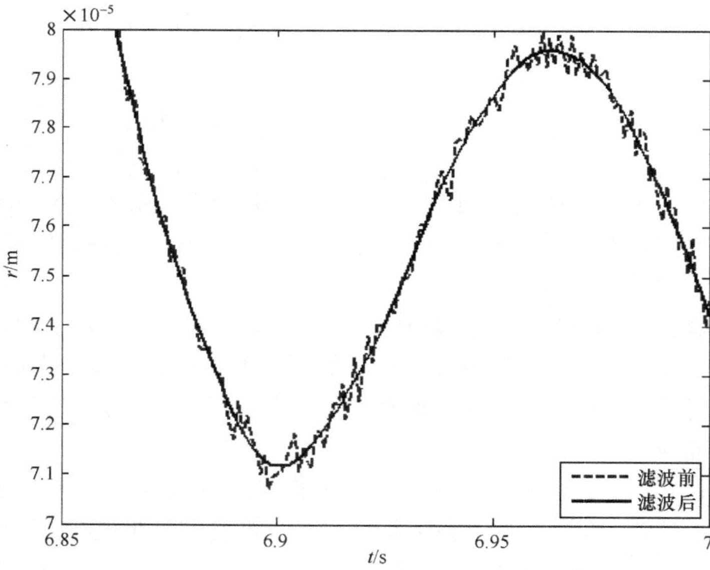

图 3.19　低通滤波前后瞬态动挠度的比较

表 3.3　不平衡方位角的识别结果(仿真时间步长 $\Delta t=1\times10^{-3}$s)

实际的不平衡方位角/rad	在动挠度波动的前五个极小值处识别结果/rad	识别结果的平均值/rad	识别误差/%
π/6(0.524)	0.371,0.333,0.416,0.414,0.382	0.383	26.91
π/2(1.571)	1.412,1.378,1.465,1.466,1.336	1.411	10.18
3π/4(2.356)	2.218,2.175,2.250,2.255,2.126	2.205	6.41
π(3.142)	2.983,2.949,3.036,3.037,2.907	2.982	5.09
4π/3(4.189)	4.031,3.999,4.086,4.078,3.962	4.031	3.77
3π/2(4.712)	4.553,4.520,4.607,4.608,4.478	4.553	3.37
11π/6(5.760)	5.602,5.569,5.657,5.648,5.533	5.602	2.74
2π(6.283)	6.124,6.090,6.177,6.179,6.049	6.124	2.53

从表 3.3 可以看出,实际不平衡方位角越小,识别误差越大,但多数情况下不平衡方位角的识别误差小于 7%,虽然在方位角为 π/6rad 和 π/2rad 时,其识别误差分别达到了 26.91%和 10.18%,但对应的绝对误差分别只有 8.08°(0.141rad)和 9.17°(0.160rad)。表 3.3 是仿真时间步长为 1×10^{-3}s 的识别结果。在相同条件下,仿真时间步长为 5×10^{-4}s 和 2×10^{-4}s 的识别结果分别列于表 3.4 和表 3.5 中。可以看出,当仿真时间步长足够小时,识别误差可保持在 1%以下,具有相当高的精度。

表 3.4　不平衡方位角的识别结果(仿真时间步长 $\Delta t=5\times10^{-4}$s)

实际的不平衡方位角/rad	在动挠度波动的前五个极小值处识别结果/rad	识别结果的平均值/rad	识别误差/%
π/6(0.524)	0.565,0.577,0.570,0.544,0.552	0.562	7.25
π/2(1.571)	1.617,1.620,1.614,1.601,1.597	1.610	2.48
3π/4(2.356)	2.402,2.405,2.400,2.385,2.373	2.393	1.57
π(3.142)	3.188,3.191,3.185,3.171,3.168	3.180	1.21
4π/3(4.189)	4.228,4.235,4.223,4.215,4.207	4.222	0.79
3π/2(4.712)	4.758,4.762,4.756,4.742,4.738	4.751	0.83
11π/6(5.760)	5.799,5.806,5.794,5.786,5.778	5.792	0.56
2π(6.283)	6.327,6.332,6.326,6.305,6.310	6.320	0.59

表 3.5 不平衡方位角的识别结果(仿真时间步长 $\Delta t=2\times10^{-4}$ s)

实际的不平衡方位角/rad	在动挠度波动的前五个极小值处识别结果/rad	识别结果的平均值/rad	识别误差/%
π/6(0.524)	0.567,0.532,0.517,0.523,0.503	0.528	0.76
π/2(1.571)	1.594,1.582,1.551,1.599,1.560	1.577	0.38
3π/4(2.356)	2.391,2.355,2.333,2.359,2.335	2.355	0.04
π(3.142)	3.175,3.146,3.122,3.178,3.121	3.148	0.19
4π/3(4.189)	4.238,4.197,4.173,4.183,4.174	4.193	0.10
3π/2(4.712)	4.745,4.717,4.692,4.749,4.691	4.719	0.15
11π/6(5.760)	5.809,5.768,5.744,5.754,5.745	5.764	0.07
2π(6.283)	6.316,6.287,6.263,6.319,6.262	6.290	0.11

由于仿真所用的为线性转子模型,因此利用式(3-25)对不平衡大小进行识别时,误差主要取决于不平衡所在方位角识别的准确性。若不平衡所在方位角的识别误差可以忽略不计,通过式(2-25)对不平衡大小进行识别,理论上是完全精确的。假定转子的初始不平衡偏心为 $e=3\times10^{-5}\angle\pi/2(\mathrm{m}\angle\mathrm{rad})$,图 3.20 给出了在不同仿真时间步长情况下,平衡前后转子瞬态响应的比较。对应不同的仿真时间步长 1×10^{-3}s、5×10^{-4}s 和 2×10^{-4}s,转子残余瞬态不平衡响应的共振峰值分别为 88.1μm、21.4μm 和 3.6μm,相对初始不平衡瞬态响应的共振幅值 544.8μm,减幅率分别达到 83.83%、96.07%和 99.34%。

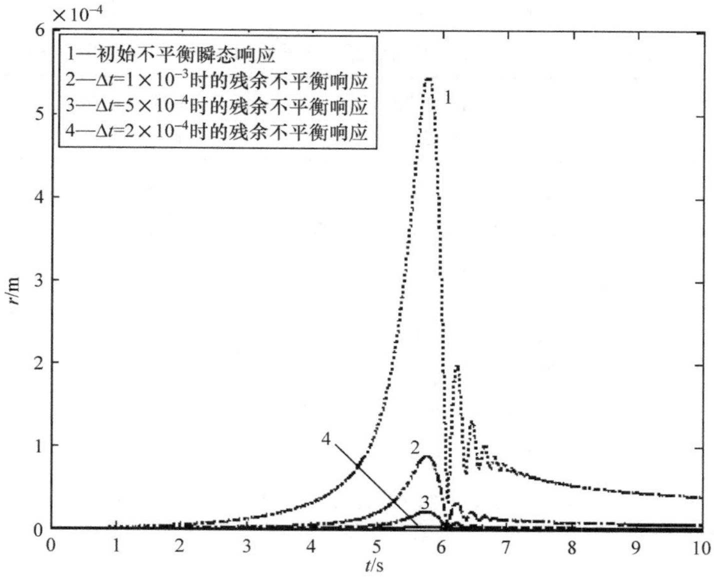

图 3.20 平衡前后转子瞬态响应的比较

3.4　复杂柔性转子瞬态运动方程

由于单盘转子只是众多转子类型中具有代表性的一类，实际中更多的是多盘或具有连续不平衡分布的转子系统。为了通过瞬态不平衡响应信息完成这类转子系统的平衡(或不平衡的识别)，首先必须对其瞬态不平衡响应进行分析。下面将利用传递矩阵法建立复杂柔性转子的瞬态运动方程，然后通过之前介绍的 Newmark 积分方法对瞬态运动方程进行求解，并对解的有效性进行验证。由于具有连续不平衡分布的转子系统，总可简化为盘-轴系统，因此本节将以多盘转子系统为例来研究复杂柔性转子系统的加速瞬态不平衡响应。

建立如图 3.21 所示的多盘柔性转子系统模型，假定转子系统的盘、轴都具有分布质量，并认为转子的不平衡只存在于各盘上。按照特征盘的选取原则[22]，转子特征盘的选取要考虑到转子主模态的能观性和最容易导致碰摩的部位。所以在理论分析时，选取转子上的所有盘为特征盘，而且可以用所有特征盘的运动方程来描述系统的运动。

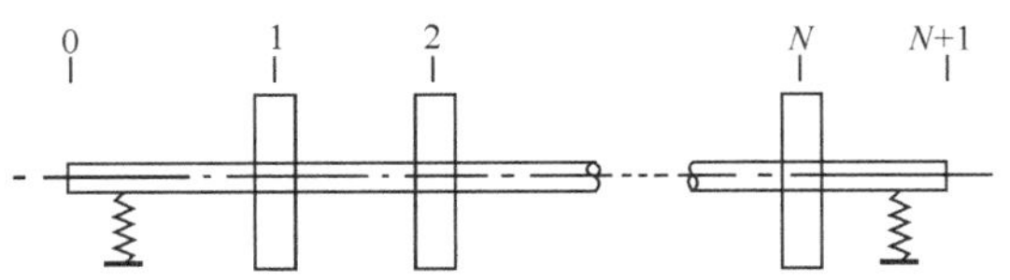

图 3.21　多盘转子系统模型

设转子系统共具有 N 个轮盘，它们皆有不平衡度，则每个盘上的不平衡力可表示为

$$\begin{cases}F_{x,i}=m_ie_i\dot{\varphi}^2\cos(\varphi+\varphi_0)+m_ie_i\ddot{\varphi}\sin(\varphi+\varphi_0)\\ F_{y,i}=m_ie_i\dot{\varphi}^2\sin(\varphi+\varphi_0)-m_ie_i\ddot{\varphi}\cos(\varphi+\varphi_0)\end{cases}\quad (i=1,2,\cdots,N)\tag{3-26}$$

同时，每个盘由于陀螺效应产生的附加力矩可表示为

$$\begin{cases}M_{x,i}=I_{d_i}\ddot{\beta}_i+I_{p_i}\dot{\varphi}\dot{\alpha}_i\\ M_{y,i}=I_{d_i}\ddot{\alpha}_i-I_{p_i}\dot{\varphi}\dot{\beta}_i\end{cases}\quad (i=1,2,\cdots,N)\tag{3-27}$$

其中，m_ie_i 为各盘的残余不平衡；φ 为转子的自转角(不考虑转子的扭转)；φ_0 为自转角的初值；I_{d_i}、I_{p_i} 分别为盘的直径转动惯量和极转动惯量；β_i 为第 i 个盘在 xoz 平面内的转角(y 方向为正)；α_i 为第 i 个盘在 yoz 平面内的转角(x 方向为正)；“·”和“··”表示对时间的一阶、二阶导数。

转子上各特征盘处均设为一站，这样 N 个盘将转子分为 $N+1$ 段，每段可由若干个传递矩阵单元组成，并设各段总的传递矩阵为$[\boldsymbol{T}_1]$，$[\boldsymbol{T}_2]$，…，$[\boldsymbol{T}_{N+1}]$。

若各段截面的状态向量为 $\boldsymbol{Z}_k(k=0,1,2,\cdots,N+1)$，则有

$$\boldsymbol{Z}_k=\{x \quad \beta \quad M_x \quad Q_x \quad y \quad \alpha \quad M_y \quad Q_y\}_k^{\mathrm{T}} \tag{3-28}$$

经过每一特征盘时，转子状态向量的改变量 $\Delta\boldsymbol{Z}_i(i=1,2,\cdots,N)$ 可表示如下：

$$\Delta\boldsymbol{Z}_i=\{0 \quad 0 \quad \Delta M_{x,i} \quad \Delta Q_{x,i} \quad 0 \quad 0 \quad \Delta M_{y,i} \quad \Delta Q_{y,i}\}_i^{\mathrm{T}} \tag{3-29}$$

其中

$$\Delta M_{x,i}=M_{x,i}, \quad \Delta Q_{x,i}=-m_i\ddot{x}_i-c_{e_i}\dot{x}_i+F_{x,i} \tag{3-30}$$

$$\Delta M_{y,i}=M_{y,i}, \quad \Delta Q_{y,i}=-m_i\ddot{y}_i-c_{e_i}\dot{y}_i+F_{y,i} \tag{3-31}$$

$F_{x,i}$、$F_{y,i}$、$M_{x,i}$、$M_{y,i}$分别如式(3-26)、式(3-27)所示，x_i、y_i 为第 i 个特征盘的横向振动位移。

从转子的左端面(截面 0)开始，有如下关系成立：

$$\boldsymbol{Z}_{1l}=[\boldsymbol{T}_1]\boldsymbol{Z}_0 \tag{3-32a}$$

$$\boldsymbol{Z}_{1r}=[\boldsymbol{T}_1]\boldsymbol{Z}_0+\Delta\boldsymbol{Z}_1 \tag{3-32b}$$

$$\cdots \quad \cdots \quad \cdots$$

$$\begin{aligned}\boldsymbol{Z}_{Nr} &= [\boldsymbol{T}_N]\boldsymbol{Z}_{(N-1)r}+\Delta\boldsymbol{Z}_N \\ &= [\boldsymbol{T}_N][\boldsymbol{T}_{N-1}]\cdots[\boldsymbol{T}_1]\boldsymbol{Z}_0+\sum_{j=1}^{N-1}([\boldsymbol{T}_N][\boldsymbol{T}_{N-1}]\cdots[\boldsymbol{T}_{j+1}]\Delta\boldsymbol{Z}_j)+\Delta\boldsymbol{Z}_N\end{aligned} \tag{3-32c}$$

$$\begin{aligned}\boldsymbol{Z}_{(N+1)r} &= [\boldsymbol{T}_{N+1}]\boldsymbol{Z}_{Nr} \\ &= [\boldsymbol{T}_{N+1}][\boldsymbol{T}_N]\cdots[\boldsymbol{T}_1]\boldsymbol{Z}_0+\sum_{j=1}^{N}([\boldsymbol{T}_{N+1}][\boldsymbol{T}_N]\cdots[\boldsymbol{T}_{j+1}]\Delta\boldsymbol{Z}_j)\end{aligned} \tag{3-32d}$$

其中，状态向量 $\boldsymbol{Z}$ 的第一个下标表示截面编号，第二个下标若为 l，表示该截面左边的状态向量，第二个下标若为 r，表示该截面右边的状态向量。

式(3-32d)可表示为

$$\boldsymbol{Z}_{(N+1)r}=[\boldsymbol{B}]\boldsymbol{Z}_0+\sum_{j=1}^{N}([\boldsymbol{D}_j]\Delta\boldsymbol{Z}_j) \tag{3-33}$$

其中，$[\boldsymbol{B}]=[\boldsymbol{T}_{N+1}][\boldsymbol{T}_N]\cdots[\boldsymbol{T}_1]$为从转子左端面(截面 0)到右端面(截面 $N+1$)的总传递矩阵；$[\boldsymbol{D}_j]=[\boldsymbol{T}_{N+1}][\boldsymbol{T}_N]\cdots[\boldsymbol{T}_{j+1}]$表示第 $j(j=1,2,\cdots,N)$个特征盘右端面到转子右端面的传递矩阵。$[\boldsymbol{B}]$、$[\boldsymbol{D}_j]$中都不包括特征盘的传递矩阵，特征盘的影响反映在 $\Delta\boldsymbol{Z}_j(j=1,2,\cdots,N)$中。

由转子左右端面的边界条件：弯矩和剪力为零，结合式(3-33)可得

$$[\boldsymbol{B}]_{21}\begin{Bmatrix}x\\ \beta\end{Bmatrix}_0+[\boldsymbol{B}]_{23}\begin{Bmatrix}y\\ \alpha\end{Bmatrix}_0+\sum_{j=1}^{N}([\boldsymbol{D}_j]_{22}\Delta\boldsymbol{Z}_{x,j})+\sum_{j=1}^{N}([\boldsymbol{D}_j]_{24}\Delta\boldsymbol{Z}_{y,j})=\begin{Bmatrix}0\\0\end{Bmatrix} \tag{3-34}$$

$$[\boldsymbol{B}]_{41}\begin{Bmatrix}x\\ \beta\end{Bmatrix}_0+[\boldsymbol{B}]_{43}\begin{Bmatrix}y\\ \alpha\end{Bmatrix}_0+\sum_{j=1}^{N}([\boldsymbol{D}_j]_{42}\Delta\boldsymbol{Z}_{x,j})+\sum_{j=1}^{N}([\boldsymbol{D}_j]_{44}\Delta\boldsymbol{Z}_{y,j})=\begin{Bmatrix}0\\0\end{Bmatrix} \tag{3-35}$$

式(3-34)和式(3-35)中

$$[\boldsymbol{B}]_{8\times8}=\begin{bmatrix}\boldsymbol{B}_{11} & \cdots & \boldsymbol{B}_{14}\\ \vdots & & \vdots\\ \boldsymbol{B}_{41} & \cdots & \boldsymbol{B}_{44}\end{bmatrix}\quad[\boldsymbol{D}_j]_{8\times8}=\begin{bmatrix}\boldsymbol{D}_{j,11} & \cdots & \boldsymbol{D}_{j,14}\\ \vdots & & \vdots\\ \boldsymbol{D}_{j,41} & \cdots & \boldsymbol{D}_{j,44}\end{bmatrix}$$

$$\Delta\boldsymbol{Z}_{x,j}=\begin{Bmatrix}\Delta M_{x,j}\\ \Delta Q_{x,j}\end{Bmatrix}\ \Delta\boldsymbol{Z}_{y,j}=\begin{Bmatrix}\Delta M_{y,j}\\ \Delta Q_{y,j}\end{Bmatrix}$$

将式(3-34)和式(3-35)合写为

$$\begin{bmatrix}\boldsymbol{B}_{21} & \boldsymbol{B}_{23}\\ \boldsymbol{B}_{41} & \boldsymbol{B}_{43}\end{bmatrix}\begin{Bmatrix}x\\ \beta\\ y\\ \alpha\end{Bmatrix}_0+\sum_{j=1}^{N}\left(\begin{bmatrix}\boldsymbol{D}_{j,22} & \boldsymbol{D}_{j,24}\\ \boldsymbol{D}_{j,42} & \boldsymbol{D}_{j,44}\end{bmatrix}\begin{Bmatrix}\Delta\boldsymbol{Z}_{x,j}\\ \Delta\boldsymbol{Z}_{y,j}\end{Bmatrix}\right)=\begin{Bmatrix}0\\ 0\\ 0\\ 0\end{Bmatrix}\tag{3-36}$$

若记

$$[\boldsymbol{T}_{zj}]_{4\times4}=\begin{bmatrix}\boldsymbol{D}_{j,22} & \boldsymbol{D}_{j,24}\\ \boldsymbol{D}_{j,42} & \boldsymbol{D}_{j,44}\end{bmatrix}_{4\times4}\quad(j=1,2,\cdots,N)$$

则式(3-36)可表示为

$$\begin{bmatrix}\boldsymbol{B}_{21} & \boldsymbol{B}_{23}\\ \boldsymbol{B}_{41} & \boldsymbol{B}_{43}\end{bmatrix}\begin{Bmatrix}x\\ \beta\\ y\\ \alpha\end{Bmatrix}_0+[\boldsymbol{T}_{z1},\boldsymbol{T}_{z2},\cdots,\boldsymbol{T}_{zN}]_{4\times4N}\begin{bmatrix}\Delta\boldsymbol{Z}_{x,1}\\ \Delta\boldsymbol{Z}_{y,1}\\ \vdots\\ \Delta\boldsymbol{Z}_{x,N}\\ \Delta\boldsymbol{Z}_{y,N}\end{bmatrix}_{4N\times1}=\begin{Bmatrix}0\\ 0\\ 0\\ 0\end{Bmatrix}\tag{3-37}$$

令

$$[\boldsymbol{T}_z]_{4\times4N}=[\boldsymbol{T}_{z1},\boldsymbol{T}_{z2},\cdots,\boldsymbol{T}_{zN}]_{4\times4N}$$

则式(3-37)表示为

$$\begin{bmatrix}\boldsymbol{B}_{21} & \boldsymbol{B}_{23}\\ \boldsymbol{B}_{41} & \boldsymbol{B}_{43}\end{bmatrix}\begin{Bmatrix}x\\ \beta\\ y\\ \alpha\end{Bmatrix}_0+[\boldsymbol{T}_z]_{4\times4N}\begin{bmatrix}\Delta\boldsymbol{Z}_{x,1}\\ \Delta\boldsymbol{Z}_{y,1}\\ \vdots\\ \Delta\boldsymbol{Z}_{x,N}\\ \Delta\boldsymbol{Z}_{y,N}\end{bmatrix}_{4N\times1}=\begin{Bmatrix}0\\ 0\\ 0\\ 0\end{Bmatrix}\tag{3-38}$$

由(3-32)的各式,结合转子左端面的边界条件:弯矩和剪力为零,可得到如下关系:

$$\begin{Bmatrix}x\\ \beta\end{Bmatrix}_1=([\boldsymbol{T}_1])_{11}\begin{Bmatrix}x\\ \beta\end{Bmatrix}_0+([\boldsymbol{T}_1])_{13}\begin{Bmatrix}y\\ \alpha\end{Bmatrix}_0\tag{3-39a}$$

$$\begin{Bmatrix}y\\ \alpha\end{Bmatrix}_1=([\boldsymbol{T}_1])_{31}\begin{Bmatrix}x\\ \beta\end{Bmatrix}_0+([\boldsymbol{T}_1])_{33}\begin{Bmatrix}y\\ \alpha\end{Bmatrix}_0\tag{3-39b}$$

$$\begin{Bmatrix} x \\ \beta \end{Bmatrix}_2 = ([\boldsymbol{T}_2][\boldsymbol{T}_1])_{11} \begin{Bmatrix} x \\ \beta \end{Bmatrix}_0 + ([\boldsymbol{T}_2][\boldsymbol{T}_1])_{13} \begin{Bmatrix} y \\ \alpha \end{Bmatrix}_0 + ([\boldsymbol{T}_2])_{12} \Delta \boldsymbol{Z}_{x,1} + ([\boldsymbol{T}_2])_{14} \Delta \boldsymbol{Z}_{y,1} \tag{3-39c}$$

$$\begin{Bmatrix} y \\ \alpha \end{Bmatrix}_2 = ([\boldsymbol{T}_2][\boldsymbol{T}_1])_{31} \begin{Bmatrix} x \\ \beta \end{Bmatrix}_0 + ([\boldsymbol{T}_2][\boldsymbol{T}_1])_{33} \begin{Bmatrix} y \\ \alpha \end{Bmatrix}_0 + ([\boldsymbol{T}_2])_{32} \Delta \boldsymbol{Z}_{x,1} + ([\boldsymbol{T}_2])_{34} \Delta \boldsymbol{Z}_{y,1} \tag{3-39d}$$

… … …

$$\begin{aligned} \begin{Bmatrix} x \\ \beta \end{Bmatrix}_N = & ([\boldsymbol{T}_N][\boldsymbol{T}_{N-1}]\cdots[\boldsymbol{T}_1])_{11} \begin{Bmatrix} x \\ \beta \end{Bmatrix}_0 + ([\boldsymbol{T}_N][\boldsymbol{T}_{N-1}]\cdots[\boldsymbol{T}_1])_{13} \begin{Bmatrix} y \\ \alpha \end{Bmatrix}_0 \\ & + \sum_{j=1}^{N-1} [([\boldsymbol{T}_N][\boldsymbol{T}_{N-1}]\cdots[\boldsymbol{T}_{j+1}])_{12} \Delta \boldsymbol{Z}_{x,j}] \\ & + \sum_{j=1}^{N-1} [([\boldsymbol{T}_N][\boldsymbol{T}_{N-1}]\cdots[\boldsymbol{T}_{j+1}])_{14} \Delta \boldsymbol{Z}_{y,j}] \end{aligned} \tag{3-39e}$$

$$\begin{aligned} \begin{Bmatrix} y \\ \alpha \end{Bmatrix}_N = & ([\boldsymbol{T}_N][\boldsymbol{T}_{N-1}]\cdots[\boldsymbol{T}_1])_{31} \begin{Bmatrix} x \\ \beta \end{Bmatrix}_0 + ([\boldsymbol{T}_N][\boldsymbol{T}_{N-1}]\cdots[\boldsymbol{T}_1])_{33} \begin{Bmatrix} y \\ \alpha \end{Bmatrix}_0 \\ & + \sum_{j=1}^{N-1} [([\boldsymbol{T}_N][\boldsymbol{T}_{N-1}]\cdots[\boldsymbol{T}_{j+1}])_{32} \Delta \boldsymbol{Z}_{x,j}] \\ & + \sum_{j=1}^{N-1} [([\boldsymbol{T}_N][\boldsymbol{T}_{N-1}]\cdots[\boldsymbol{T}_{j+1}])_{34} \Delta \boldsymbol{Z}_{y,j}] \end{aligned} \tag{3-39f}$$

其中

$$\begin{aligned} & ([\boldsymbol{T}_N][\boldsymbol{T}_{N-1}]\cdots[\boldsymbol{T}_{j+1}])_{8\times 8} \\ = & \begin{bmatrix} ([\boldsymbol{T}_N][\boldsymbol{T}_{N-1}]\cdots[\boldsymbol{T}_{j+1}])_{11} & \cdots & ([\boldsymbol{T}_N][\boldsymbol{T}_{N-1}]\cdots[\boldsymbol{T}_{j+1}])_{14} \\ \vdots & & \vdots \\ ([\boldsymbol{T}_N][\boldsymbol{T}_{N-1}]\cdots[\boldsymbol{T}_{j+1}])_{41} & \cdots & ([\boldsymbol{T}_N][\boldsymbol{T}_{N-1}]\cdots[\boldsymbol{T}_{j+1}])_{44} \end{bmatrix} \\ & (N=1,2,3,\cdots;j=0,1,2,\cdots,N-1) \end{aligned}$$

将式(3-39)整理为

$$\begin{aligned} & \{x_1 \quad \beta_1 \quad y_1 \quad \alpha_1 \quad \cdots \quad x_N \quad \beta_N \quad y_N \quad \alpha_N\}^{\mathrm{T}} \\ = & [\boldsymbol{T}_a]_{4N\times 4} \begin{Bmatrix} x \\ \beta \\ y \\ \alpha \end{Bmatrix}_0 + [\boldsymbol{T}_b]_{4N\times 4N} \begin{bmatrix} \Delta \boldsymbol{Z}_{x,1} \\ \Delta \boldsymbol{Z}_{y,1} \\ \vdots \\ \Delta \boldsymbol{Z}_{x,N} \\ \Delta \boldsymbol{Z}_{y,N} \end{bmatrix}_{4N\times 1} \end{aligned} \tag{3-40}$$

其中

$$[\boldsymbol{T}_a]_{4N\times 4}=\begin{bmatrix}([\boldsymbol{T}_1])_{11} & ([\boldsymbol{T}_1])_{13}\\ ([\boldsymbol{T}_1])_{31} & ([\boldsymbol{T}_1])_{33}\\ ([\boldsymbol{T}_2][\boldsymbol{T}_1])_{11} & ([\boldsymbol{T}_2][\boldsymbol{T}_1])_{13}\\ ([\boldsymbol{T}_2][\boldsymbol{T}_1])_{31} & ([\boldsymbol{T}_2][\boldsymbol{T}_1])_{33}\\ \vdots & \vdots\\ \left(\prod_{i=N}^{1}[\boldsymbol{T}_i]\right)_{11} & \left(\prod_{i=N}^{1}[\boldsymbol{T}_i]\right)_{13}\\ \left(\prod_{i=N}^{1}[\boldsymbol{T}_i]\right)_{31} & \left(\prod_{i=N}^{1}[\boldsymbol{T}_i]\right)_{33}\end{bmatrix}_{4N\times 4}$$

$$[\boldsymbol{T}_b]_{4N\times 4N}=$$

$$\left[\begin{array}{ccccccc:c}\multicolumn{7}{c:}{0_{4\times 4}} & 0_{4\times(4N-4)}\\ \hdashline ([\boldsymbol{T}_2])_{12} & ([\boldsymbol{T}_2])_{14} & 0 & 0 & 0 & \cdots & 0 & \\ ([\boldsymbol{T}_2])_{32} & ([\boldsymbol{T}_2])_{34} & 0 & 0 & 0 & \cdots & 0 & \\ \left(\prod_{i=3}^{2}[\boldsymbol{T}_i]\right)_{12} & \left(\prod_{i=3}^{2}[\boldsymbol{T}_i]\right)_{14} & ([\boldsymbol{T}_3])_{12} & ([\boldsymbol{T}_3])_{14} & 0 & \cdots & 0 & \\ \left(\prod_{i=3}^{2}[\boldsymbol{T}_i]\right)_{32} & \left(\prod_{i=3}^{2}[\boldsymbol{T}_i]\right)_{34} & ([\boldsymbol{T}_3])_{32} & ([\boldsymbol{T}_3])_{34} & 0 & \cdots & 0 & 0_{(4N-4)\times 4}\\ \vdots & \vdots & \vdots & \vdots & \vdots & & \vdots & \\ \left(\prod_{i=N}^{2}[\boldsymbol{T}_i]\right)_{12} & \left(\prod_{i=N}^{2}[\boldsymbol{T}_i]\right)_{14} & \left(\prod_{i=N}^{3}[\boldsymbol{T}_i]\right)_{12} & \left(\prod_{i=N}^{3}[\boldsymbol{T}_i]\right)_{14} & \cdots & ([\boldsymbol{T}_N])_{12} & ([\boldsymbol{T}_N])_{14} & \\ \left(\prod_{i=N}^{2}[\boldsymbol{T}_i]\right)_{32} & \left(\prod_{i=N}^{2}[\boldsymbol{T}_i]\right)_{34} & \left(\prod_{i=N}^{3}[\boldsymbol{T}_i]\right)_{32} & \left(\prod_{i=N}^{3}[\boldsymbol{T}_i]\right)_{34} & \cdots & ([\boldsymbol{T}_N])_{32} & ([\boldsymbol{T}_N])_{34} & \end{array}\right]$$

其中，$\prod_{i=N}^{k}[\boldsymbol{T}_i]=[\boldsymbol{T}_N][\boldsymbol{T}_{N-1}]\cdots[\boldsymbol{T}_k]$ 表示连乘关系。

由式(3-39)得

$$\begin{Bmatrix}x\\ \beta\\ y\\ \alpha\end{Bmatrix}_0=-\begin{bmatrix}\boldsymbol{B}_{21} & \boldsymbol{B}_{23}\\ \boldsymbol{B}_{41} & \boldsymbol{B}_{43}\end{bmatrix}_{4\times 4}^{-1}[\boldsymbol{T}_z]_{4\times 4N}\begin{bmatrix}\Delta\boldsymbol{Z}_{x,1}\\ \Delta\boldsymbol{Z}_{y,1}\\ \vdots\\ \Delta\boldsymbol{Z}_{x,N}\\ \Delta\boldsymbol{Z}_{y,N}\end{bmatrix}_{4N\times 1} \tag{3-41}$$

记

$$[\boldsymbol{T}_c]=-\begin{bmatrix}\boldsymbol{B}_{21} & \boldsymbol{B}_{23}\\ \boldsymbol{B}_{41} & \boldsymbol{B}_{43}\end{bmatrix}_{4\times 4}^{-1}$$

将式(3-41)代入式(3-40)整理后得到

$$\{x_1\ \beta_1\ y_1\ \alpha_1\ \cdots\ x_N\ \beta_N\ y_N\ \alpha_N\}^{\mathrm{T}}=([\boldsymbol{T}_a][\boldsymbol{T}_c][\boldsymbol{T}_z]+[\boldsymbol{T}_b])\begin{bmatrix}\Delta\boldsymbol{Z}_{x,1}\\ \Delta\boldsymbol{Z}_{y,1}\\ \vdots\\ \Delta\boldsymbol{Z}_{x,N}\\ \Delta\boldsymbol{Z}_{y,N}\end{bmatrix}_{4N\times 1} \tag{3-42}$$

记

$$[\boldsymbol{T}_d]=[\boldsymbol{T}_a][\boldsymbol{T}_c][\boldsymbol{T}_z]+[\boldsymbol{T}_b]$$

则式(3-42)可表示为

$$\begin{bmatrix}\Delta\boldsymbol{Z}_{x,1}\\ \Delta\boldsymbol{Z}_{y,1}\\ \vdots\\ \Delta\boldsymbol{Z}_{x,N}\\ \Delta\boldsymbol{Z}_{y,N}\end{bmatrix}_{4N\times 1}-[\boldsymbol{T}_d]^{-1}\begin{Bmatrix}x_1\\ \beta_1\\ y_1\\ \alpha_1\\ \vdots\\ x_N\\ \beta_N\\ y_N\\ \alpha_N\end{Bmatrix}_{4N\times 1}=\begin{bmatrix}0\\ 0\\ \vdots\\ 0\\ 0\end{bmatrix}_{4N\times 1} \tag{3-43}$$

然后，将式(3-26)、式(3-27)、式(3-29)、式(3-30)和式(3-31)代入式(3-43)中，化简可得转子系统的瞬态运动方程为

$$\boldsymbol{M}\ddot{\boldsymbol{U}}+\boldsymbol{C}\dot{\boldsymbol{U}}+\boldsymbol{K}\boldsymbol{U}=\boldsymbol{F} \tag{3-44}$$

其中，质量矩阵

$$\boldsymbol{M}_{4N\times 4N}=\mathrm{diag}(m_1,I_{d_1},m_1,I_{d_1},\cdots,m_N,I_{d_N},m_N,I_{d_N})$$

阻尼矩阵

$$\boldsymbol{C}_{4N\times 4N}=\begin{bmatrix}[\boldsymbol{C}_1]_{4\times 4} & & & 0\\ & [\boldsymbol{C}_2]_{4\times 4} & & \\ & & \ddots & \\ 0 & & & [\boldsymbol{C}_N]_{4\times 4}\end{bmatrix}_{4N\times 4N}$$

$$[\boldsymbol{C}_i]_{4\times 4}=\begin{bmatrix}c_{e_i} & 0 & 0 & 0\\ 0 & 0 & 0 & I_{p_i}\dot{\phi}\\ 0 & 0 & c_{e_i} & 0\\ 0 & -I_{p_i}\dot{\phi} & 0 & 0\end{bmatrix}\quad (i=1,2,\cdots,N)$$

刚度矩阵

$$\boldsymbol{K}=\begin{bmatrix}[\boldsymbol{K}_0]_{2\times2} & & & 0\\ & [\boldsymbol{K}_0]_{2\times2} & & \\ & & \ddots & \\ 0 & & & [\boldsymbol{K}_0]_{2\times2}\end{bmatrix}_{4N\times4N}\times[\boldsymbol{T}_d]^{-1}$$

$$[\boldsymbol{K}_0]_{2\times2}=\begin{bmatrix}0 & 1\\ -1 & 0\end{bmatrix}$$

瞬态不平衡激振力

$$\boldsymbol{F}_{4N\times1}=[F_{x,1}\quad 0\quad F_{y,1}\quad 0\quad \cdots\quad F_{x,N}\quad 0\quad F_{y,N}\quad 0]^{\mathrm{T}}$$

$F_{x,i}$,$F_{y,i}$($i=1,2,\cdots,N$)的表达式如式(3-26)。

3.5　转子瞬态响应的计算和分析

本节首先以转子的稳态响应为基础,通过与有限元法的对比,对 3.4 节的求解方法进行初步验证。然后通过数值算例对多盘转子的瞬态响应进行仿真分析。

3.5.1　求解方法的有效性验证

为了验证 3.4 节所述的转子瞬态响应计算方法的有效性,本节以转子的稳态响应为基础来进行说明。由于用有限元法分析计算转子稳态响应的方法已相当成熟[7],这里将对用 3.4 节的方法与有限元法算得的不同情况下转子的稳态响应作比较。计算转子的稳态响应时,运动微分方程中不平衡激振力表达式中的转子角加速度 $\ddot{\varphi}=0$,转子的自转角速度 $\dot{\varphi}$ 为给定的转速,其值为一常量。对于每一算例,选择三个转速下的稳态响应数据进行分析。

1. 模型 1 稳态响应的比较

某双盘转子模型,如图 3.22 所示,其结构参数列于表 3.6 中。表 3.7 给出了三个选定转速下,利用上一节所给算法和有限元法计算得到的不同测点处的稳态响应比较结果。

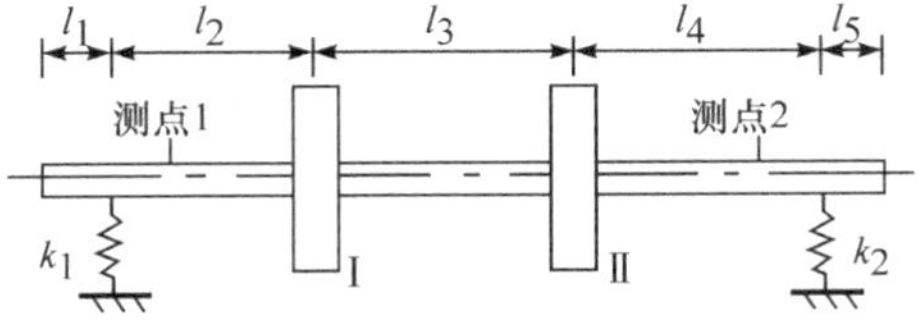

图 3.22　双盘转子模型

表 3.6 双盘转子模型的结构参数及其前两阶临界转速

公共参数	材料密度 $\rho=7800\text{kg/m}^3$，弹性模量 $E=2.1\times10^{11}\text{N/m}^2$
轴的参数	长度：$l_1=l_5=10\text{mm}$，$l_2=160\text{mm}$， $l_3=200\text{mm}$，$l_4=180\text{mm}$；直径：$d=10\text{mm}$
盘的参数	直径：$D_{\text{I}}=90\text{mm}$，$D_{\text{II}}=150\text{mm}$；质量：$m_{\text{I}}=1.5\text{kg}$，$m_{\text{II}}=4\text{kg}$； 两盘处的等效阻尼：$c_{e_{\text{I}}}=20\text{kg/s}$，$c_{e_{\text{II}}}=20\text{kg/s}$
支承参数	$k_{1x}=k_{1y}=7.0\times10^5\text{N/m}$，$k_{2x}=k_{2y}=5.5\times10^5\text{N/m}$
临界转速	$\omega_{c1}=85.1\text{rad/s}(812.3\text{r/min})$，$\omega_{c2}=341.0\text{rad/s}(3254.9\text{r/min})$

表 3.7 不同计算方法所求得稳态响应的比较 （单位：μm∠°）

测试位置	测试转速/(r/min)					
	500		1500		2500	
	本书方法	有限元法	本书方法	有限元法	本书方法	有限元法
测点 1	3.96∠105.1	3.98∠103.8	10.38∠333.5	10.28∠327.5	27.64∠18.9	27.75∠13.7
测点 2	4.53∠117.1	4.65∠115.3	12.07∠284.3	12.10∠281.7	18.92∠242.5	18.99∠237.8
盘Ⅰ	23.3∠108.4	23.3∠106.9	56.56∠320.2	56.40∠313.2	96.84∠8.1	97.01∠5.3
盘Ⅱ	26.4∠114.2	26.2∠112.2	64.98∠295.1	65.10∠292.8	60.33∠270.6	60.01∠265.4

两盘上的不平衡偏心分别为：$e_{\text{I}}=100\mu\text{m}\angle60°$，$e_{\text{II}}=50\mu\text{m}\angle150°$。左右测量点到两端支承的距离同为 20mm。

2. 模型 2 稳态响应的比较

进一步增加转子的复杂程度，考虑一 4 盘转子系统，如图 3.23 所示，其对应的结构参数列于表 3.8 中。按照相同的方法，对选定转速下的稳态响应进行分析。

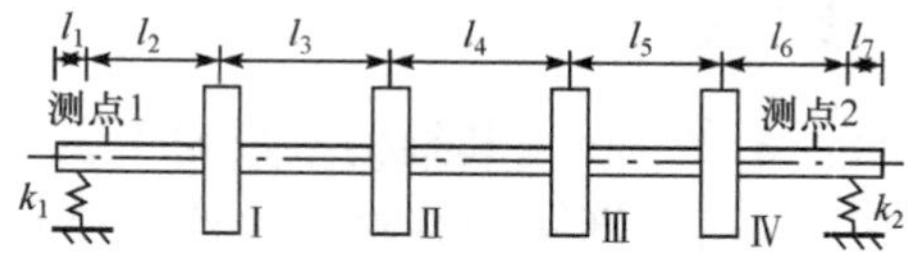

图 3.23 多盘转子模型

表 3.8 多盘转子模型的结构参数及其前两阶临界转速

公共参数	材料密度 $\rho=7800\text{kg/m}^3$，弹性模量 $E=2.1\times10^{11}\text{N/m}^2$
轴的参数	直径：$d=20\text{mm}$；长度：$l_1=l_7=30\text{mm}$；$l_2=150\text{mm}$； $l_3=l_4=220\text{mm}$；$l_5=120\text{mm}$；$l_6=210\text{mm}$
盘的参数	直径：$D=160\text{mm}$；厚度：$h=30\text{mm}$；不平衡偏心(μm∠°)： $e_{\text{I}}=150\angle300$，$e_{\text{II}}=240\angle60$，$e_{\text{III}}=360\angle180$，$e_{\text{IV}}=200\angle45$； 各盘处等效的阻尼：$c_{e_{\text{I}}}=c_{e_{\text{II}}}=c_{e_{\text{III}}}=c_{e_{\text{IV}}}=50\text{kg/s}$

续表

支承参数	$k_{1x}=k_{1y}=5.5\times10^5\mathrm{N/m}, k_{2x}=k_{2y}=5.0\times10^5\mathrm{N/m}$
临界转速	$\omega_{c1}=68.5\mathrm{rad/s}(653.9\mathrm{r/min}), \omega_{c2}=226.3\mathrm{rad/s}(2126.3\mathrm{r/min})$

左右测量点到两端支承的距离同为 30mm。

表 3.9 不同计算方法所求得稳态响应的比较 (单位:μm∠°)

测试位置	测试转速/(r/min)					
	300		1000		1500	
	本书方法	有限元法	本书方法	有限元法	本书方法	有限元法
测点 1	3.08∠86.7	3.00∠87.0	54.04∠306.0	54.00∠300.0	93.68∠312.6	93.50∠319.2
测点 2	5.46∠73.4	6.00∠74.0	25.67∠292.9	26.00∠284.0	15.57∠175.9	16.02∠182.4
盘Ⅰ	10.77∠83.0	11.00∠83.0	112.76∠304.2	112.00∠298.4	148.68∠311.6	148.25∠318.7
盘Ⅱ	21.66∠77.6	22.05∠78.0	159.85∠300.8	160.00∠295.1	139.33∠305.1	138.20∠301.8
盘Ⅲ	22.22∠72.8	22.00∠73.0	133.83∠293.1	135.00∠287.4	71.05∠274.7	71.95∠266.3
盘Ⅳ	17.44∠72.6	17.15∠72.0	97.89∠292.3	99.00∠298.5	44.24∠297.5	45.96∠290.6

通过表 3.7 和表 3.9 中的比较分析,可以看出,本章所提出的计算转子响应的方法是有效的,且能保证计算结果具有相当高的精度。

3.5.2 加速瞬态响应分析

在进行加速瞬态不平衡响应研究时,仍分别以图 3.22 和图 3.23 中的转子模型为例进行说明。

1. 模型 1 的加速瞬态不平衡响应

对于图 3.22 所示的双盘转子系统,当转子以恒定的角加速度(或升速率)$\ddot{\varphi}=45\mathrm{rad/s^2}$ 起动通过其前两阶临界区时,两盘处的瞬态响应如图 3.24～图 3.27 所示。

2. 模型 2 的加速瞬态不平衡响应

对于图 3.23 所示的多盘转子系统,当转子以恒定的角加速度(或升速率)$\ddot{\varphi}=25\mathrm{rad/s^2}$ 起动通过其前两阶临界区时,盘Ⅰ和盘Ⅳ处的瞬态响应如图 3.28～图 3.31 所示。

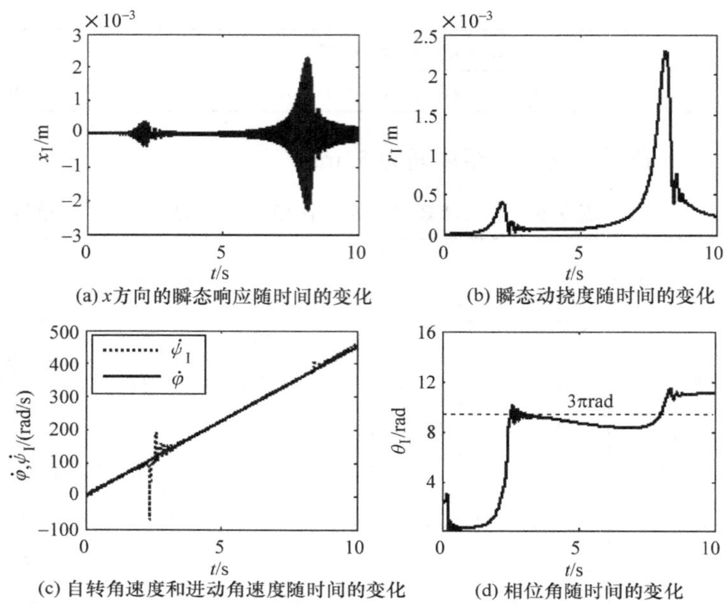

(a) x方向的瞬态响应随时间的变化　(b) 瞬态动挠度随时间的变化

(c) 自转角速度和进动角速度随时间的变化　(d) 相位角随时间的变化

图 3.24　盘Ⅰ的瞬态响应

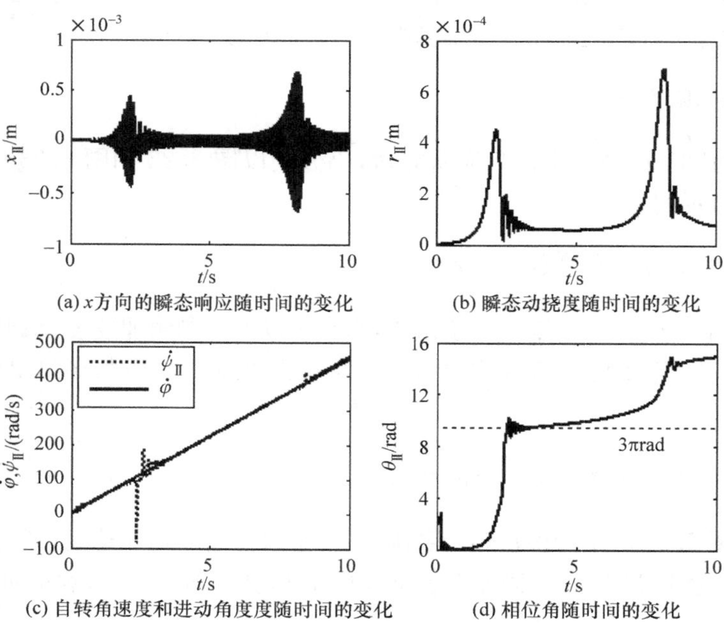

(a) x方向的瞬态响应随时间的变化　(b) 瞬态动挠度随时间的变化

(c) 自转角速度和进动角度度随时间的变化　(d) 相位角随时间的变化

图 3.25　盘Ⅱ的瞬态响应

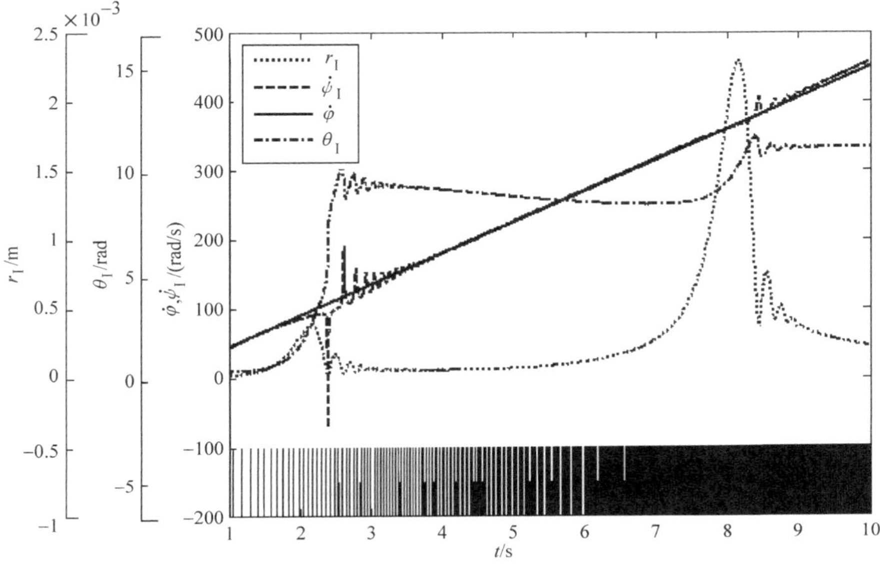

图 3.26　盘Ⅰ瞬态响应的叠加

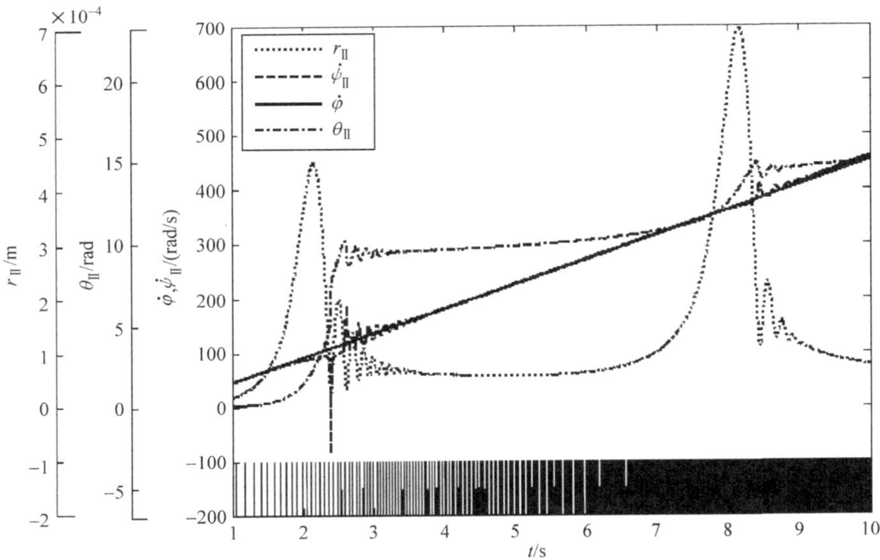

图 3.27　盘Ⅱ瞬态响应的叠加

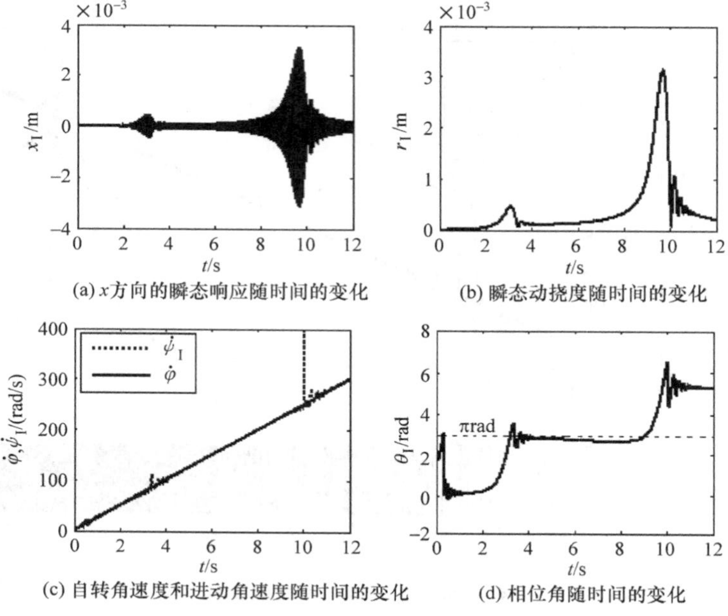

图 3.28　盘Ⅰ的瞬态响应

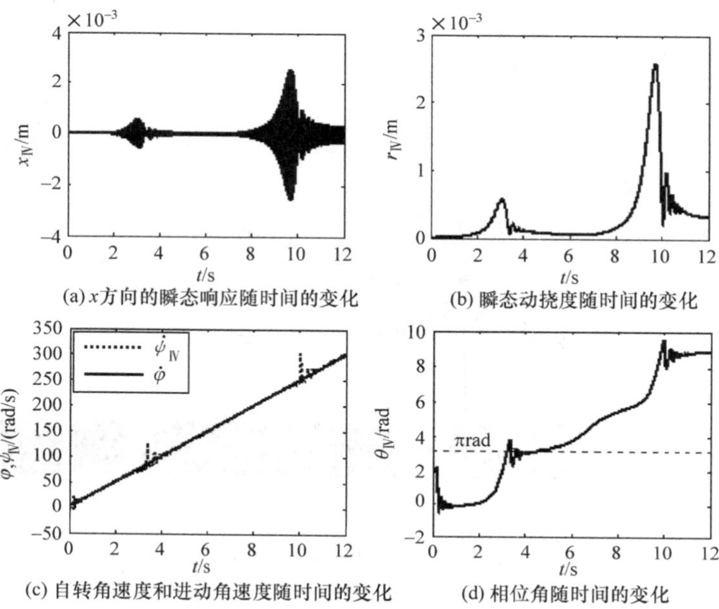

图 3.29　盘Ⅳ的瞬态响应

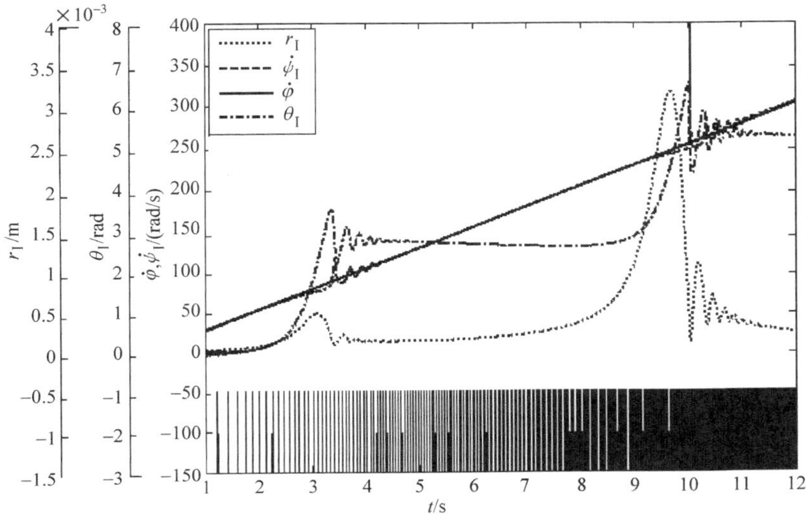

图 3.30　盘Ⅰ瞬态响应的叠加

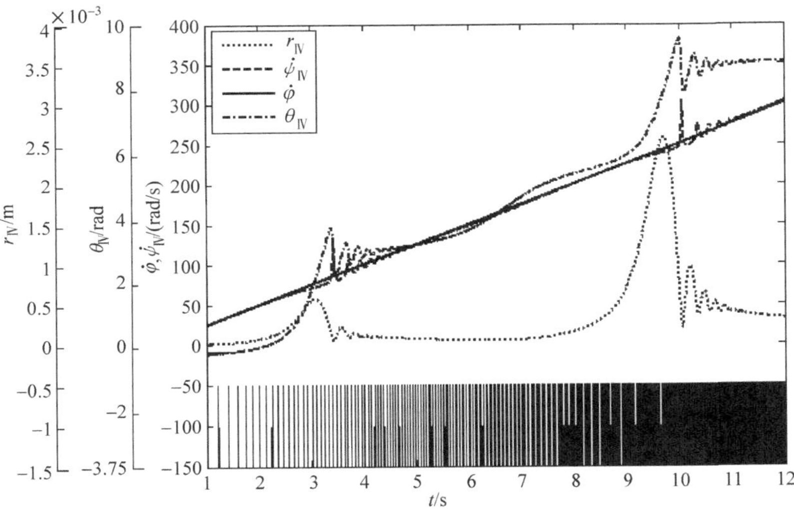

图 3.31　盘Ⅳ瞬态响应的叠加

3.6 小　　结

通过对单盘和多盘转子瞬态响应的仿真分析，可以得到其瞬态响应的一些规律：

(1) 特征盘处的动挠度在每一临界区内会迅速增大，在经过每阶共振峰值后的减小过程中都会出现有规律的波动。

(2) 在远离每阶临界转速的区域内(低速区或高速区)，进动角速度围绕自转角速度有小幅波动，且该区域距离临界区越远，这种波动的幅度越小，甚至会出现两者基本相等的情况；在每阶临界转速区内，进动角速度会围绕自转角速度出现剧烈的波动。与单盘转子的瞬态运动相似，每阶临界转速区内进动角速度的波动情况与转子的升速率(角加速度)和阻尼有关，阻尼越小或者升速率越大，每阶临界转速区内进动角速度波动越剧烈。在小阻尼情况下，当升速率足够大时，转子在短时间内可能出现反进动现象。

(3) 单盘转子和多盘转子的瞬态运动均可根据进动角速度和自转角速度的关系，将每一临界区对应的进动角速度和相位角的变化分为三个区。一区对应低速区，此时转子的相位角缓慢变化；二区对应共振区，此时相位角持续增大；三区对应转子越过临界区，此时相位角围绕某一定值出现有规律的波动。

(4) 在经过每一共振峰值后，特征盘处的动挠度、进动角速度、相位角三者具有相同的波动频率，且动挠度的波动与进动角速度的波动在相位上正好相差 180°(反向)，与相位角的波动基本相差 90°。

(5) 加速起动过程中，多盘转子(复杂转子)系统经过每阶临界区的瞬态不平衡响应与单盘转子具有相似性，但仍有一定的区别，尤其是相位角的变化，两者有很大的差别。在经过一阶临界区时，多盘转子(复杂转子)系统相位角变化与单盘转子具有相同的规律，但经过二阶临界区时，转子相位角变化趋势虽然遵循一定的规律，但其最终趋近的定值并不为$(2n+1)\pi$rad。

根据转子动力学理论，按照某阶振型分布的不平衡只能激起转子的对应阶瞬态共振响应，因此，为了进一步明晰多盘转子(复杂转子)系统的瞬态响应机理，有必要对各阶模态不平衡单独作用时转子的瞬态响应进行进一步的研究(第 4 章将对该内容作详细的分析)。

第 4 章 基于升速响应信息的柔性转子瞬态平衡

传统的柔性转子平衡方法，包括模态平衡方法和影响系数法，都是以转子的稳态响应为基础，即借助转子系统在某些选定转速下的稳态响应数据，通过多次起车来确定平衡校正量。现场平衡时，该方法费时又费力，对大型转子尤为突出。若能通过起动状态下的瞬态响应数据快速实现转子的平衡或完成不平衡量的识别将有非常重要的意义，但目前尚未有成熟可行的方法。仅有的相关研究都是基于控制的思想来减小转子过临界时的瞬态响应幅值，且研究对象大都局限于简单的转子模型，这无形中限制了它们的实际应用。

本章将在对不平衡转子加速瞬态响应进行分析的基础上，讨论转子加速过临界时动挠度、相位的变化特点，借助瞬态动挠度和键相信号脉冲，有效地识别出转子前两阶模态不平衡所在的方位角，然后通过添加合理的试重组，求得平衡校正质量，通过加速响应信息实现了柔性转子的离线平衡。

4.1 转子的模态不平衡方位角

根据转子动力学理论，当转子的质心偏移为任意空间曲线 $\varepsilon(z)e^{i\alpha(z)}$ 时，可通过各阶主振型的正交特点，将其按主振型函数 $\phi_n(z)$ 进行分解，即

$$\begin{aligned}\varepsilon(z)e^{i\alpha(z)} &= \varepsilon(z)[\cos\alpha(z)+i\sin\alpha(z)]\\&=\sum_{n=1}^{\infty}(A_n+iB_n)\phi_n(z)=\sum_{n=1}^{\infty}C_n e^{i\alpha_n}\phi_n(z)\end{aligned}\tag{4-1}$$

其中，A_n、B_n 为对应于各阶主振型的系数，且有

$$C_n=\sqrt{A_n^2+B_n^2}$$

$$\alpha_n=\arctan\left(\frac{B_n}{A_n}\right)$$

式(4-1)表明，虽然质心偏移曲线 $\varepsilon(z)e^{i\alpha(z)}$ 呈空间分布，但其各阶主振型分量位于不同的轴向平面上，如图 4.1 所示，该图给出了质心空间分布曲线的前三阶主振型分量。

工程实际中大多数运行于第一、二阶临界转速之间的转子，当要求转子在工作转速附近振动较小，且能顺利通过一阶临界区时，可以只考虑前两阶模态不平衡的影响。此时，式(4-1)可表示为

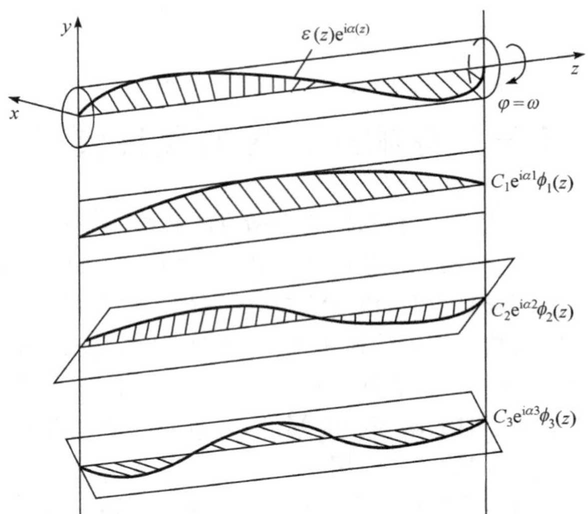

图 4.1 转子不平衡的空间分布曲线与其前三阶主振型分量

$$
\begin{aligned}
\varepsilon(z)e^{i\alpha(z)} &= \varepsilon(z)[\cos\alpha(z) + i\sin\alpha(z)] \\
&\approx \sum_{n=1}^{2}(A_n + iB_n)\phi_n(z) \\
&= (A_1 + iB_1)\phi_1(z) + (A_2 + iB_2)\phi_2(z) \\
&= C_1 e^{i\alpha_1}\phi_1(z) + C_2 e^{i\alpha_2}\phi_2(z)
\end{aligned} \tag{4-2}
$$

其中

$$C_1=\sqrt{A_1^2+B_1^2} \quad C_2=\sqrt{A_2^2+B_2^2} \quad \alpha_1=\arctan\left(\frac{B_1}{A_1}\right) \quad \alpha_2=\arctan\left(\frac{B_2}{A_2}\right)$$

可以求得转子以任意转速 ω 旋转时，轴的变形：

$$R(z)\approx\left[\frac{\omega^2}{\omega_{c1}^2-\omega^2}C_1 e^{i\alpha_1}\phi_1(z)+\frac{\omega^2}{\omega_{c2}^2-\omega^2}C_2 e^{i\alpha_1}\phi_2(z)\right]e^{i\omega t} \tag{4-3}$$

由式(4-2)可知，当认为转子的各阶模态为平面模态时，转子的每阶模态不平衡分量将位于同一平面内，且其分布不受转速的影响。通过式(4-3)可知，转子轴的变形曲线是各阶振型曲线的加权和，且其形状会随转速的变化而变化，但如果将轴的变形按各阶模态进行展开，其每一阶分量仍为一平面函数。若考虑阻尼的影响，轴变形的各阶模态分量相对不平衡量的各阶模态分量有一定的相位滞后，则式(4-3)可表示为

$$R(z)\approx\left[\sum_{n=1}^{2}\frac{\omega^2}{\sqrt{(\omega_{cn}^2-\omega^2)^2+(2\xi_n\omega)^2}}C_n e^{i(\alpha_n-\theta_n)}\phi_n(z)\right]e^{i\omega t} \tag{4-4}$$

式中，ω_{cn} 为有阻尼时的第 n 阶固有频率；ξ_n 为转子的第 n 阶模态阻尼系数。第 n 阶模态不平衡响应的相位滞后角 θ_n 可表示如下：

$$\theta_n = \arctan\frac{2\xi_n\omega}{\omega_{cn}^2 - \omega^2}$$

按照以上的分析，结合经典的转子 N 平面模态平衡理论：平衡前 N 阶模态不平衡需要 N 个平衡面，本章提出了转子模态不平衡方位角的概念。

当认为转子的各阶模态为平面模态时，在随转子一起转动的坐标系 $o\xi\eta z$ 中，一、二阶模态不平衡可分别表示于图 4.2(a)和图 4.3(a)中。图中，K 表示键相槽，P_0、P_1、P_2 分别表示键相槽以及一、二阶模态不平衡分量所在的平面，δ_0 为平面 P_0 与平面 $o\xi z$ 的夹角，δ_1、δ_2 分别表示平面 P_1、P_2 与平面 P_0 的夹角。对于一结构确定的转子系统，δ_0、δ_1、δ_2 为一定值。若从 oz 方向看，转子一、二阶不平衡分布的示意图分别如图 4.2(b)和图 4.3(b)所示，δ_1、δ_2 即为一、二阶模态不平衡所在的方位角。若一阶模态不平衡可等效为两集中质量 m_{11} 和 m_{12}，则 m_{11} 的方位角为 $\delta_{11}=\delta_1$，m_{12} 的方位角为 $\delta_{12}=\delta_1$；若二阶模态不平衡可等效为两集中质量 m_{21} 和 m_{22}，则 m_{21} 的方位角为 $\delta_{21}=\delta_2$，m_{22} 的方位角为 $\delta_{22}=2\pi-\delta_2$。这样，可以将转子前两阶模态不平衡相对键相槽所处的位置以方位角的形式表示出来，以利于转子不平衡的表示和识别。

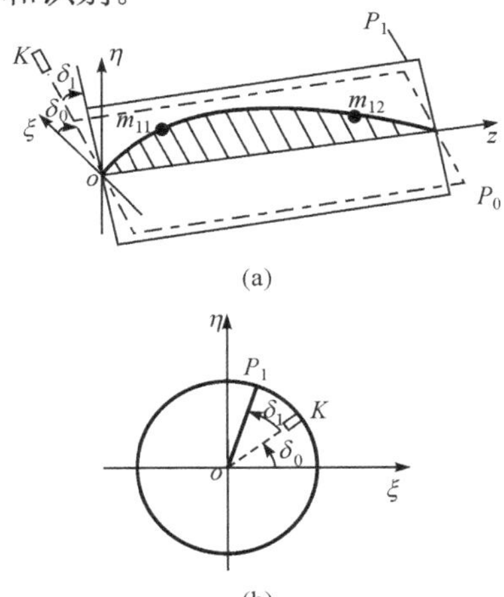

图 4.2　转子的一阶模态不平衡示意图

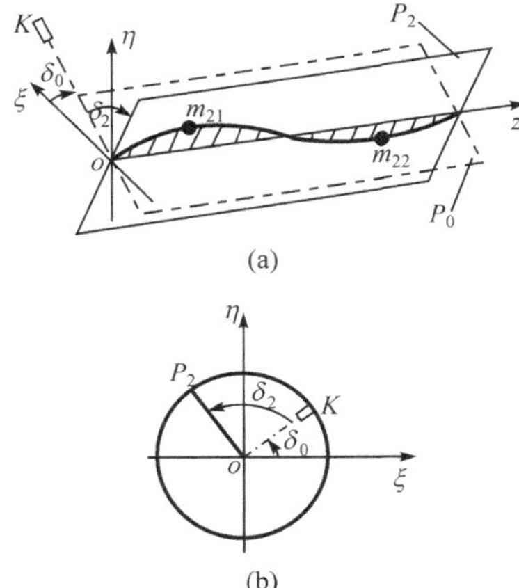

图 4.3　转子的二阶模态不平衡示意图

4.2　模态不平衡方位角的识别

4.2.1　单盘转子不平衡方位角的识别

第 3 章已对单盘转子的瞬态平衡问题进行了详细的讨论，其中所提到的转子不平衡偏心所在的方位角即为单盘转子的一阶模态不平衡方位角，在此对其识别过程进行简要回顾。

假定单盘转子以恒定的角加速度 a 起动，建立其瞬态运动方程，如式(3-1)。对于式(3-1)，很难得到其解析解，目前只能通过数值方法对其进行分析。图 4.4 和图 4.5 分别给出某单盘转子以不同角加速度起动时其瞬态动挠度及对应的相位滞后角随时间的变化。可以看到，在小阻尼的情况下，转子在经过共振峰值后，其动挠度和相位角都会出现有规律的波动，而且转子相位角波动的中心值保持在 180°附近，这正是转子自动定心现象在瞬态响应中的表现。任选一组动挠度与其对应的相位滞后角进行进一步分析(如图 4.6 所示)，可以发现在动挠度波动的极小值这一时刻，转子的相位滞后角正好等于 180°。如果将这一时刻记为 t_2(如图 4.7 所示)，则 t_2 时刻盘的瞬时位置可用图 4.8 中的实线表示，此时坐标原点 O，盘的质心 C_2，盘的几何中心 O_2 三点共线，且 C_2 位于点 O 与点 O_2 之间。若将动挠度极小值之前紧邻的键相信号脉冲对应的时刻记为 t_1(如图 4.7 所示)，则 t_1 时刻盘的瞬时位置可表示为图 4.8 中的虚线。为了方便分析，通过平移的方法得到 t_1，t_2 时刻盘瞬时位置之间的角度关系如图 4.9 所示。图中，δ 表示盘上不平衡所在的方位角；δ_k 为键相信号传感器与 x 轴间的夹角，为一事先给定的已知量；ψ_2 表示 t_2 时刻转子的进动角；S_x、S_y 表示两互相垂直的位移传感器，S_k 为键相信号传感器。由图 4.9 可得到

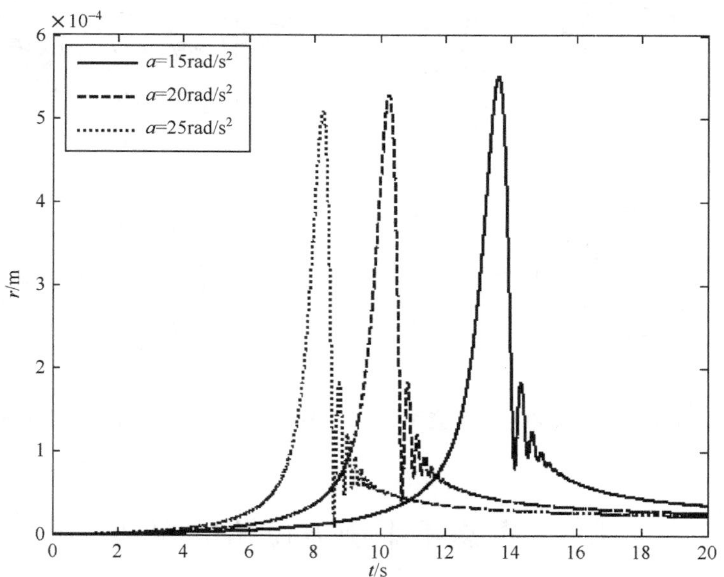

图 4.4　以不同角加速度起动时转子瞬态动挠度的变化图

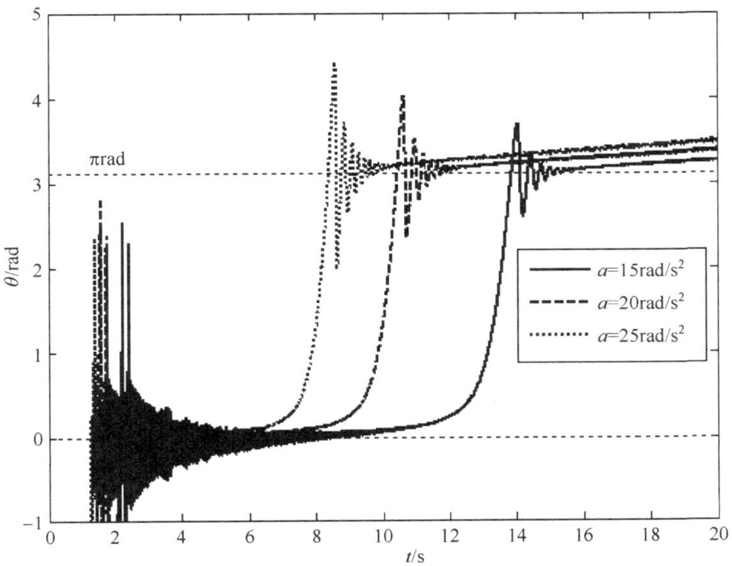

图 4.5　以不同角加速度起动时转子相位角的变化图

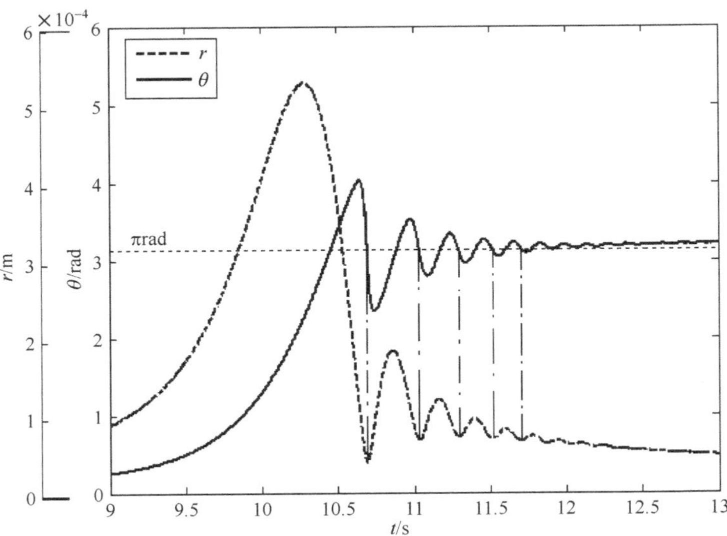

图 4.6　瞬态动挠度与对应相位角的变化关系图

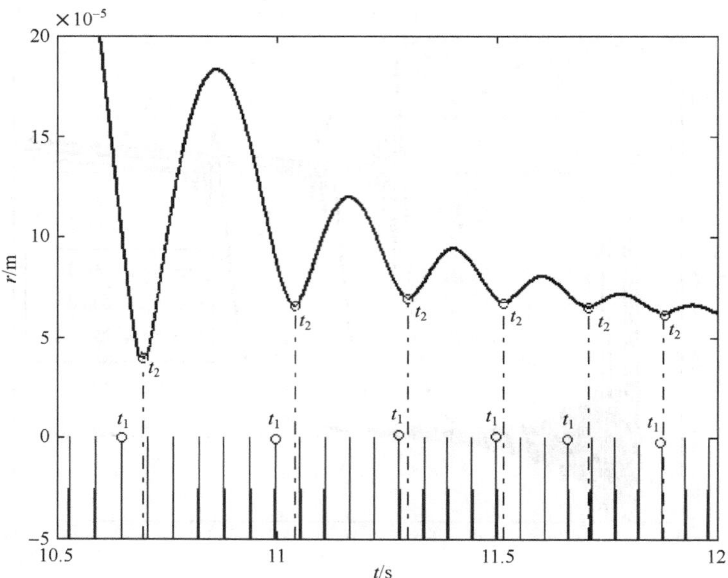

图 4.7 瞬态动挠度与键相信号的关系图

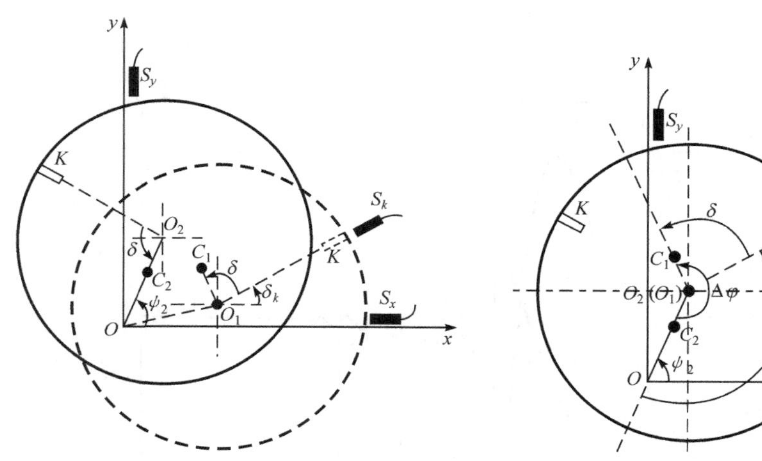

图 4.8 不同时刻盘的瞬态位置

图 4.9 不同时刻盘瞬态位置之间的角度关系

$$\delta=\Delta\varphi-\delta_k-\psi_2' \tag{4-5}$$

其中

$$\Delta\varphi=2\pi-\frac{1}{2}a(t_2^2-t_1^2) \tag{4-6}$$

$$\psi'=\pi-\psi_2 \tag{4-7}$$

将式(4-6)和式(4-7)代入式(4-5)得到

$$\delta=\pi+\psi_2-\frac{1}{2}a(t_2^2-t_1^2)-\delta_k \tag{4-8}$$

通过式(4-8)可求得转子不平衡相对键相槽的方位角。其中，ψ_2 可由下式求得

$$\psi_2=\begin{cases}\arctan\left[\dfrac{y(t_2)}{x(t_2)}\right] & (x(t_2)>0,y(t_2)\geqslant 0)\\ \pi+\arctan\left[\dfrac{y(t_2)}{x(t_2)}\right] & (x(t_2)<0)\\ 2\pi+\arctan\left[\dfrac{y(t_2)}{x(t_2)}\right] & (x(t_2)>0,y(t_2)\leqslant 0)\\ \pi/2 & (x(t_2)=0,y(t_2)>0)\\ 3\pi/2 & (x(t_2)=0,y(t_2)<0)\end{cases} \tag{4-9}$$

若已采集到转速随时间变化的数据 $\omega(t)$，则式(4-6)中 $\Delta\varphi$ 也可表示为

$$\Delta\varphi=2\pi-\int_{t_1}^{t_2}\omega(t)\mathrm{d}t \tag{4-10}$$

此时，式(4-5)可表示为

$$\delta=\pi+\psi_2-\int_{t_1}^{t_2}\omega(t)\mathrm{d}t-\delta_k \tag{4-11}$$

通过式(4-8)或式(4-11)即可求得转子模态不平衡方位角。为了说明问题的方便，本书在仿真时通过式(4-8)来计算 δ，在进行平衡试验时利用式(4-11)来求取 δ。

4.2.2　多盘转子不平衡方位角的识别

如第 3 章所述，复杂转子系统都可简化为多盘转子系统。考虑图 4.10 所示的复杂转子系统，假定转子不平衡只由盘的偏心引起，轴上没有不平衡。为了考虑轴承的影响，在两端轴承处分别取轴段 A_1、A_2，也将其当作圆盘来处理，与其他盘相比较，这两个盘没有质量偏心。这样，n 个盘和两端轴承处的等效圆盘可将轴分成 $n+3$ 段。当转子以常角加速度 $\ddot{\varphi}=a$ 起动时，通过传递矩阵一直接积分方法[15]建立与式(3-19)具有相似形式的复杂转子系统瞬态运动微分方程。此时，该系统的

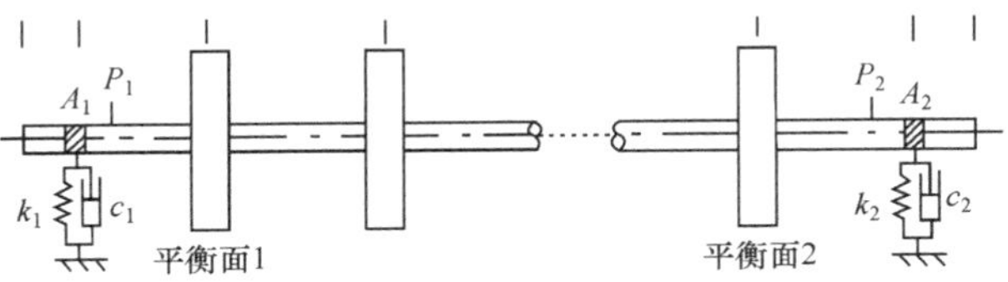

图 4.10　多盘转子系统示意图

自由度数为 $4(n+2)$，$\boldsymbol{M}$、$\boldsymbol{C}$、$\boldsymbol{K}$ 分别为 n 个盘和 2 个轴承组成系统的质量、阻尼和刚度矩阵，不平衡激振力 $\boldsymbol{F}$ 具有如下形式：

$$\boldsymbol{F}=[0 \quad 0 \quad \boldsymbol{F}' \quad 0 \quad 0]^{\mathrm{T}}$$

其中

$$\boldsymbol{F}'=\begin{bmatrix} 0 \\ m_1 a^2 t^2 e_1 \cos\left(\frac{1}{2}at^2+\omega_0 t+\delta_{01}\right)+m_1 a e_1 \sin\left(\frac{1}{2}at^2+\omega t+\delta_{01}\right) \\ \vdots \\ 0 \\ m_n a^2 t^2 e_n \cos\left(\frac{1}{2}at^2+\omega_0 t+\delta_{0n}\right)+m_n a e_n \sin\left(\frac{1}{2}at^2+\omega t+\delta_{0n}\right) \end{bmatrix}$$

m_i、e_i、$\delta_{0i}(i=1,2,\cdots,n)$分别为第 i 个盘的质量、偏心矩和偏心所在的角度，ω_0 为转子系统起动的初始角速度，一般取 $\omega_0=0$。以第 3 章中图 3.3 的 4 盘柔性转子为例，不考虑两端轴承的阻尼，且认为转子系统以常角加速度 25rad/s^2 起动，两测点到临近轴承的距离同为 30mm，通过数值积分可得到两测量面处的瞬态响应。

为了分析前两阶临界区时转子的瞬态响应，分两种情况予以讨论：

(1) 假定转子上只存在一阶模态不平衡量。

当转子上只存在一阶模态不平衡量时，以常角加速度通过其前两阶临界区，转子左右两测点处的瞬态响应分别如图 4.11 和图 4.12 所示。其中，r_1、θ_1 分别为左边测点的瞬态振动幅度和相位滞后角，r_2、θ_2 分别为右边测点的瞬态振动幅度和相位滞后角。可以看出左右两测点处的相位滞后角在一阶临界前后都增加了 πrad，而且复杂转子系统与单盘转子具有相似性：在一阶临界后的动挠度波动区内，同样存在 3.2 节总结的规律。这样，通过式(4-8)，利用两测量点过一阶临界的响应数据可求得转子一阶模态不平衡方位角 δ_{11}、δ_{12}。

(2) 假定转子上只存在二阶模态不平衡量。

同理，当转子上只存在二阶模态不平衡量时，以常角加速度起动通过前两阶临界区，两测点处的瞬态振动幅度和相位滞后角分别如图 4.13 和 4.14 所示。不考虑相位滞后角在一阶临界区内的波动情况，在二阶临界区内，转子的瞬态动挠度、相位滞后角的变化规律也与单盘转子相似。同样可以通过式(4-8)，利用两测量点过二阶临界的响应数据求得二阶模态不平衡方位角 δ_{21}、δ_{22}。

当只考虑前两阶模态不平衡的影响时，实际转子上的不平衡总可以按前两阶模态进行分解。由于主模态的正交性，每阶模态不平衡只会对相应阶模态响应产生影响，而不会影响其他阶模态响应，所以上述结论对于具有任意不平衡分布的转子系统同样适用。

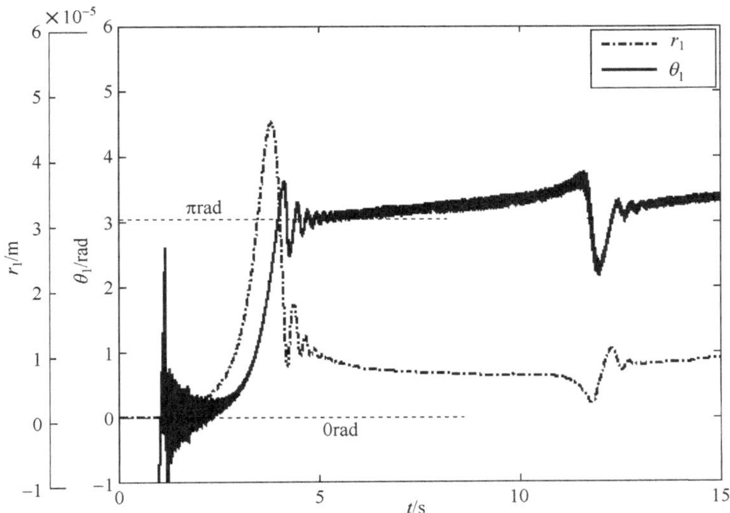

图 4.11　只存在一阶模态不平衡量时，转子以常角加速度通过前两阶临界区，其左边测点处的瞬态响应图

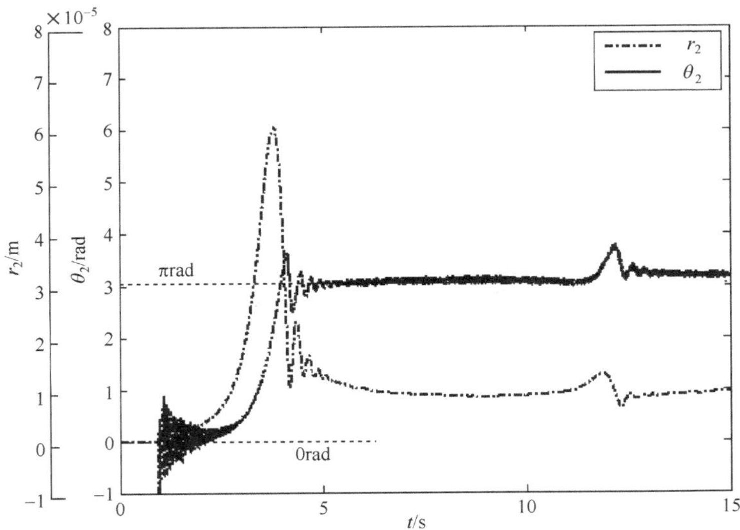

图 4.12　只存在一阶模态不平衡量时，转子以常角加速度通过前两阶临界区，其右边测点处的瞬态响应图

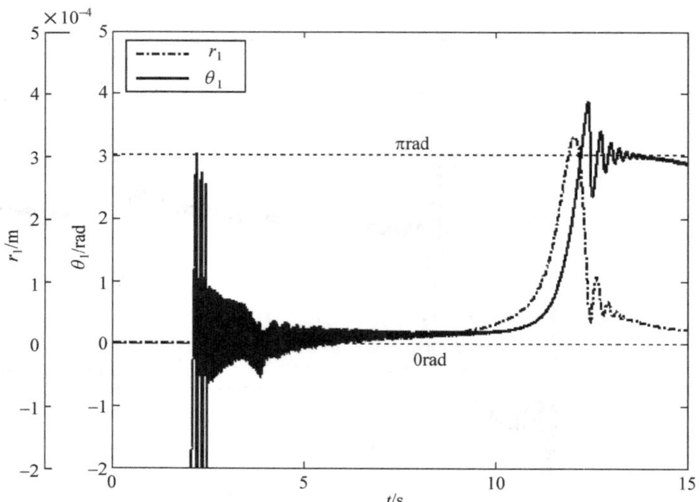

图 4.13　只存在二阶模态不平衡量时，转子以常角加速度通过前两阶临界区，其左边测点处的瞬态响应图

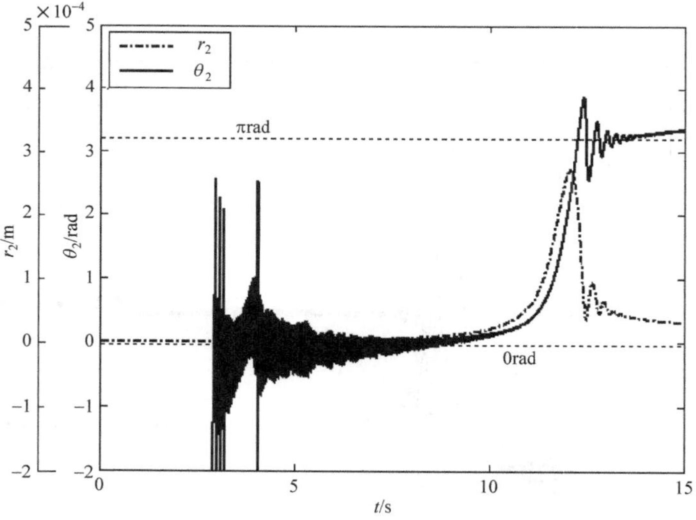

图 4.14　只存在二阶模态不平衡量时，转子以常角加速度通过前两阶临界区，其右边测点处的瞬态响应图

4.3　基于加速响应信息的柔性转子瞬态平衡

当只考虑对转子前两阶模态进行平衡时，最简单的方法是采取双面加重平衡。具体平衡过程可按下列思路进行：分别利用在两端轴承附近采集到的转子加速响

应数据，通过式(4-8)，在一阶临界区内识别出一阶模态不平衡所在的方位角 δ_{11}、δ_{12}(参考图 4.2)，在二阶临界区内识别出二阶模态不平衡所在的方位角 δ_{21}、δ_{22}(参考图 4.3)。然后结合转子的模态知识，确定合理的平衡试重组。以相同的升速率(角加速度)重新起动转子，利用各阶模态试重大小与转子对应阶模态不平衡响应幅度变化量的线性关系，可识别出各阶模态平衡校正质量组的大小，从而实现转子前两阶模态的平衡。

若 $\phi_1(z)$、$\phi_2(z)$为转子的一、二阶振型函数，z_1、z_2 为两平衡面的轴向位置，按照模态正交理论，一阶模态试重组$[\boldsymbol{T}_{11}\quad \boldsymbol{T}_{12}]$和二阶模态试重组$[\boldsymbol{T}_{21}\quad \boldsymbol{T}_{22}]$应满足关系

$$\begin{cases}\boldsymbol{T}_{11}\phi_2(z_1)+\boldsymbol{T}_{12}\phi_2(z_2)=0\\ \boldsymbol{T}_{21}\phi_1(z_1)+\boldsymbol{T}_{22}\phi_1(z_2)=0\end{cases} \tag{4-12}$$

由式(4-12)可得试重组大小的关系

$$\begin{cases}|\boldsymbol{T}_{11}|/|\boldsymbol{T}_{12}|=-\phi_2(z_2)/\phi_2(z_1)\\ |\boldsymbol{T}_{21}|/|\boldsymbol{T}_{22}|=\phi_1(z_2)/\phi_1(z_1)\end{cases} \tag{4-13}$$

当转子以常角加速度通过其前两阶临界区时，若两平衡面处的共振峰值分别为 r_{11}、r_{21}和 r_{12}、r_{22}(如图 4.15 和图 4.16 所示)，则式(4-13)可表示为

$$\begin{cases}|\boldsymbol{T}_{11}|/|\boldsymbol{T}_{12}|=r_{22}/r_{21}\\ |\boldsymbol{T}_{21}|/|\boldsymbol{T}_{22}|=r_{12}/r_{11}\end{cases} \tag{4-14}$$

式(4-14)表明，可以利用转子的常加速响应数据来确定前两阶模态平衡试重的相对大小。

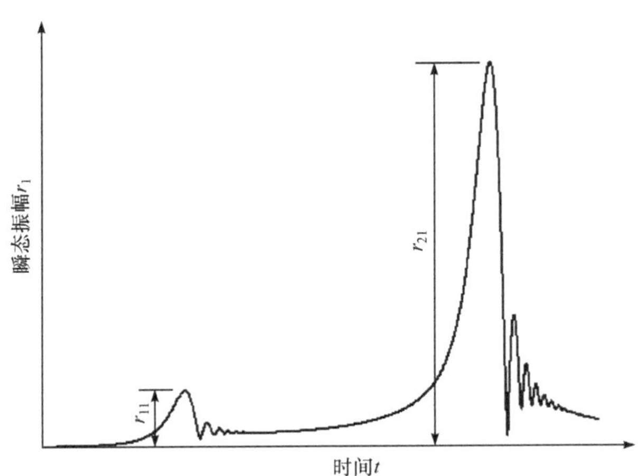

图 4.15　左边测点处的瞬态不平衡响应

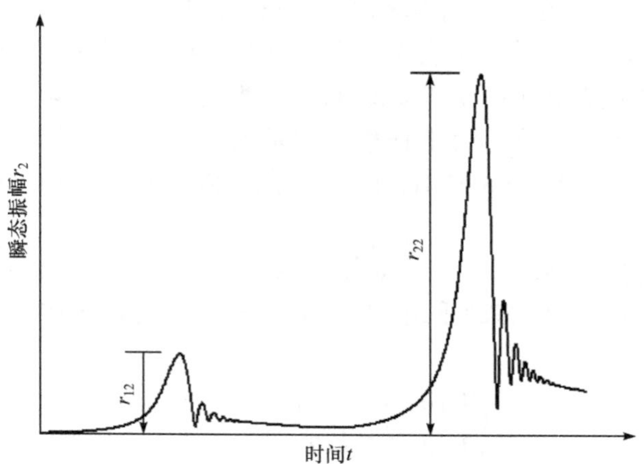

图 4.16 右边测点处的瞬态不平衡响应

由于转子的前两阶模态不平衡具有正交性，理论上平衡其中的任意一阶模态不平衡不会对另一阶模态不平衡产生影响，因此，有两种平衡方案可供选择：Ⅰ. 前两阶模态依次平衡；Ⅱ. 前两阶模态同时平衡。两种平衡方案的原理可分别用图 4.17 和图 4.18 来说明。

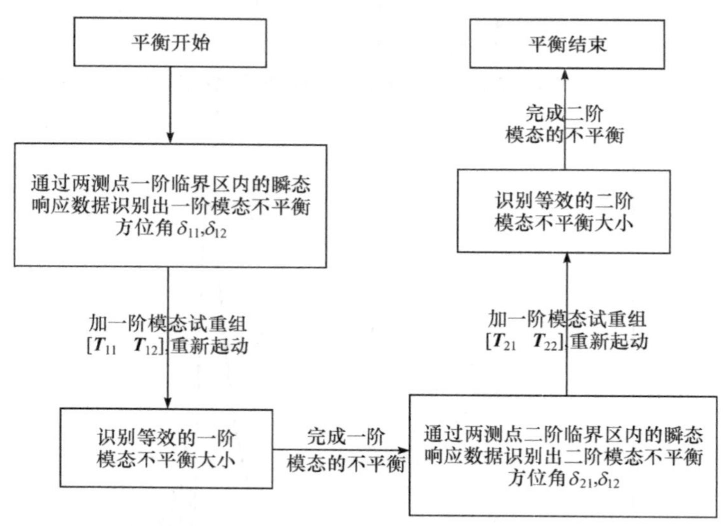

图 4.17 平衡方案Ⅰ的流程图

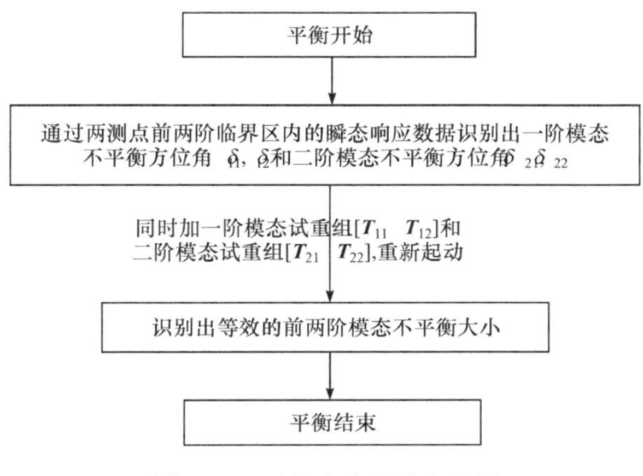

图 4.18　平衡方案Ⅱ的流程图

4.4　平衡算例

以图 3.19 所示的 4 盘转子模型为例来对本章所提出的复杂转子瞬态平衡方法进行说明，该模型转子的结构参数列于表 3.8 中，并假定转子以 25rad/s^2 的恒定角加速度起动，现分别通过两种平衡方案对该转子系统进行平衡。

4.4.1　平衡方案Ⅰ：前两阶模态依次平衡

利用两测量点处的加速瞬态响应数据，在一阶临界区内动挠度波动的前五个极小值处通过式(4-8)，可识别出一阶模态在平衡面Ⅰ、Ⅳ处等效不平衡所在的方位角，如表 4.1 所示。

表 4.1　一阶模态不平衡方位角的识别结果

$\delta_{1\text{I}}$/rad	2.023	1.984	2.041	2.026	2.033
$\delta_{1\text{IV}}$/rad	1.866	1.833	1.762	1.827	1.752

通过算术平均，得到

$$\delta_{1\text{I}}=2.023\text{rad}\quad \delta_{1\text{IV}}=1.808\text{rad}$$

通过式(4-14)可求得一、二阶模态试重组大小应满足关系：

$$\begin{cases}|\boldsymbol{T}_{1\text{I}}|/|\boldsymbol{T}_{1\text{IV}}|=-r_{2\text{IV}}/r_{2\text{I}}=0.822\\|\boldsymbol{T}_{2\text{I}}|/|\boldsymbol{T}_{2\text{IV}}|=r_{1\text{IV}}/r_{1\text{I}}=1.296\end{cases}$$

根据一阶模态试重组$[\boldsymbol{T}_{1\text{I}}\quad \boldsymbol{T}_{1\text{IV}}]$大小满足的关系，分别在盘Ⅰ和盘Ⅳ上加试重组$[4.11e^{i(\pi+\delta_{1\text{I}})}\ 5.0e^{i(\pi+\delta_{1\text{IV}})}]$(gcm∠rad)，以相同的角加速度再次起动转子，可

求得平衡一阶模态应加的平衡校正量为

$$[\boldsymbol{W}_{1\mathrm{I}} \quad \boldsymbol{W}_{1\mathrm{IV}}]=[13.830\mathrm{e}^{\mathrm{i}(\pi+\delta_{1\mathrm{I}})} \quad 15.681\mathrm{e}^{\mathrm{i}(\pi+\delta_{1\mathrm{IV}})}]$$

将$[\boldsymbol{W}_{1\mathrm{I}} \quad \boldsymbol{W}_{1\mathrm{IV}}]$加在两平衡面上，此时转子的一阶模态不平衡响应得到有效的抑制。以相同的角加速度第三次起动转子，通过两测量点的瞬态响应数据，在二阶临界区内动挠度波动的前五个极小值处，通过式(4-8)分别求得二阶模态不平衡所在的方位角，如表 4.2 所示。

表 4.2　二阶模态不平衡方位角的识别结果

$\delta_{2\mathrm{I}}$/rad	5.692	5.874	5.888	5.891	5.900
$\delta_{2\mathrm{IV}}$/rad	2.418	2.357	2.555	2.524	2.309

平均得

$$\delta_{2\mathrm{I}}=5.849\mathrm{rad} \quad \delta_{2\mathrm{IV}}=2.433\mathrm{rad}$$

根据二阶模态试重组$[\boldsymbol{T}_{2\mathrm{I}} \quad \boldsymbol{T}_{2\mathrm{IV}}]$大小满足的关系，分别在盘Ⅰ和盘Ⅳ上加试重组$[6.48\mathrm{e}^{\mathrm{i}(\pi+\delta_{2\mathrm{I}})} \ 5.0\mathrm{e}^{\mathrm{i}(\pi+\delta_{2\mathrm{IV}})}]$(gcm∠rad)，以相同的加速度第四次起动转子，可求得平衡二阶模态应加的平衡校正量为

$$[\boldsymbol{W}_{2\mathrm{I}} \quad \boldsymbol{W}_{2\mathrm{IV}}]=[13.365\mathrm{e}^{\mathrm{i}(\pi+\delta_{2\mathrm{I}})} \quad 10.313\mathrm{e}^{\mathrm{i}(\pi+\delta_{2\mathrm{IV}})}]$$

总的平衡校正量$[\boldsymbol{W}_{\mathrm{I}} \quad \boldsymbol{W}_{\mathrm{IV}}]$可表示为

$$[\boldsymbol{W}_{\mathrm{I}} \quad \boldsymbol{W}_{\mathrm{IV}}]=[\boldsymbol{W}_{1\mathrm{I}} \quad \boldsymbol{W}_{1\mathrm{IV}}]+[\boldsymbol{W}_{2\mathrm{I}} \quad \boldsymbol{W}_{2\mathrm{IV}}]$$

即

$$[\boldsymbol{W}_{\mathrm{I}} \quad \boldsymbol{W}_{\mathrm{IV}}]=[9.136\mathrm{e}^{3.984\mathrm{i}} \quad 24.790\mathrm{e}^{5.196\mathrm{i}}]$$

4.4.2　平衡方案Ⅱ:前两阶模态同时平衡

首先通过一次加速起动过程，分别在一、二阶临界区内动挠度波动的前五个极小值处，通过式(4-8)同时识别出一、二阶模态在两平衡面处等效不平衡所在的方位角，如表 4.3 所示。

表 4.3　同时识别前两阶模态不平衡方位角的结果

$\delta_{1\mathrm{I}}$/rad	2.032	1.984	2.041	2.026	2.033
$\delta_{1\mathrm{IV}}$/rad	1.866	1.833	1.762	1.827	1.752
$\delta_{2\mathrm{I}}$/rad	5.843	5.824	5.833	5.836	5.867
$\delta_{2\mathrm{IV}}$/rad	2.308	2.248	2.431	2.398	2.192

平均得

$$\delta_{1\mathrm{I}}=2.023\mathrm{rad} \quad \delta_{1\mathrm{IV}}=1.808\mathrm{rad} \quad \delta_{2\mathrm{I}}=5.841\mathrm{rad} \quad \delta_{2\mathrm{IV}}=2.315\mathrm{rad}$$

为了实现一次加重同时平衡前两阶模态，所加试重组$[\boldsymbol{T}_{\mathrm{I}} \quad \boldsymbol{T}_{\mathrm{IV}}]$应为

$$\boldsymbol{T}_{\mathrm{I}}=4.11\mathrm{e}^{\mathrm{i}(\pi+\delta_{1\mathrm{I}})}+6.48\mathrm{e}^{\mathrm{i}(\pi+\delta_{2\mathrm{I}})}=4.165\mathrm{e}^{6.059\mathrm{i}}$$

$$\boldsymbol{T}_{\mathrm{IV}}=5.0\mathrm{e}^{\mathrm{i}(\pi+\delta_{1\mathrm{IV}})}+5.0\mathrm{e}^{\mathrm{i}(\pi+\delta_{2\mathrm{IV}})}=9.680\mathrm{e}^{4.221\mathrm{i}}$$

将试重组$[\boldsymbol{T}_{\mathrm{I}}\quad \boldsymbol{T}_{\mathrm{IV}}]$加在转子的两平衡面上，以相同的加速度起动转子，可求得同时平衡前两阶模态应加的校正重量$[\boldsymbol{W}_{\mathrm{I}}\quad \boldsymbol{W}_{\mathrm{IV}}]$分别为

$$\boldsymbol{W}_{\mathrm{I}}=13.227\mathrm{e}^{\mathrm{i}(\pi+\delta_{1\mathrm{I}})}+12.591\mathrm{e}^{\mathrm{i}(\pi+\delta_{2\mathrm{I}})}=8.587\mathrm{e}^{4.002\mathrm{i}}$$

$$\boldsymbol{W}_{\mathrm{IV}}=14.658\mathrm{e}^{\mathrm{i}(\pi+\delta_{1\mathrm{IV}})}+9.715\mathrm{e}^{\mathrm{i}(\pi+\delta_{2\mathrm{IV}})}=23.627\mathrm{e}^{5.151\mathrm{i}}$$

图 4.19～图 4.22 给出了平衡前后转子加速响应的比较结果。可以看出，两种不同平衡方案所得到的平衡校正量比较接近，而且不论采用哪种平衡方案，平衡后转子的加速响应都得到了显著降低，各盘处在一阶临界区内的瞬态响应峰值减小达 85%以上，在二阶临界区内瞬态响应峰值的减小也在 80%以上。两种平衡方案各有优缺点：平衡方案Ⅰ至少需要 4 次加速起动过程才能完成前两阶模态的平衡。而方案Ⅱ只需要两次加速起动过程就可同时实现对前两阶模态的平衡。明显可以看出，方案Ⅱ对二阶模态的平衡效果相对来说稍差一点，其原因可能是一次加试重不能很彻底地分离前两阶模态不平衡，一阶模态校正质量对二阶模态不平衡有一定的影响，但总的来说其平衡结果仍能满足实际要求。综合平衡精度和平衡效率考虑，方案Ⅱ明显优于方案Ⅰ。

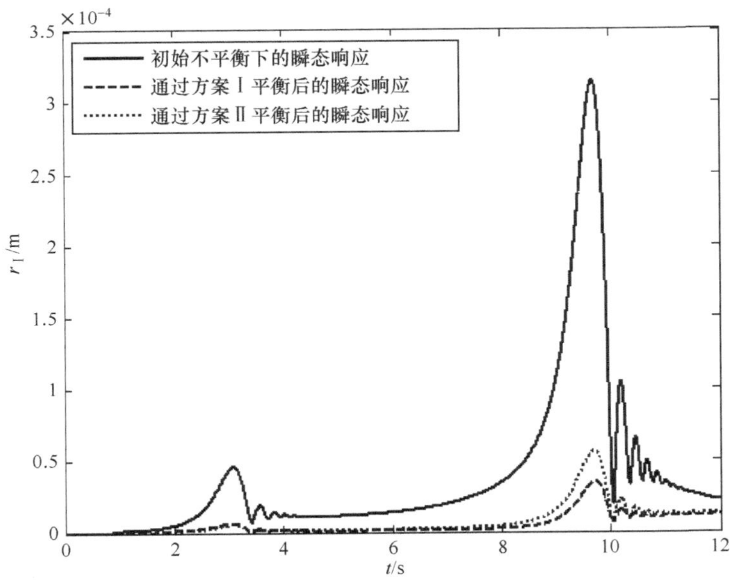

图 4.19　平衡前后盘Ⅰ处横向瞬态响应幅度的比较

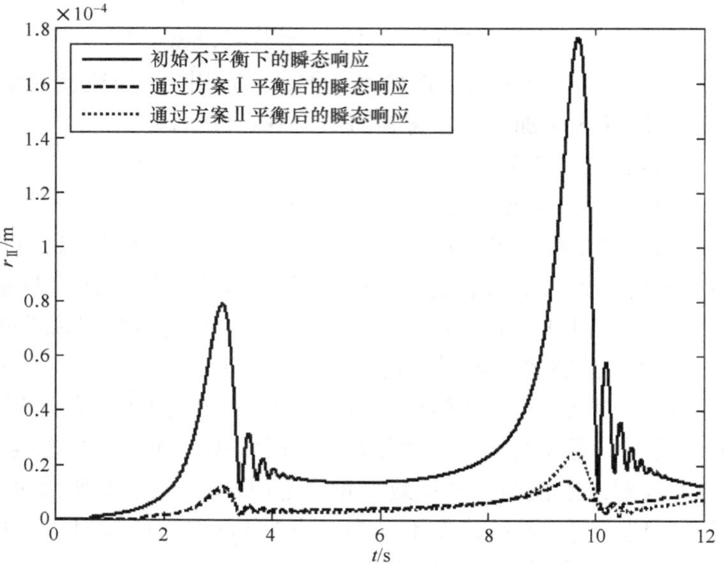

图 4.20　平衡前后盘Ⅱ处横向瞬态响应幅度的比较

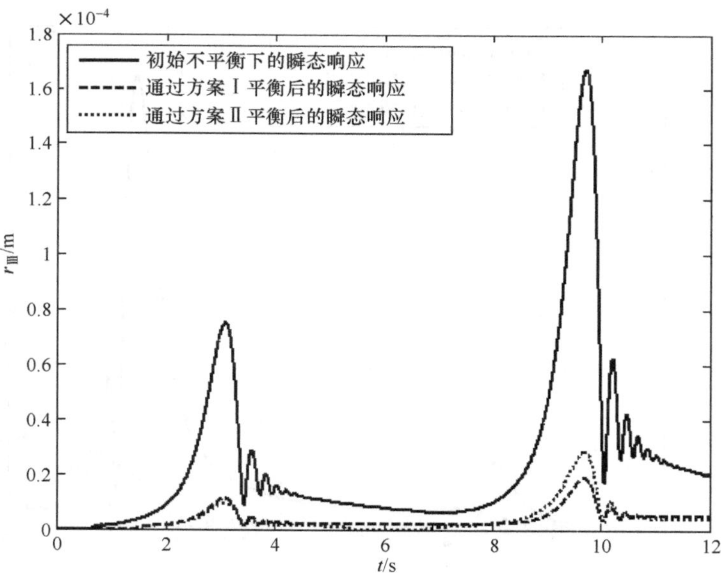

图 4.21　平衡前后盘Ⅲ处横向瞬态响应幅度的比较

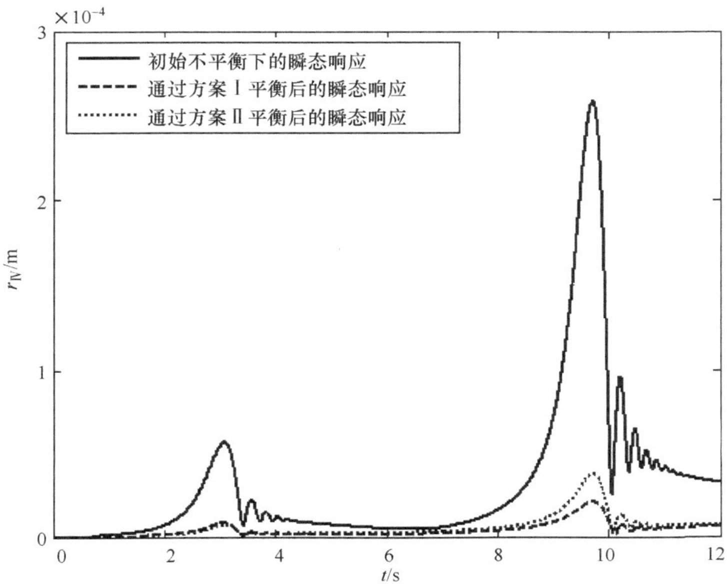

图 4.22　平衡前后盘Ⅳ处横向瞬态响应幅度的比较

4.5　小　结

本章在这方面进行了一些初步的探索，提出了利用加速响应信息进行柔性转子平衡的思想，实现了对转子前两阶模态的仿真平衡。和传统的稳态平衡理论相比较，本章提出的瞬态平衡理论有如下优点：

(1) 用方位角来描述转子各阶模态不平衡相对键相槽的位置，既方便直观地揭示了转子运动过程中不平衡的分布规律，同时也为平衡试重组和校正质量组的定位提供了一种新方法。

(2) 通过研究发现，共振峰值出现时完全激起了相应阶模态响应，由此可以在不需要过多先验模态知识的条件下，直接通过前两阶临界区内的共振峰值来确定正交平衡试重组的大小，使得平衡试重组的确定更加方便、快捷。

(3) 为了实现前两阶模态的平衡，可以使转子一次加速通过前两阶临界区，不必在多个选定的转速下停留进行测量，一方面缩短了平衡时间，另一方面加速通过临界区也避免了过大共振峰值的出现。

(4) 平衡方案Ⅱ只需两次加速起动过程就可实现前两阶模态的平衡，减少了起车次数，提高了平衡效率，具有一定的实用意义。

第5章　利用升速响应振幅进行柔性转子的模态平衡

在过去的半个多世纪中，人们提出了各种平衡方法。虽然每种平衡方法都有各自不同的适用范围、转速要求，但所有平衡方法都可归结为两种基本形式：模态平衡法和影响系数法。这两类平衡方法都需要对选定转速下的振动幅度和相位进行精确的测量。

现场平衡时，由于振动相位对转速的变化比较敏感（尤其在共振区内），因此，对于一般的旋转机械，振动相位的精确测量比较困难。而且，若传感器附近有其他设备时，振动测量结果将会受较大的干扰，而对相位的影响更甚。基于此，人们提出了不需要相位测量的方法进行转子的平衡。另外，如前面几章所述，现有的转子平衡方法都是以转子的稳态响应为基础，实际转子在运行过程中其转速会出现一定的波动，很难精确稳定在某一转速下，用传统的稳态平衡理论对其进行平衡必然出现一定的误差。而且稳态平衡方法都需要进行多次试车才能确定校正质量，平衡周期长、费用比较高。因此，若能通过变速状态下的瞬态响应数据实现转子的平衡（或完成不平衡量的识别）将有非常重要的意义，但目前尚未有成熟可行的方法。

本章针对稳态平衡方法所面临的问题，提出了利用起动过程中的瞬态幅度信息进行柔性转子双面平衡的新方法。该方法在三圆平衡法的基础上，引入了测点模态比（MRMP coefficient）的概念，并通过转子起动过前两阶临界区的瞬态幅度求得两平衡面处的测点模态比，在此基础上将平衡试重组按一、二阶模态进行分解。改变试重组的角度，通过3次加试重起动过程，分别在一、二阶共振区内借助共振幅度值和对应阶模态试重组，利用三圆平衡法完成对转子前两阶模态不平衡的校正。最后通过仿真算例对所提出的平衡方法进行验证。

5.1　三圆平衡法简介

与传统的平衡方法相比，三圆平衡法有只需要振动幅度信息、平衡计算过程（作图过程）简单等优点。唯一不足之处是三圆平衡法需要过多的起车次数，如单平面三圆平衡法需要4次起车过程[24-26]，两平面的三圆平衡法需要7次起车过程[27]。

下面以单面平衡为例对三圆平衡法进行说明。首先在选定转速下测得转子的振动幅值。然后在平衡面处添加一平衡试重，并记录下其角位置，再次在选定的转速下测量转子的振动幅度值。按照相同的方法，将平衡试重分别转过120°和240°，分别记录这两种试重情况下转子的振动幅度。三圆平衡法中需要的各物理量如下：

A_0——初始不平衡下转子的振动幅度；

α_0——初始不平衡下转子振动的相位角；

A_1,A_2,A_3——平衡试重分别在 0°、120°和 240°时转子的振动幅度；

$\alpha_1,\alpha_2,\alpha_3$——平衡试重分别在 0°、120°和 240°时转子振动的相位角；

T——所加试重的大小；

$\theta_1,\theta_2,\theta_3$——三次所加试重的角位置，即 0°、120°和 240°；

C——平衡平面和测量平面之间影响系数的大小；

β——平衡平面和测量平面之间影响系数的相角。

对于一线性转子系统，有如下关系成立：

$$A_k e^{i\alpha_k} - A_0 e^{i\alpha_0} = CTe^{i(\theta_k+\beta)} \quad (k=1,2,3) \tag{5-1}$$

由于三圆平衡法不需要测量振动的相位，因此，式(5-1)左边表示两个已知大小而不知道方向的矢量之和，右边表示一大小和方向都未知的矢量。将(5-1)式的各量顺时针转过$(\theta_k+\alpha_0)$角度后可得

$$A_k e^{i(\alpha_k-\alpha_0-\theta_k)} - A_0 e^{-i\theta_k} = CTe^{i(\beta-\alpha_0)} \quad (k=1,2,3) \tag{5-2}$$

将(5-2)式中的各矢量旋转 180°，然后以 x 为轴进行对称变换，可得

$$-A_k e^{i(\alpha_0+\theta_k-\alpha_k)} + A_0 e^{i\theta_k} = -CTe^{i(\alpha_0-\beta)} \quad (k=1,2,3) \tag{5-3}$$

即

$$A_k e^{i(\pi+\alpha_0+\theta_k-\alpha_k)} + A_0 e^{i\theta_k} = CTe^{i(\pi+\alpha_0-\beta)} \quad (k=1,2,3) \tag{5-4}$$

式(5-4)的左边表示一个已知大小和方向的矢量$(A_0 e^{i\theta_k})$与一个大小已知、方向未知的矢量之和。方程(5-4)可通过如下方法来求解(见图 5.1)：以(0,0)为圆心，A_0为半径作圆 0；在圆 0 上，分别以 $A_0 e^{i\theta_k}$ 为圆心、$A_k(k=1,2,3)$为半径作圆 1、2、3，三圆的交点为 P；矢量 OP 即为式(5-4)的右端量，则影响系数的大小 $C=|OP|/T$，x 轴负方向与矢量 OP 的夹角为$\beta-\alpha_0$。

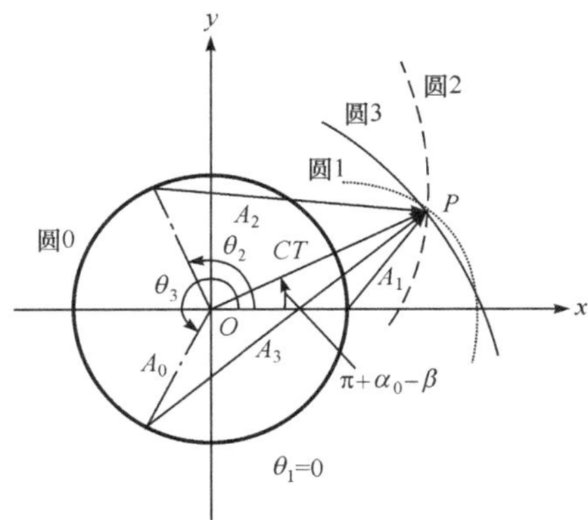

图 5.1　三圆平衡法中各量间的几何关系

式(5-1)中令 $A_k=0$，可求得转子的平衡校正量：

$$\boldsymbol{W}=-\frac{\boldsymbol{A}_0}{C\mathrm{e}^{\mathrm{i}(\beta-\alpha_0)}} \tag{5-5}$$

上面即为三圆平衡法的基本原理和过程。

5.2 平衡理论

5.2.1 测点模态比

考虑一具有分布质量的转子系统，如图 5.2 所示。其转轴的质量偏心 $u(z)$ 可以按照各阶主模态 $\phi_n(z)(n=1,2,\cdots)$ 展开

$$u(z)=\sum_{n=1}^{\infty}u_n\mathrm{e}^{\mathrm{i}\delta_n}\phi_n(z) \tag{5-6}$$

其中，u_n、δ_n 分别为质量偏心第 n 阶模态分量的系数大小和分布方向。根据主模态正交理论，转子的动挠度 $R(z,t)$ 可表示为

$$R(z,t)=\mathrm{e}^{\mathrm{i}\omega t}\sum_{n=1}^{\infty}\frac{\gamma_n^2}{1-\gamma_n^2}u_n\mathrm{e}^{\mathrm{i}\delta_n}\phi_n(z) \tag{5-7}$$

第 n 阶转速比 $\gamma_n=\omega/\omega_{cn}$。由式(5-7)可以看出，转子在任意转速 ω 下的动挠度是其各阶模态 $\phi_n(z)$ 的加权和，而且当转子在第 n 阶临界转速运行时，其弯曲形状正好与第 n 阶振型相同。将轴向位置 $z=z_i$ 和 $z=z_j$ 处第 n 阶模态振动的比值称为测点模态比(MRMP coefficient)[28]。

$$\lambda_{i,j}^n=\frac{\phi_n(z_i)}{\phi_n(z_j)} \tag{5-8}$$

以转子的前两阶模态为例，如图 5.2 和图 5.3 所示(假定Ⅰ，Ⅱ为两测量面，1，2 为两平衡面)，则两测量面处前两阶测点模态比分别为

$$\lambda_{\mathrm{I},\mathrm{II}}^1=\frac{\phi_1(z_{\mathrm{I}})}{\phi_1(z_{\mathrm{II}})}\ \lambda_{\mathrm{I},\mathrm{II}}^2=\frac{\phi_2(z_{\mathrm{I}})}{\phi_2(z_{\mathrm{II}})} \tag{5-9}$$

两平衡面处前两阶测点模态比分别为

$$\lambda_{1,2}^1=\frac{\phi_1(z_1)}{\phi_1(z_2)}\ \lambda_{1,2}^2=\frac{\phi_2(z_1)}{\phi_2(z_2)} \tag{5-10}$$

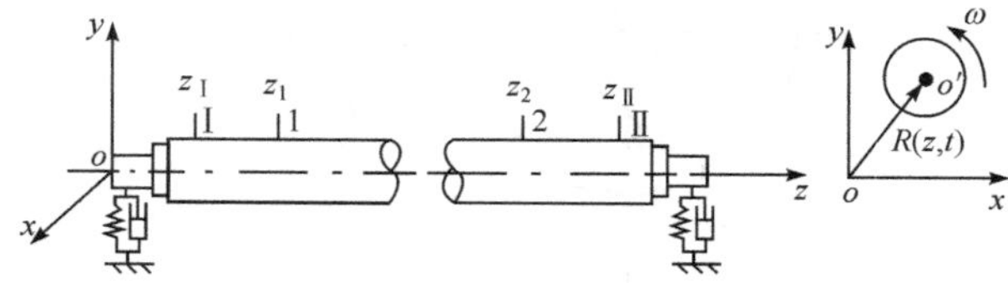

图 5.2 柔性转子及其不平衡响应的示意图

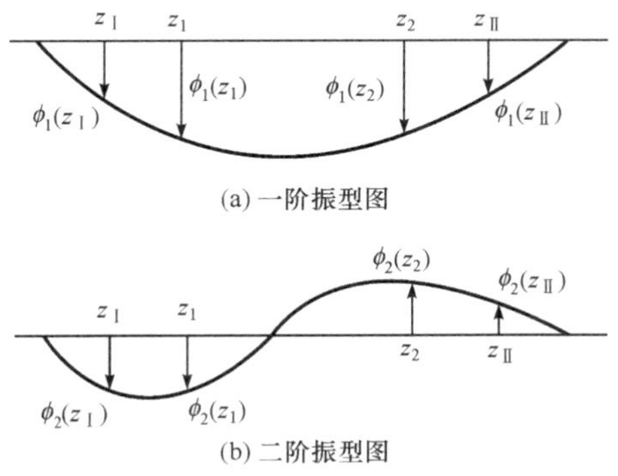

(a) 一阶振型图

(b) 二阶振型图

图 5.3　转子系统的前两阶振型图

可以看出，测点模态比的求取是建立在精确振型函数的基础上的，在转子的几何和物理参数已知的情况下，可以很容易获得其振型函数，而转子的几何和物理参数可以通过转子的设计手册获得。但实际机组中，转子振型(模态)还受许多因素的影响，其中轴承的影响最为显著，而且这种影响很难精确地用固定的函数表达式来描述。因此，通过理论计算的方法来获得转子的测点模态比在工程实际中具有很大的局限性。如果能够通过两次起车，利用在前两阶临界转速之间的任意两转速上的稳态响应数据来求取测点模态比，具有一定的工程意义。本章将尝试利用转子起动过程的瞬态响应数据来求取测点模态比，在此基础上完成转子的平衡。

5.2.2　利用升速响应振幅计算测点模态比

假定转子系统起动经过前两阶临界区，在两测量位置 $z=z_i$ 和 $z=z_j$ 处测得的转子瞬态振幅分别为 R_i 和 R_j(如图 5.4 所示)。在每一共振区内，第 n 阶($n=1,2$)共振幅值对应的时刻，转子的相应阶模态被完全激发出来，而其他阶模态几乎不受影响。因此，根据式(5-8)，左右两测点 i,j 的前两阶测点模态比可表示为

$$\lambda_{i,j}^{n}=\frac{\phi_n(z_i)}{\phi_n(z_j)}=(-1)^{n+1}\frac{R_{in}}{R_{jn}}\quad(n=1,2)\tag{5-11}$$

R_{in} 和 R_{jn} 分别表示两测点的第 n 阶($n=1,2$)共振峰值(如图 5.4 所示)。

可以看出，通过转子的瞬态响应，只需一次加速起动过程就可求得转子上两测量点的测点模态比。而且，转子起动过程的加速度越大其共振峰值越小，因此本章所提出的求取测点模态比的方法更加安全可取。

5.2.3　试重组的分解

实际中大多数转子运行于一、二阶临界转速之间，因此本书只考虑转子前两阶模态不平衡对其振动的影响，平衡目标是对转子的前两阶模态不平衡进行校正。平衡前两阶模态，最常用的方法是两平面平衡法。如图 5.2 所示的转子模型，1、2

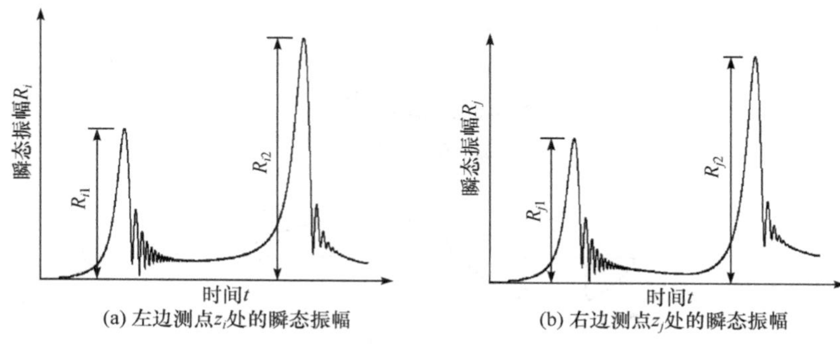

图 5.4 转子加速通过前两阶临界区时的瞬态幅度

为两平衡面，Ⅰ、Ⅱ为两测量面。任意的两平衡试重量 $\boldsymbol{T}_1$ 和 $\boldsymbol{T}_2$（不一定正交）可分解为一阶模态分量（$\boldsymbol{T}_{11}$，$\boldsymbol{T}_{21}$）和二阶模态分量（$\boldsymbol{T}_{12}$，$\boldsymbol{T}_{22}$）。

$$\begin{cases}\boldsymbol{T}_{11}+\boldsymbol{T}_{12}=\boldsymbol{T}_1\\ \boldsymbol{T}_{21}+\boldsymbol{T}_{22}=\boldsymbol{T}_2\end{cases}\tag{5-12}$$

平衡试重的一、二阶模态分量应满足正交条件：

$$\begin{cases}\boldsymbol{T}_{11}\phi_2(z_1)+\boldsymbol{T}_{21}\phi_2(z_2)=0\\ \boldsymbol{T}_{12}\phi_1(z_1)+\boldsymbol{T}_{22}\phi_1(z_2)=0\end{cases}\tag{5-13}$$

引入测点模态比：

$$\lambda_{1,2}^1=\frac{\phi_1(z_1)}{\phi_1(z_2)}=\frac{R_{11}}{R_{21}}\qquad \lambda_{1,2}^2=\frac{\phi_2(z_1)}{\phi_2(z_2)}=-\frac{R_{12}}{R_{22}}\tag{5-14}$$

将式(5-14)代入式(5-13)可得试重 $\boldsymbol{T}_1$ 和 $\boldsymbol{T}_2$ 的分解结果。

$$\begin{aligned}&\boldsymbol{T}_{11}=-\frac{\boldsymbol{T}_2+\boldsymbol{T}_1\lambda_{1,2}^1}{\lambda_{1,2}^2-\lambda_{1,2}^1}\quad \boldsymbol{T}_{12}=\frac{\boldsymbol{T}_2+\boldsymbol{T}_1\lambda_{1,2}^2}{\lambda_{1,2}^2-\lambda_{1,2}^1}\\ &\boldsymbol{T}_{21}=\frac{\lambda_{1,2}^2(\boldsymbol{T}_2+\boldsymbol{T}_1\lambda_{1,2}^1)}{\lambda_{1,2}^2-\lambda_{1,2}^1}\quad \boldsymbol{T}_{22}=-\frac{\lambda_{1,2}^1(\boldsymbol{T}_2+\boldsymbol{T}_1\lambda_{1,2}^2)}{\lambda_{1,2}^2-\lambda_{1,2}^1}\end{aligned}\tag{5-15}$$

5.2.4 基于升速响应振幅的柔性转子模态平衡

在三圆平衡法的基础上，得到基于升速响应幅度信息的柔性转子两平面平衡方法。与三圆平衡法相似，本节提出的方法需要转子系统 4 次相同的加速起动过程，而且每次起动过程都需要经过其前两阶临界区。以实际中比较常见的各向同性转子系统为例来说明该方法的应用过程：

(1) 起动转子，使其快速通过前两阶临界区并记录测量平面和平衡平面的振动幅值。在一阶共振区内两测量面、两平衡面处测得的共振峰值分别记为：$R_{0\text{I}1}$、$R_{0\text{II}1}$、R_{011} 和 R_{021}；二阶共振区内的共振峰值分别记为：$R_{0\text{I}2}$、$R_{0\text{II}2}$、R_{012} 和 R_{022}。

(2) 计算两平衡面处的测点模态比：

$$\lambda_{1,2}^{1}=\frac{\phi_1(z_1)}{\phi_1(z_2)}=\frac{R_{011}}{R_{021}}\qquad \lambda_{1,2}^{2}=\frac{\phi_2(z_1)}{\phi_2(z_2)}=-\frac{R_{012}}{R_{022}}$$

(3) 将平衡试重组($\boldsymbol{T}_1$,$\boldsymbol{T}_2$)分别加于两平衡面上。再次以相同的工况起动转子,使其通过前两阶临界区。用与步骤(1)中相同的方法测得左端测量面处的前两阶共振峰值($R_{1\mathrm{I}1}$,$R_{1\mathrm{I}2}$)。

(4) 将试重组($\boldsymbol{T}_1$,$\boldsymbol{T}_2$)逆时针转过 120°,重复步骤(3),得到左端测量面处前两阶共振峰值($R_{2\mathrm{I}1}$,$R_{2\mathrm{I}2}$)。

(5) 将试重组($\boldsymbol{T}_1$,$\boldsymbol{T}_2$)逆时针转过 240°,重复步骤(3),得到左端测量面处前两阶共振峰值($R_{3\mathrm{I}1}$,$R_{3\mathrm{I}2}$)。

(6) 分别以 $R_{0\mathrm{I}1}\mathrm{e}^{\mathrm{i}0}$,$R_{0\mathrm{I}1}\mathrm{e}^{\frac{2\pi}{3}\mathrm{i}}$,$R_{0\mathrm{I}1}\mathrm{e}^{\frac{4\pi}{3}\mathrm{i}}$为圆心,以 $R_{1\mathrm{I}1}$、$R_{2\mathrm{I}1}$、$R_{3\mathrm{I}1}$为半径画圆。

(7) 将从原点到步骤(6)中三圆的交点的矢量记为 $a_1+b_1\mathrm{i}$,可求得一阶模态影响系数为 $\boldsymbol{I}_1=(-a_1+b_1\mathrm{i})/\boldsymbol{T}_{11}$。

(8) 求取一阶模态平衡校正量($\boldsymbol{U}_{11}$,$\boldsymbol{U}_{21}$):

$$\boldsymbol{W}_{11}=-\frac{R_{0\mathrm{I}1}}{\boldsymbol{I}_1}\quad \boldsymbol{W}_{21}=-\boldsymbol{W}_{11}\lambda_{1,2}^{2}=-\frac{R_{0\mathrm{I}1}}{\boldsymbol{I}_1}\cdot\frac{R_{012}}{R_{022}}$$

(9) 按照步骤(6)相似的方法,分别以 $R_{0\mathrm{I}2}\mathrm{e}^{\mathrm{i}0}$、$R_{0\mathrm{I}2}\mathrm{e}^{\frac{2\pi}{3}\mathrm{i}}$、$R_{0\mathrm{I}2}\mathrm{e}^{\frac{4\pi}{3}\mathrm{i}}$为圆心,以 $R_{1\mathrm{I}2}$、$R_{2\mathrm{I}2}$、$R_{3\mathrm{I}2}$为半径画圆。用与步骤(7)相似的方法得到矢量 $a_2+b_2\mathrm{i}$,求得二阶模态影响系数 $\boldsymbol{I}_2=(-a_2+b_2\mathrm{i})/\boldsymbol{T}_{12}$。

(10)求得二阶模态校正量($\boldsymbol{W}_{12}$,$\boldsymbol{W}_{22}$):

$$\boldsymbol{W}_{12}=-\frac{R_{0\mathrm{I}2}}{\boldsymbol{I}_2}\quad \boldsymbol{W}_{22}=-\boldsymbol{W}_{12}\lambda_{1,2}^{1}=-\frac{R_{0\mathrm{I}2}}{\boldsymbol{I}_2}\cdot\frac{R_{011}}{R_{021}}$$

(11) 总的平衡校正量($\boldsymbol{W}_1$,$\boldsymbol{W}_2$):

$$\boldsymbol{W}_1=\boldsymbol{W}_{11}+\boldsymbol{W}_{12}\quad \boldsymbol{W}_2=\boldsymbol{W}_{21}+\boldsymbol{W}_{22}$$

5.3 仿真平衡

转子模型如图 5.5 所示。盘 1～4 为四个相同的特征盘,两测量面Ⅰ、Ⅱ到两端轴承的距离同为 30mm。假定转子的不平衡由四个盘的偏心引起,轴上没有不平衡。转子的结构参数如表 5.1 所示,轴可简化为 Timoshenko 梁。转子系统的前两阶临界转速通过计算分别为 653.9r/min 和 2126.3r/min。

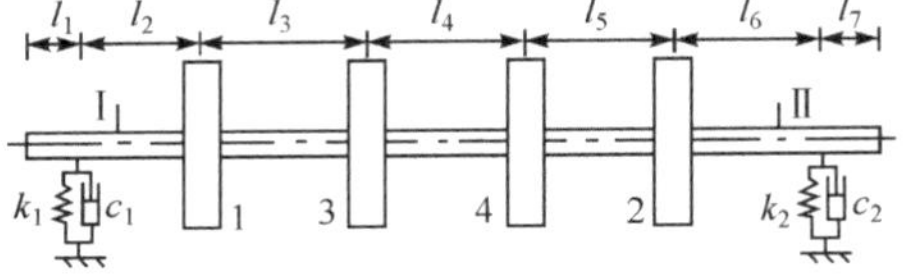

图 5.5　仿真平衡时转子系统的结构简图

表 5.1　仿真平衡时转子的结构参数

部件	结构参数
盘	直径:160mm;厚度:30mm;密度:7800kg/m^3;各盘处的结构阻尼:$c=20$kg/s; 偏心(μm∠°):$e_1=150\angle 300, e_2=200\angle 45, e_3=240\angle 60, e_4=360\angle 90$
轴	密度:7800kg/m^3; 弹性模量:2.1×10^{11}N/m;直径:20mm; 长度(mm):$l_1=l_7=30, l_2=150, l_3=l_4=220, l_5=120, l_6=210$
轴承	刚度:$k_{1x}=k_{1y}=5.5\times10^5$N/m,$k_{2x}=k_{2y}=5.0\times10^5$N/m; 阻尼:$c_{1x}=c_{1y}=80$kg/s,$c_{2x}=c_{2y}=80$kg/s

为了对前两阶模态不平衡进行校正,必须选择两个平衡校正面:若选取盘为平衡面,必须在盘 1、3 中选一个作为平衡面,另一个平衡面必须在盘 2 和 4 中选择。因此,平衡面共有四种选取方法,即盘 1 和 2,盘 1 和 4,盘 3 和 4,盘 3 和 2。为了说明问题的方便,此处假定转子以恒定角加速度 $a=20\text{rad/s}^2$ 通过其前两阶临界区。转子的试重分别假定为 $\boldsymbol{T}_1=10\angle 90$gcm∠°,$\boldsymbol{T}_2=10\angle 180$gcm∠°。不同平衡面组合情况下的仿真数据和平衡结果如表 5.2 所示,图 5.6 给出了转子初始不平衡加速响应与平衡后残余不平衡加速响应的比较。不同平衡面组合时,平衡后残余振动的比较如图 5.7 所示。图 5.8 和图 5.9 给出了不同平衡面组合情况下,平衡后转子稳态响应的比较,其结果和瞬态响应的比较结果基本吻合。可以看出,不论平衡面如何选择,采用本书提出的平衡方法,转子的振动都可得到明显的降低,相比较而言,平衡面 3、4 组合和 3、2 组合时的平衡效果更为理想。

表 5.2　不同平衡面组合时的仿真数据和平衡结果

平衡面(i,j)		(1,2)	(1,4)	(3,4)	(3,2)
平衡面处的测点模态比	$\lambda_{i,j}^1$	0.784	0.591	1.036	1.352
	$\lambda_{i,j}^2$	−1.228	−1.887	−1.079	−0.698
4 次起动过程中,测量面 I 处响应的测量结果/μm	一阶共振峰值 R_{I1}	31.60,32.85, 25.83,36.80	31.60,32.6, 25.25,38.20	31.60,35.80, 22.70,38.01	31.60,36.15, 23.35,36.70
	二阶共振峰值 R_{I2}	248.90,182.10, 249.35,381.41	248.90,163.60, 269.10,359.80	248.90,204.60, 234.50,332.90	248.90,220.30, 212.25,356.55
模态影响系数	$\boldsymbol{I}_1$	0.523−0.855i	0.790−1.396i	0.581−1.204i	0.442−0.904i
	$\boldsymbol{I}_2$	1.925+17.052i	1.384+13.77i	1.451+12.1i	2.216+17.9i
平衡校正量/(gcm∠°)	$\boldsymbol{W}_i$	21.88∠34.46	11.52∠356.5	12.75∠4.6	9.12∠43.18
	$\boldsymbol{W}_j$	48.08∠66.89	46.26∠68.12	44.79∠79	38.02∠79.1

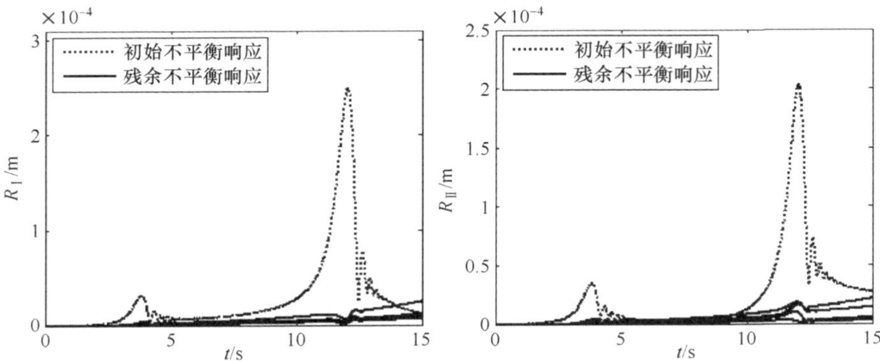

图 5.6　平衡前后两测量面Ⅰ、Ⅱ处残余振动的比较

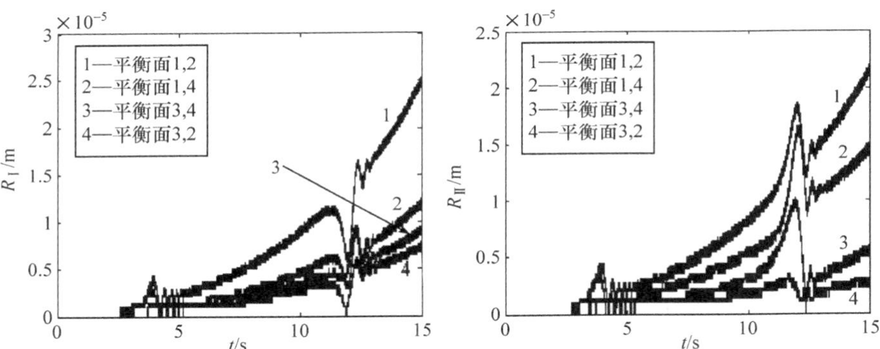

图 5.7　不同平衡面组合时，平衡后两测量面Ⅰ、Ⅱ残余振动的比较

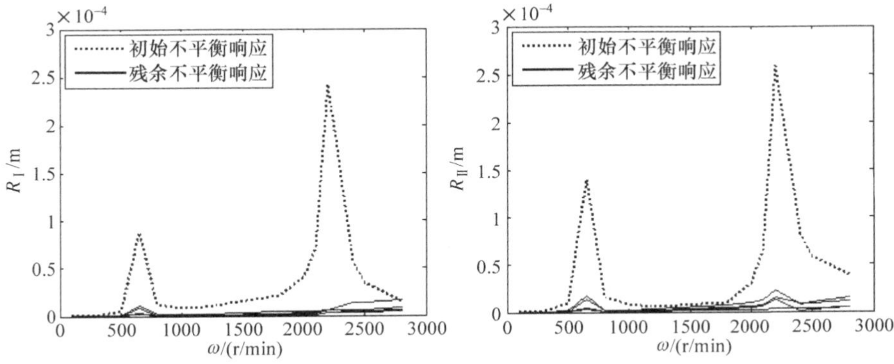

图 5.8　平衡前后测量面Ⅰ、Ⅱ处稳态残余振动的比较

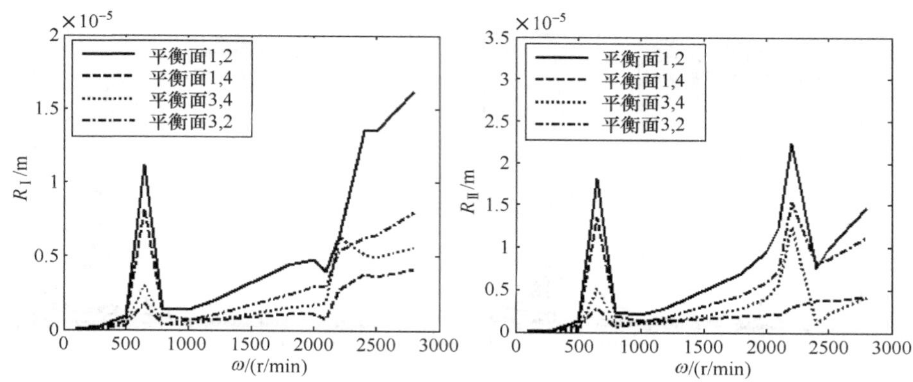

图 5.9　不同平衡面组合时,平衡后测量面Ⅰ、Ⅱ处稳态响应的比较

5.4　小　结

实际中大多数转子运行于一、二阶临界转速之间,可以只考虑前两阶模态不平衡对其振动的影响,因此转子平衡目标是对其前两阶模态不平衡进行校正。本章在单盘转子三圆平衡法的基础上,提出了利用起动过程的瞬态响应幅度信息进行柔性转子双面平衡的思想,并对平衡过程进行了详细地说明。仿真平衡的结果说明了该瞬态平衡方法的有效性。可得出以下结论:

(1) 该平衡方法只需要转子起动经过前两阶临界区时的瞬态幅度信息,而不考虑其相位信息,从而克服了一般旋转机械振动相位对转速变化敏感、易于受外界干扰、难以精确测量等不足,为柔性转子的平衡提供了一条新途径。

(2) 为了完成转子系统前两阶模态的平衡,该平衡方法只需转子系统的 4 次加速起动过程,和单平面的三圆平衡法相比,该方法并没有增加平衡过程的起车次数。

(3) 利用瞬态响应幅度来计算测点模态比,相当于通过现场测量数据获得了转子的模态信息,避免了以往模态平衡时对转子先验模态知识的过多要求。

(4) 借助测点模态比对两平衡面上添加的任意平衡试重组按一、二阶模态进行分解,简化了平衡试重组的求解过程,提高了转子的平衡效率。

第 6 章　柔性转子瞬态平衡的影响因素研究

前几章分别对单盘和复杂柔性转子的瞬态不平衡响应进行了详细的分析，并通过仿真算例对所提出的瞬态平衡方法进行了验证，平衡效果良好。但实际转子是不可能在完全理想的环境下工作的，其瞬态不平衡响应受到诸多外界因素的影响，因此有必要对各种影响因素存在时转子的瞬态平衡问题进行研究。

影响转子瞬态不平衡响应和瞬态平衡的因素很多，本章将对三类主要影响因素进行研究：转子起动过程升速率的变化、起动过程中转速的波动以及支承非线性。而且每种影响因素的影响机理也比较复杂，本章对此作简单的探讨，以期对转子瞬态平衡方法的稳定性和适应性研究奠定基础。

6.1　柔性转子瞬态平衡的影响因素

为了分析的方便，将通过识别模态不平衡方位角和等效模态不平衡大小来完成转子平衡的方法称为瞬态平衡方法 1（相关内容见第 4 章），将利用升速过程的不平衡响应振幅进行转子平衡的方法称为瞬态平衡方法 2（相关内容见第 5 章）。本章将主要讨论三种影响因素对瞬态平衡方法 1 的影响。所用的分析模型如图 3.23 所示，其对应的结构参数列于表 3.8 中。

6.2　转子的升速率

在前面几章所讨论的瞬态平衡方法中，都假定转子以恒定的角加速度起动，当驱动电机给转子提供一常数驱动力矩时，该假设是成立的[29]。但实际中，多数转子的工作环境比较恶劣，各种因素，如气流激振、机械和电气跳动量以及环境噪声等都会对转子的驱动力矩产生影响，从而进一步影响到转子起动时的升速率（角加速度）。为了考察转子瞬态平衡方法对起动升速率变化的适应性，对仿真时的起动升速率施加噪声，再利用瞬态平衡方法 1 对转子进行平衡。

假设仿真时给定的转子起动升速率为 a_{exact}，受噪声干扰的升速率 a_{noise} 可利用下式产生：

$$a_{\text{noise}}(t)=a_{\text{exact}}+\Delta a(t) \tag{6-1}$$

对于所给的模型转子，式(6-1)中，取 $a_{\text{exact}}=25\text{rad/s}^2$，$\Delta a$ 为满足高斯分布的随机实数，其均值为 0，标准差分别为 a_{exact} 的 1%、5%、10%。在采样时间间隔 $\Delta t=10^{-3}$ s时，分别对各种情况进行讨论。

1. Δa 的标准差为 a_{exact} 的 1%

此时，受噪声干扰的升速率 a_{noise} 随时间的变化如图 6.1 所示。通过瞬态平衡方法 1 识别出的转子一、二阶模态不平衡所在的方位角列于表 6.1 中。

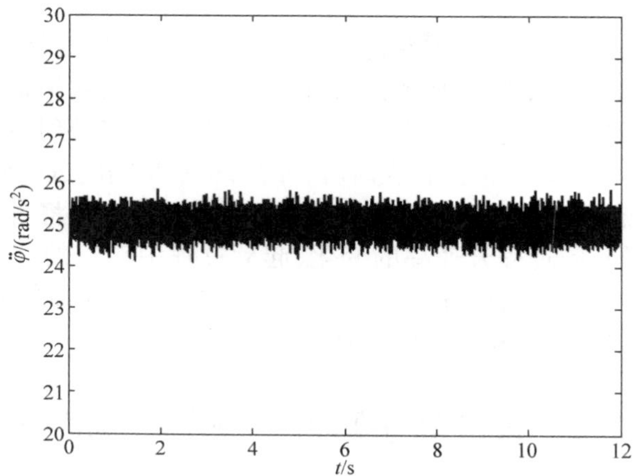

图 6.1 噪声的标准差为 a_{exact} 的 1%时升速率的变化图

表 6.1 加重面处等效不平衡方位角的识别结果

δ_{11}	2.032	1.983	2.012	2.026	1.991
δ_{12}	1.866	1.833	1.866	1.828	1.690
δ_{21}	5.671	5.853	5.679	5.862	5.867
δ_{22}	2.308	2.267	2.431	2.414	2.219

平均可得

$$\delta_{11} = \sum \delta_{11}/n_{11} = 2.009\text{rad} \quad \delta_{12} = \sum \delta_{12}/n_{12} = 1.817\text{rad}$$

$$\delta_{21} = \sum \delta_{21}/n_{21} = 5.786\text{rad} \quad \delta_{22} = \sum \delta_{22}/n_{22} = 2.328\text{rad}$$

加平衡试重组

$$\begin{aligned}\boldsymbol{T}_1 &= 4.11\angle(\pi+\delta_{11}) + 6.48\angle(\pi+\delta_{21})\\ &= 4.002\angle 3.300(\text{gcm}\angle\text{rad})\end{aligned}$$

$$\begin{aligned}\boldsymbol{T}_2 &= 5\angle(\pi+\delta_{12}) + 5\angle(\pi+\delta_{22})\\ &= 9.675\angle 5.214(\text{gcm}\angle\text{rad})\end{aligned}$$

求得平衡校正量为

$$\begin{aligned}\boldsymbol{W}_1 &= 11.835\angle(\pi+\delta_{11}) + 12.762\angle(\pi+\delta_{21})\\ &= 7.550\angle 3.744(\text{gcm}\angle\text{rad})\end{aligned}$$

$$\begin{aligned} \boldsymbol{W}_2 &= 14.398\angle(\pi+\delta_{12})+9.847\angle(\pi+\delta_{22}) \\ &= 22.734\angle 5.168(\text{gcm}\angle\text{rad}) \end{aligned}$$

平衡前后，各盘处瞬态残余振动的比较如图 6.2 所示，各盘的前两阶共振峰值列于表 6.2 中。可以看出，一阶临界区内四个盘共振峰值的减小率基本保持在 90%左右，二阶临界区内共振峰值的减小率在 80%附近。

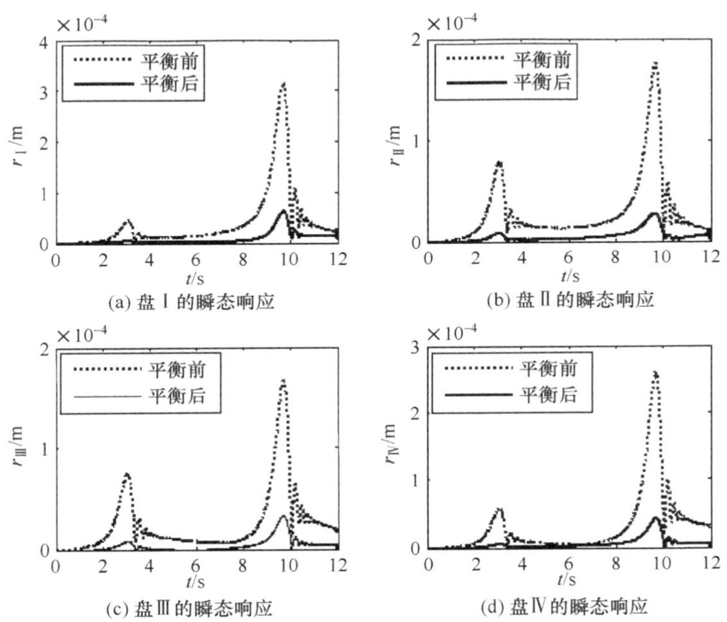

图 6.2　噪声的标准差为 a_{exact} 的 1%时，平衡前后各盘瞬态响应的比较图

表 6.2　噪声的标准差为 a_{exact} 的 1%时，平衡前后各盘共振幅值的比较结果

状态	盘 I 的共振幅值		盘 II 的共振幅值		盘 III 的共振幅值		盘 IV 的共振幅值	
	一阶	二阶	一阶	二阶	一阶	二阶	一阶	二阶
平衡前/μm	45.4	315.7	78.7	176.6	75.1	167.3	57.7	259.3
平衡后/μm	4.0	70.7	8.0	32.9	7.1	37.0	5.3	49.3
减小率/%	91.19	77.61	89.83	81.37	90.55	77.88	90.81	80.99

2. Δa 的标准差为 a_{exact} 的 5%

此时，受噪声干扰的升速率 a_{noise} 随时间的变化如图 6.3 所示。识别出的转子前两阶模态不平衡方位角列于表 6.3 中。

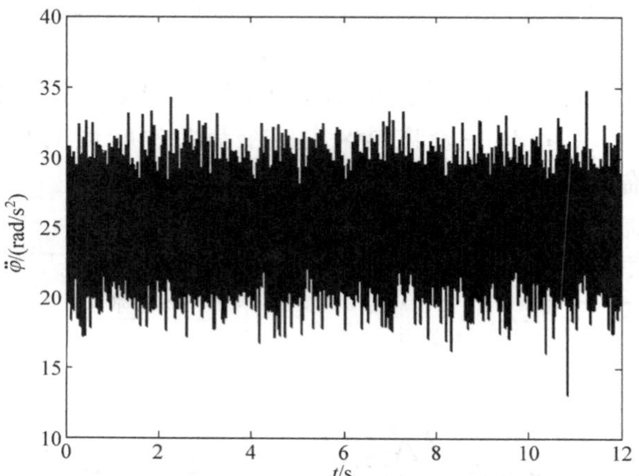

图 6.3 噪声的标准差为 a_{exact} 的 5%时升速率的变化图

表 6.3 加重面处等效不平衡方位角的识别结果

δ_{11}	1.943	1.990	2.012	1.996	2.054
δ_{12}	1.852	1.833	1.813	1.782	1.717
δ_{21}	5.597	5.582	5.776	5.780	5.779
δ_{22}	2.252	2.441	2.364	2.322	2.387

平均可得

$$\delta_{11}=\sum\delta_{11}/n_{11}=1.999\text{rad}\quad \delta_{12}=\sum\delta_{12}/n_{12}=1.799\text{rad}$$

$$\delta_{21}=\sum\delta_{21}/n_{21}=5.703\text{rad}\quad \delta_{22}=\sum\delta_{22}/n_{22}=2.353\text{rad}$$

加平衡试重组

$$\begin{aligned}\boldsymbol{T}_1&=4.11\angle(\pi+\delta_{11})+6.48\angle(\pi+\delta_{21})\\&=3.718\angle 3.192(\text{gcm}\angle\text{rad})\end{aligned}$$

$$\begin{aligned}\boldsymbol{T}_2&=5\angle(\pi+\delta_{12})+5\angle(\pi+\delta_{22})\\&=9.619\angle 5.218(\text{gcm}\angle\text{rad})\end{aligned}$$

求得平衡校正量为

$$\begin{aligned}\boldsymbol{W}_1&=11.761\angle(\pi+\delta_{11})+12.698\angle(\pi+\delta_{21})\\&=6.847\angle 3.719(\text{gcm}\angle\text{rad})\end{aligned}$$

$$\begin{aligned}\boldsymbol{W}_2&=14.308\angle(\pi+\delta_{12})+9.798\angle(\pi+\delta_{22})\\&=23.220\angle 5.164(\text{gcm}\angle\text{rad})\end{aligned}$$

平衡前后，各盘处瞬态残余振动的比较如图 6.4 所示，各盘的前两阶共振峰值列于表 6.4 中。相比较而言，将 Δa 的标准差由 a_{exact} 的 1%增加到 5%，转子一阶模态的平衡精度基本不受影响，而二阶模态的平衡精度略有下降。

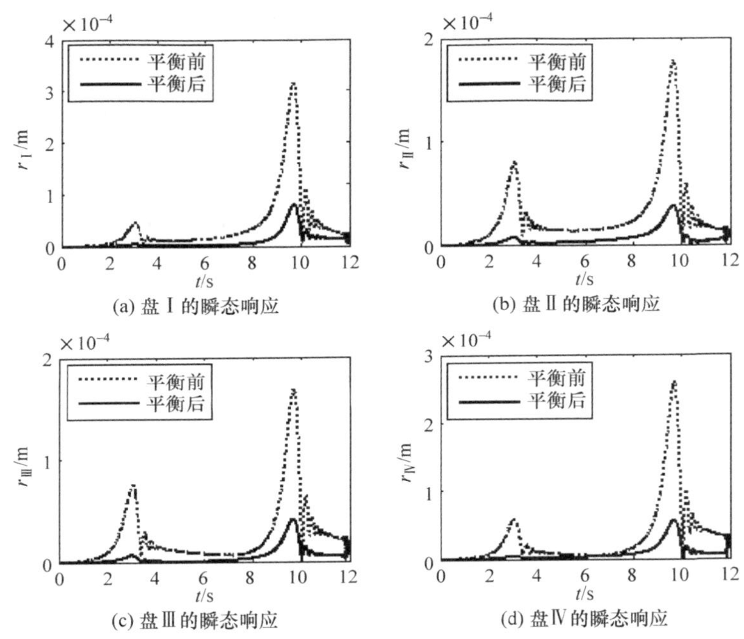

(a) 盘Ⅰ的瞬态响应　(b) 盘Ⅱ的瞬态响应
(c) 盘Ⅲ的瞬态响应　(d) 盘Ⅳ的瞬态响应

图 6.4　噪声的标准差为 a_{exact} 的 5%时，平衡前后各盘瞬态响应的比较图

表 6.4　噪声的标准差为 a_{exact} 的 5%时，平衡前后各盘共振幅值的比较结果

状态	盘Ⅰ的共振幅值		盘Ⅱ的共振幅值		盘Ⅲ的共振幅值		盘Ⅳ的共振幅值	
	一阶	二阶	一阶	二阶	一阶	二阶	一阶	二阶
平衡前/μm	45.4	315.7	78.7	176.6	75.1	167.3	57.7	259.3
平衡后/μm	4.1	79.3	8.0	37.2	6.8	39.9	5.4	54.7
减小率/%	90.97	74.88	89.83	78.94	90.95	76.15	90.64	78.90

3. Δa 的标准差为 a_{exact} 的 10%

此时，受噪声干扰的升速率 a_{noise} 随时间的变化如图 6.5 所示。转子前两阶模态不平衡方位角列于表 6.5 中。

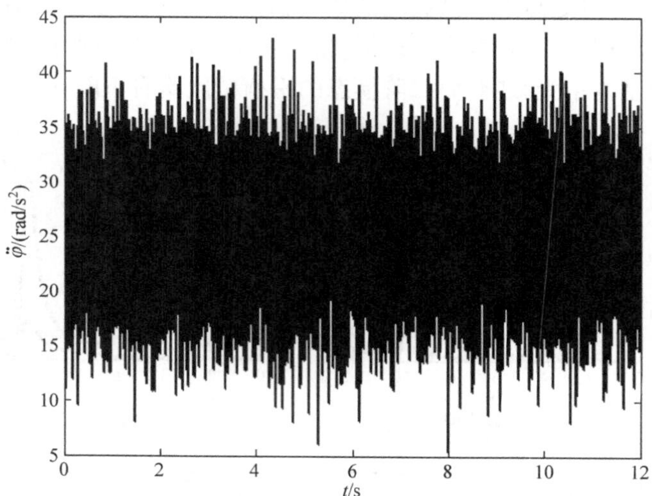

图 6.5 噪声的标准差为 a_{exact} 的 10%时升速率的变化图

表 6.5 加重面处等效不平衡方位角的识别结果

δ_{11}	2.030	1.984	2.002	2.041	1.970
δ_{12}	1.958	1.833	1.828	1.771	1.693
δ_{21}	5.687	5.623	5.757	5.672	5.686
δ_{22}	2.344	2.298	2.241	2.234	2.040

平均可得

$$\delta_{11} = \sum \delta_{11}/n_{11} = 2.005\text{rad} \quad \delta_{12} = \sum \delta_{12}/n_{12} = 1.817\text{rad}$$

$$\delta_{21} = \sum \delta_{21}/n_{21} = 5.685\text{rad} \quad \delta_{22} = \sum \delta_{22}/n_{22} = 2.231\text{rad}$$

加平衡试重组

$$\boldsymbol{T}_1 = 4.11\angle(\pi+\delta_{11}) + 6.48\angle(\pi+\delta_{21}) = 3.627\angle 3.163(\text{gcm}\angle\text{rad})$$

$$\boldsymbol{T}_2 = 5\angle(\pi+\delta_{12}) + 5\angle(\pi+\delta_{22}) = 9.787\angle 5.166(\text{gcm}\angle\text{rad})$$

求得平衡校正量为

$$\boldsymbol{W}_1 = 11.544\angle(\pi+\delta_{11}) + 13.089\angle(\pi+\delta_{21}) = 6.719\angle 3.621(\text{gcm}\angle\text{rad})$$

$$\boldsymbol{W}_2 = 14.043\angle(\pi+\delta_{12}) + 10.099\angle(\pi+\delta_{22}) = 23.641\angle 5.131(\text{gcm}\angle\text{rad})$$

平衡前后,各盘处瞬态残余振动的比较如图 6.6 所示,各盘的前两阶共振峰值列于表 6.6 中。当 Δa 的标准差为 a_{exact} 的 10%时,转子一阶模态的平衡精度下降保持在 3%以内,仍在 88%以上。而二阶模态的平衡精度下降较多,但仍保持在 68%以上。

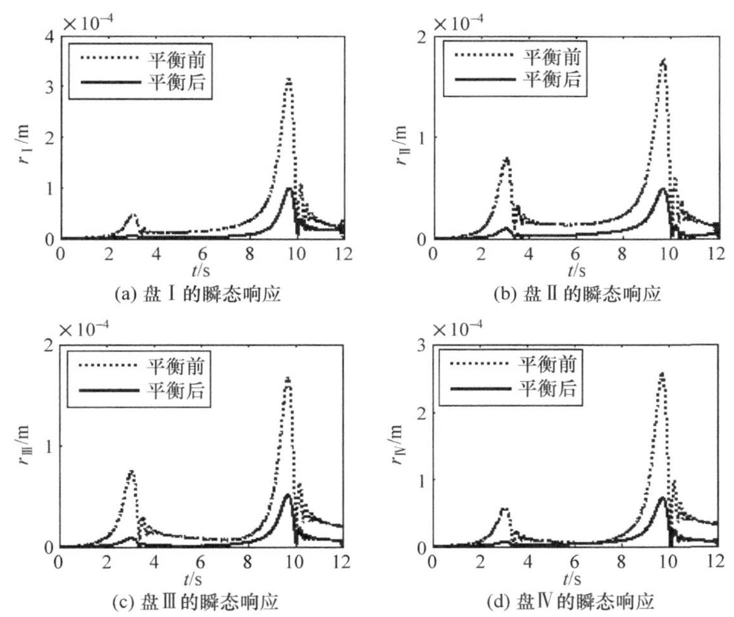

图 6.6　噪声的标准差为 a_{exact} 的 10%时,平衡前后各盘瞬态响应的比较图

表 6.6　噪声的标准差为 a_{exact} 的 10%时,平衡前后各盘共振幅值的比较结果

状态	盘Ⅰ的共振幅值		盘Ⅱ的共振幅值		盘Ⅲ的共振幅值		盘Ⅳ的共振幅值	
	一阶	二阶	一阶	二阶	一阶	二阶	一阶	二阶
平衡前/μm	45.4	315.7	78.7	176.6	75.1	167.3	57.7	259.3
平衡后/μm	5.4	99.1	9.6	48.7	8.5	51.6	6.3	72.2
减小率/%	88.11	68.61	87.80	72.42	88.68	69.16	89.08	72.16

通过以上的分析可以看出,升速率的噪声干扰对平衡方法 1 的平衡结果影响不大,即使升速率噪声的幅值达其本身的 10%时,瞬态平衡方法 1 的对一阶模态的平衡精度仍保持在 87%以上,对二阶模态的平衡精度在 68%以上。

6.3　转速波动

这一节中,将讨论起动过程中转速变化对转子平衡结果的影响。主要考虑两个方面:①转速受噪声干扰;②转速按指数规律变化。

6.3.1 转速受噪声干扰

在匀加速起动的前提下，假定转子的瞬时速度受到噪声干扰，则按照离散时间格式，有如下关系成立：

$$\begin{cases}\omega_{\text{noise}}(t_{n+1})=\omega_{\text{noise}}(t_n)+a\Delta t+\Delta\omega \\ \omega_{\text{noise}}(0)=\omega_{\text{exact}}(0)=0\end{cases} \tag{6-2}$$

式中，$\omega_{\text{exact}}(t)$表示仿真时给出的转子瞬时速度；$\omega_{\text{noise}}(t)$表示受到噪声干扰的瞬时速度；$\Delta\omega$ 为满足高斯分布的随机实数；t_n 为第 n 个采样时间点；Δt 为采样时间间隔，$a=25\text{rad/s}^2$。下面针对噪声干扰程度的不同，对该转子的平衡进行讨论。

1. $\Delta\omega$ 的均值为 0，标准差为 0.1

此时，转子的转速随时间变化如图 6.7 所示。根据式(4-11)，此时转子的模态不平衡方位角可通过下式求得

$$\delta=\pi+\psi_2-\sum_{t=t_1}^{t_2}\omega_{\text{noise}}(t)\Delta t-\delta_k \tag{6-3}$$

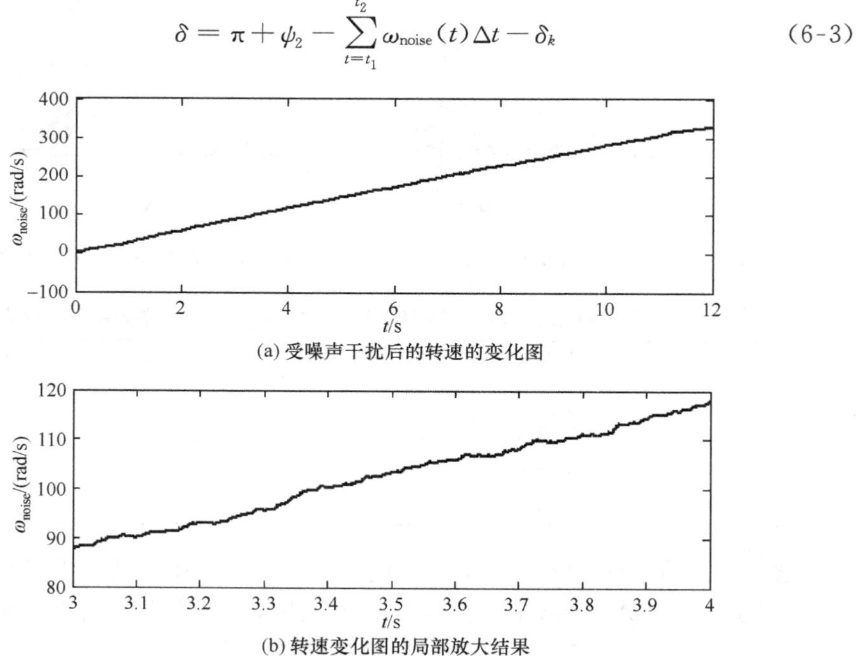

(a) 受噪声干扰后的转速的变化图

(b) 转速变化图的局部放大结果

图 6.7 $\Delta\omega$ 的均值为 0，标准差为 0.1 时，受噪声干扰后的转速变化图

由于转速的波动按随机规律取值，所以每次求得的前两阶模态不平衡方位角都不尽相同，但其差别并不是很大。某次识别出的前两阶模态不平衡方位角列于表 6.7 中。

表 6.7　加重面处等效不平衡方位角的识别结果

δ_{11}	1.992	1.948	2.105	2.067	2.044
δ_{12}	1.912	1.774	1.888	1.742	1.738
δ_{21}	5.761	5.611	5.853	5.849	5.785
δ_{22}	2.358	2.195	2.382	2.387	2.180

平均可得

$$\delta_{11}=\sum\delta_{11}/n_{11}=2.031\text{rad}\quad \delta_{12}=\sum\delta_{12}/n_{12}=1.811\text{rad}$$

$$\delta_{21}=\sum\delta_{21}/n_{21}=5.772\text{rad}\quad \delta_{22}=\sum\delta_{22}/n_{22}=2.300\text{rad}$$

加平衡试重组

$$\begin{aligned}\boldsymbol{T}_1&=4.11\angle(\pi+\delta_{11})+6.48\angle(\pi+\delta_{21})\\&=3.860\angle 3.275(\text{gcm}\angle\text{rad})\\\boldsymbol{T}_2&=5\angle(\pi+\delta_{12})+5\angle(\pi+\delta_{22})\\&=9.703\angle 5.197(\text{gcm}\angle\text{rad})\end{aligned}$$

求得平衡校正量为

$$\begin{aligned}\boldsymbol{W}_1&=12.673\angle(\pi+\delta_{11})+12.915\angle(\pi+\delta_{21})\\&=7.558\angle 3.871(\text{gcm}\angle\text{rad})\\\boldsymbol{W}_2&=15.417\angle(\pi+\delta_{12})+9.965\angle(\pi+\delta_{22})\\&=24.662\angle 5.144(\text{gcm}\angle\text{rad})\end{aligned}$$

由于转速波动受随机噪声的影响，因此每次起动转速的变化规律都有差别，对应不同次起车，转子瞬态响应峰值所对应的时刻也会不同。因此，为了比较平衡效果，分别将平衡前后的瞬态响应列于图 6.8 和图 6.9，图 6.10 给出了对应于图 6.8 和图 6.9 的转速变化规律。

一阶临界区内的共振峰值减小在 86％以上，二阶临界区内的共振峰减小在 75％以上。如果一次平衡不能满足要求，可按照相同的方法再实施一次平衡过程。

2. $\Delta\omega$ 的均值为 0，标准差为 0.5

某次起动，识别出的前两阶模态不平衡方位角列于表 6.8 中。

表 6.8　加重面处等效不平衡方位角的识别结果

δ_{11}	1.981	2.128	2.067	2.073	1.907
δ_{12}	1.880	2.020	2.011	1.978	1.900
δ_{21}	5.482	5.656	5.854	5.692	5.713
δ_{22}	2.783	2.229	2.445	2.275	2.254

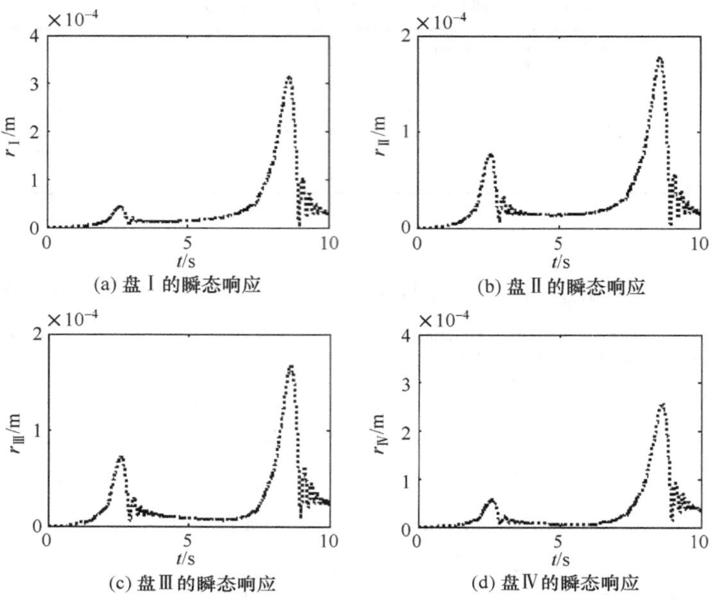

图 6.8　平衡前各盘的瞬态响应

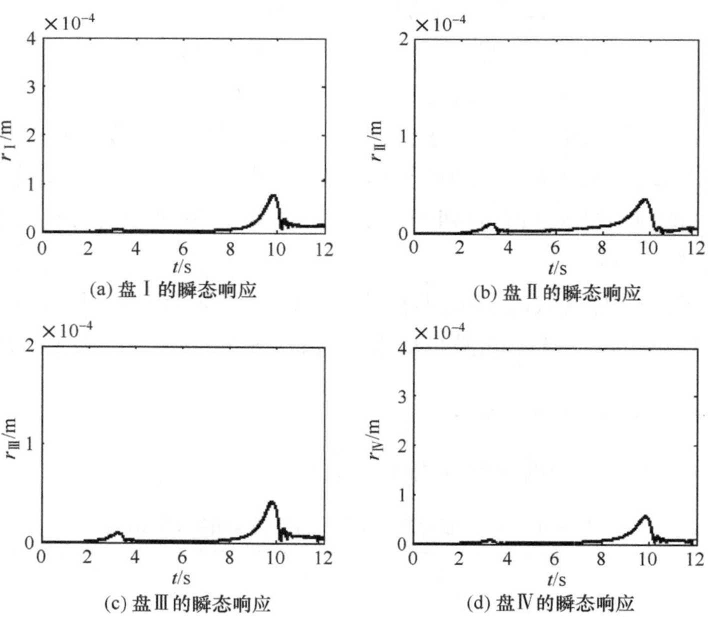

图 6.9　平衡后各盘的瞬态响应

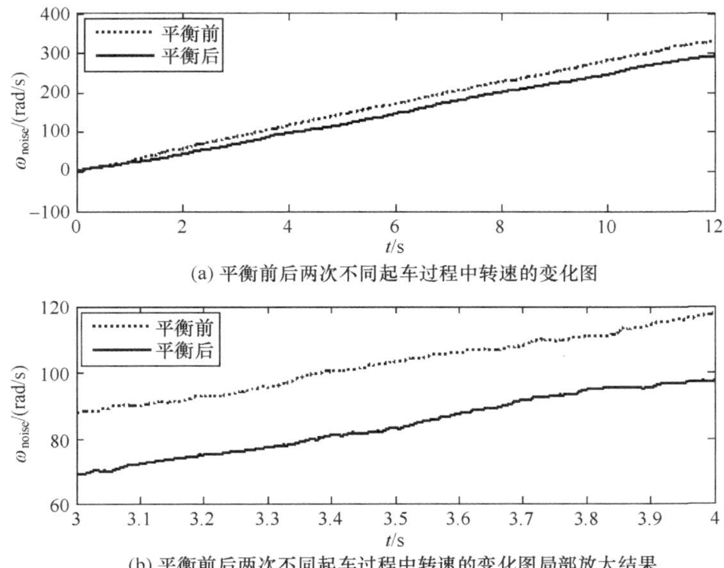

(a) 平衡前后两次不同起车过程中转速的变化图

(b) 平衡前后两次不同起车过程中转速的变化图局部放大结果

图 6.10　平衡前后两次不同起车过程中转速的变化图

平均可得

$$\delta_{11} = \sum \delta_{11}/n_{11} = 2.031\text{rad} \quad \delta_{12} = \sum \delta_{12}/n_{12} = 1.958\text{rad}$$

$$\delta_{21} = \sum \delta_{21}/n_{21} = 5.680\text{rad} \quad \delta_{22} = \sum \delta_{22}/n_{22} = 2.397\text{rad}$$

加平衡试重组

$$\boldsymbol{T}_1 = 4.11\angle(\pi+\delta_{11}) + 6.48\angle(\pi+\delta_{21}) = 3.511\angle 3.143(\text{gcm}\angle\text{rad})$$

$$\boldsymbol{T}_2 = 5\angle(\pi+\delta_{12}) + 5\angle(\pi+\delta_{22}) = 9.760\angle 5.319(\text{gcm}\angle\text{rad})$$

求得平衡校正量为

$$\boldsymbol{W}_1 = 12.424\angle(\pi+\delta_{11}) + 13.687\angle(\pi+\delta_{21}) = 6.667\angle 3.671(\text{gcm}\angle\text{rad})$$

$$\boldsymbol{W}_2 = 15.115\angle(\pi+\delta_{12}) + 10.561\angle(\pi+\delta_{22}) = 25.080\angle 5.280(\text{gcm}\angle\text{rad})$$

平衡前后，各盘的瞬态不平衡响应分别如图 6.11 和图 6.12 所示。仿真过程中，同样由于加入随机因素的影响，平衡前后两次起动时，转子转速变化略有不同，

(如图 6.13 所示)。通过分析可知,平衡后一阶共振峰值减小率在 94%以上,二阶共振峰值减小率在 67%。可见,一阶模态的平衡精度基本没受影响,二阶模态平衡精度略有降低。

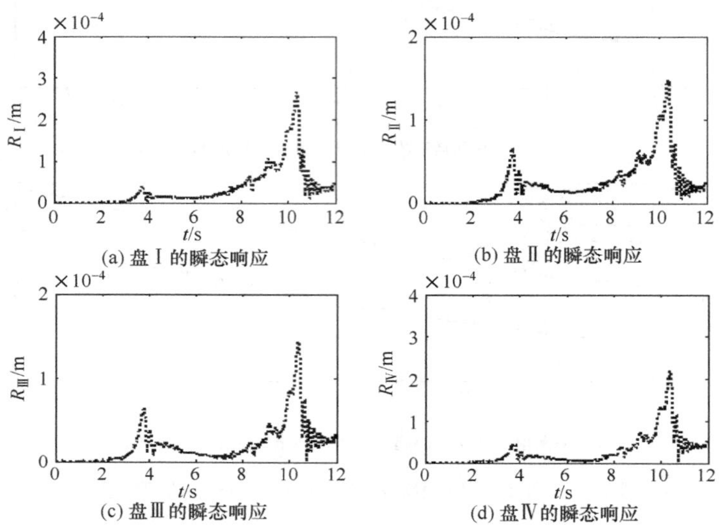

图 6.11 平衡前各盘处的瞬态响应

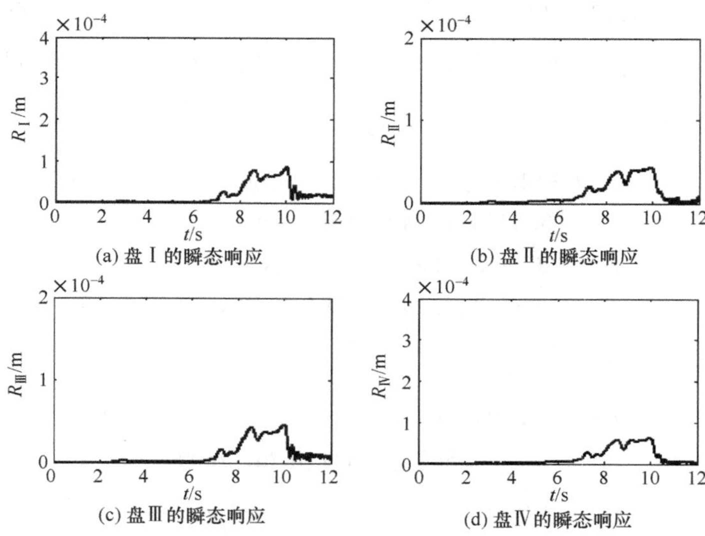

图 6.12 平衡后各盘处的瞬态响应

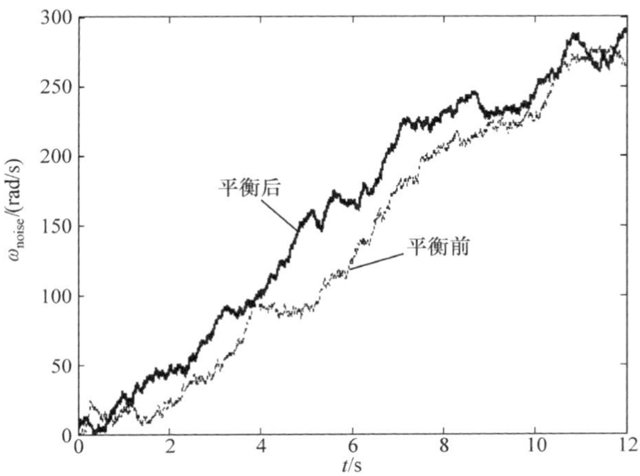

图 6.13　平衡前后两次不同起车过程中转速变化的比较

3. $\Delta\omega$ 的均值为 0,标准差为 0.75

某次起动,识别出的前两阶模态不平衡方位角列于表 6.9 中。

表 6.9　加重面处等效不平衡方位角的识别结果

δ_{11}	2.059	2.074	2.041	1.985	2.009
δ_{12}	1.830	1.904	1.673	1.902	1.930
δ_{21}	5.632	5.755	5.630	5.631	5.671
δ_{22}	2.112	2.499	2.160	2.197	2.185

平均可得

$$\delta_{11} = \sum \delta_{11}/n_{11} = 2.034\text{rad} \quad \delta_{12} = \sum \delta_{12}/n_{12} = 1.848\text{rad}$$

$$\delta_{21} = \sum \delta_{21}/n_{21} = 5.664\text{rad} \quad \delta_{22} = \sum \delta_{22}/n_{22} = 2.231\text{rad}$$

加平衡试重组

$$\begin{aligned}\boldsymbol{T}_1 &= 4.11\angle(\pi+\delta_{11}) + 6.48\angle(\pi+\delta_{21}) \\ &= 3.442\angle 3.117(\text{gcm}\angle\text{rad})\end{aligned}$$

$$\begin{aligned}\boldsymbol{T}_2 &= 5\angle(\pi+\delta_{12}) + 5\angle(\pi+\delta_{22}) \\ &= 9.817\angle 5.181(\text{gcm}\angle\text{rad})\end{aligned}$$

求得平衡校正量为

$$\begin{aligned}\boldsymbol{W}_1 &= 13.581\angle(\pi+\delta_{11}) + 12.786\angle(\pi+\delta_{21}) \\ &= 6.422\angle 3.969(\text{gcm}\angle\text{rad})\end{aligned}$$

$$\begin{aligned}\boldsymbol{W}_2 &= 16.522\angle(\pi+\delta_{12}) + 9.866\angle(\pi+\delta_{22}) \\ &= 25.937\angle 5.132(\text{gcm}\angle\text{rad})\end{aligned}$$

平衡前后，各盘的瞬态不平衡响应分别如图 6.14 和图 6.15 所示。平衡前后两次起动时，转速变化如图 6.16 所示。通过分析可知，平衡后一阶共振峰值减小率在 80%以上，二阶共振峰值减小率在 57%。由此可见，当转速波动比较剧烈时，前两阶模态的平衡精度都将受到一定的影响。

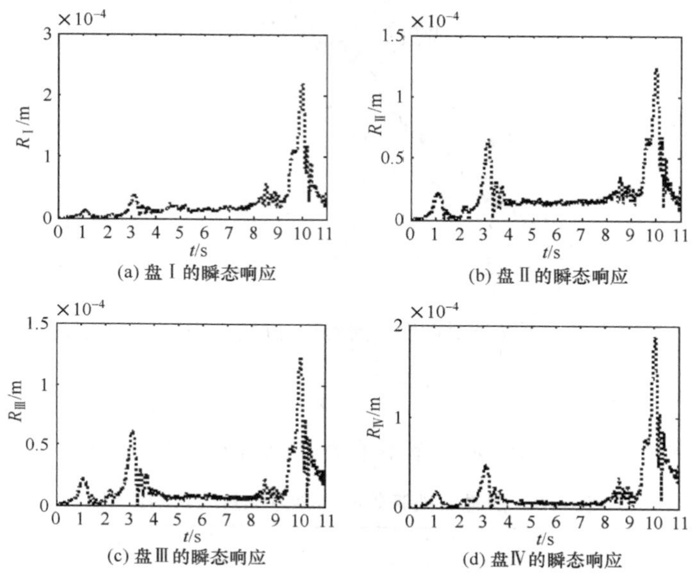

图 6.14 平衡前各盘处的瞬态响应

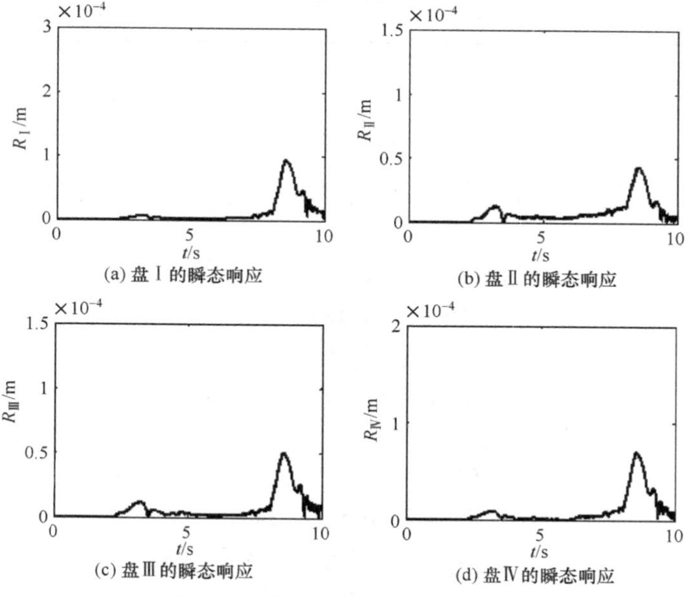

图 6.15 平衡后各盘处的瞬态响应

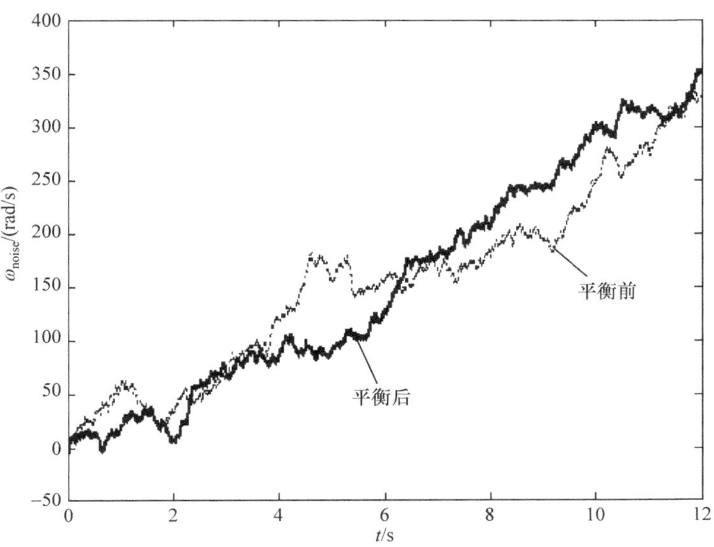

图 6.16　平衡前后两次不同起车过程中转速变化的比较

当转速波动进一步加剧时,转子有可能反复经过临界区,这样临界区内动挠度的波动将不是很明显。图 6.17 为 $\Delta\omega$ 的均值为 0,标准差为 0.9 时各盘的瞬态动

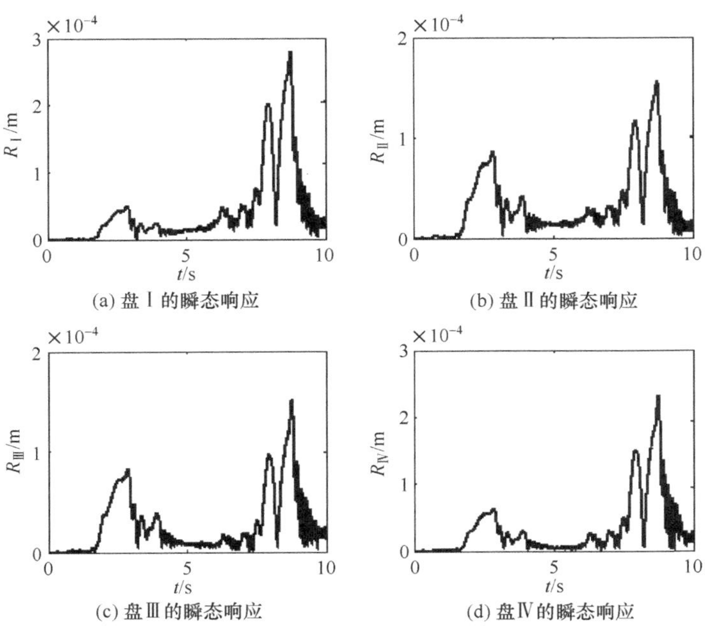

图 6.17　$\Delta\omega$ 的均值为 0,标准差为 0.9 时各盘的瞬态响应

挠度。此时,前两阶临界区内,转子的瞬态响应都出现双峰值(转子反复两次经过临界区),对应的转速变化如图 6.18 所示。可以看出临界区内转子的动挠度波动不是很明显,已不能用式(6-3)对不平衡方位角进行识别。因此可以得出结论:不论转速怎样变化,必须保证临界区内转速持续增加(或者保证转子动挠度在临界区内有明显的波动),才能利用瞬态平衡方法 1 对转子进行平衡。

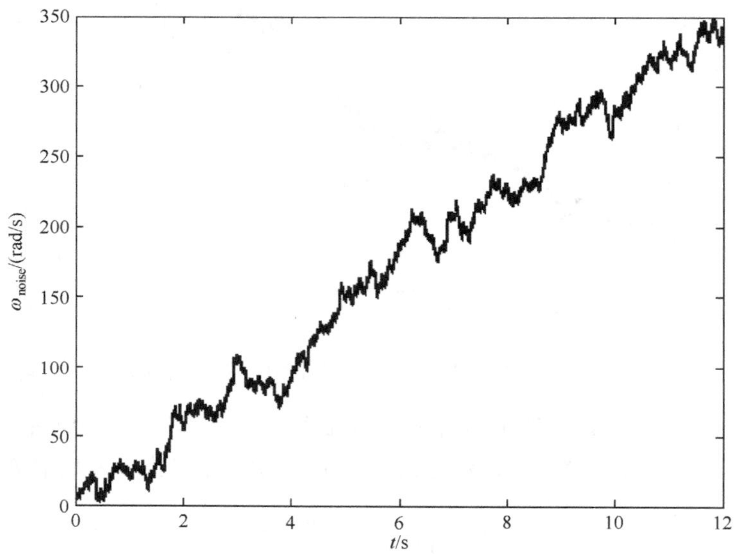

图 6.18 $\Delta\omega$ 的均值为 0,标准差为 0.9 时转速的变化图

6.3.2 指数规律升速

当转子以恒定的角加速度起动时,其转速呈线性增加,前面各章节所讨论的转子瞬态响应与平衡都是以转子的这种运动状态为基础。工程实际中,指数升速规律也是应该考虑的一种情况[30]。升速过程中,当转速以指数规律变化时,意味着在转子起动的初始阶段转速快速增加,而当转子越接近工作转速,其角加速度越小。本小节将对转速以指数规律变化的转子瞬态响应及平衡进行讨论。

(1) 假定起动过程中转子的转速按如下规律变化:

$$\omega(t)=620(1-e^{-0.05t}) \tag{6-4}$$

图 6.19 给出了转速随时间变化的图像。从角加速度随时间的变化关系图 6.20 可以看出,转子以式(6-4)的规律起动时,其角加速度越来越小。测量点处的瞬态响应如图 6.21 和图 6.22 所示。此时转子的瞬态不平衡响应与匀加速时转子的瞬态不平衡响应,其变化规律具有相似性。通过式(6-3),求得转子的模态不平衡方位角列于表 6.10 中。

平均可得

$$\delta_{11} = \sum \delta_{11}/n_{11} = 2.116\text{rad} \quad \delta_{12} = \sum \delta_{12}/n_{12} = 1.891\text{rad}$$

$$\delta_{21} = \sum \delta_{21}/n_{21} = 5.964\text{rad} \quad \delta_{22} = \sum \delta_{22}/n_{22} = 2.642\text{rad}$$

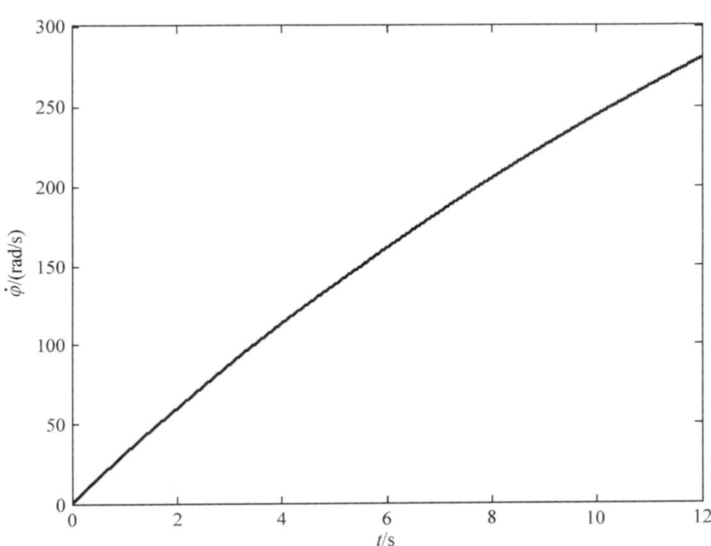

图 6.19　转速随时间的变化图

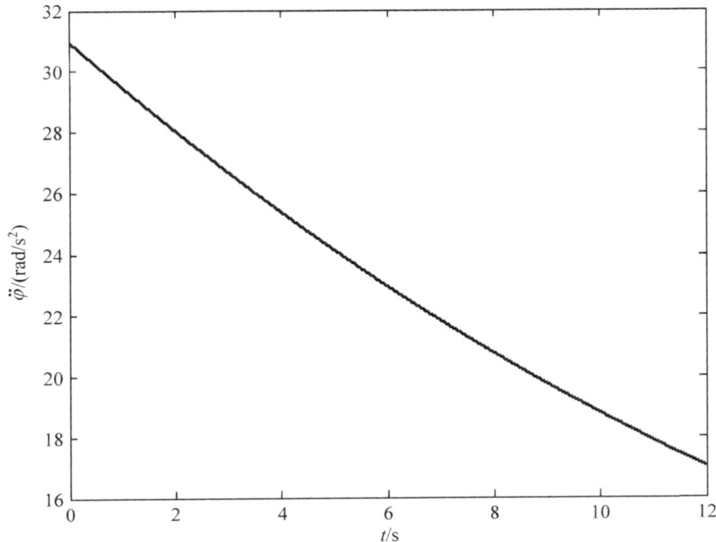

图 6.20　角加速度随时间的变化图

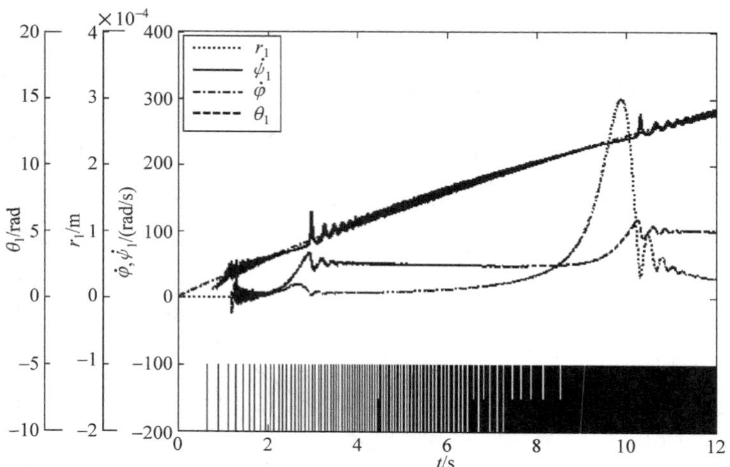

图 6.21　左边测点处的瞬态响应图

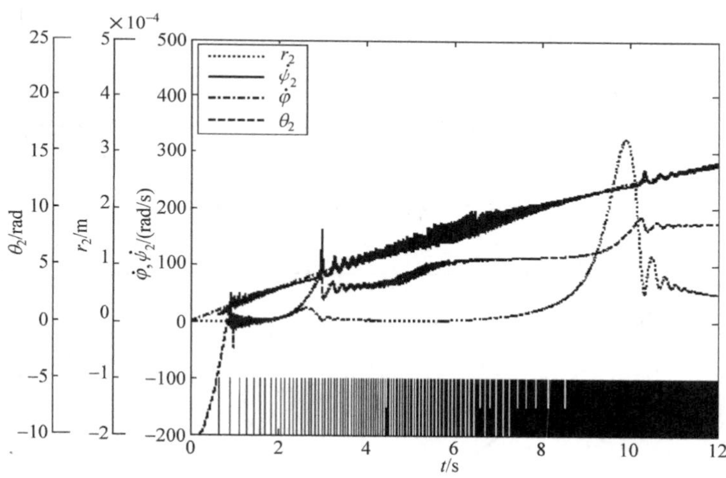

图 6.22　右边测点处的瞬态响应图

表 6.10　加重面处等效不平衡方位角的识别结果

δ_{11}	2.106	2.087	2.149	2.137	2.099
δ_{12}	2.104	1.979	1.709	1.785	1.879
δ_{21}	5.986	6.007	5.897	5.914	6.013
δ_{22}	2.724	2.692	2.575	2.568	2.652

在两平衡面上分别加平衡试重组$[\boldsymbol{W}_1 \quad \boldsymbol{W}_2]$

$$\boldsymbol{W}_1 = 4.11\mathrm{e}^{\mathrm{i}(\pi+\delta_{11})} + 6.48\mathrm{e}^{\mathrm{i}(\pi+\delta_{21})} = 4.285\mathrm{e}^{\mathrm{i}3.494}$$

$$\boldsymbol{W}_2 = 5\mathrm{e}^{\mathrm{i}(\pi+\delta_{12})} + 5\mathrm{e}^{\mathrm{i}(\pi+\delta_{22})} = 9.303\mathrm{e}^{\mathrm{i}5.408}$$

再以相同的工况起动转子，可求得平衡校正量如下$[\boldsymbol{W}_1 \quad \boldsymbol{W}_2]$

$$\boldsymbol{W}_1 = 11.743\mathrm{e}^{\mathrm{i}(\pi+\delta_{11})} + 12.430\mathrm{e}^{\mathrm{i}(\pi+\delta_{21})} = 8.386\mathrm{e}^{\mathrm{i}3.963}$$

$$\boldsymbol{W}_2 = 14.286\mathrm{e}^{\mathrm{i}(\pi+\delta_{12})} + 9.591\mathrm{e}^{\mathrm{i}(\pi+\delta_{22})} = 22.280\mathrm{e}^{\mathrm{i}5.331}$$

平衡前后，各盘的瞬态响应如图 6.23 所示。平衡后，一阶临界区内的共振幅度减小率在 94%以上，二阶临界区内的共振幅度减小率也保持在 92%以上。

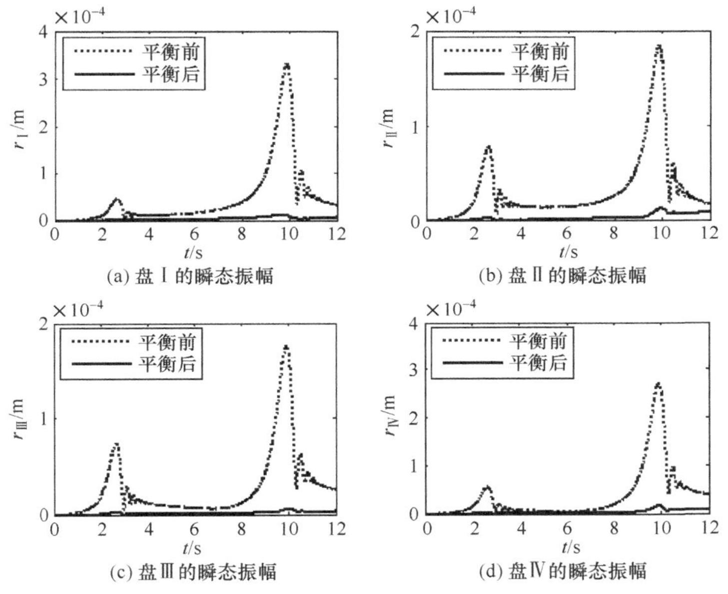

图 6.23　平衡前后各盘处瞬态响应的比较

(2) 假定起动过程中转子的转速按如下规律变化：

$$\omega(t) = 295(1 - \mathrm{e}^{-0.25t}) \tag{6-5}$$

转子的转速、角加速度变化分别如图 6.24 和图 6.25 所示。对应的瞬态不平衡响应分别如图 6.26 和图 6.27 所示。识别出的前两阶模态不平衡方位角列于表 6.11 中。

平均可得

$$\delta_{11} = \sum \delta_{11}/n_{11} = 2.140\mathrm{rad} \quad \delta_{12} = \sum \delta_{12}/n_{12} = 1.722\mathrm{rad}$$

$$\delta_{21} = \sum \delta_{21}/n_{21} = 5.931\mathrm{rad} \quad \delta_{22} = \sum \delta_{22}/n_{22} = 2.644\mathrm{rad}$$

加试重起动，求得平衡校正量如下$[\boldsymbol{W}_1 \quad \boldsymbol{W}_2]$

$$\boldsymbol{W}_1 = 12.330\mathrm{e}^{\mathrm{i}(\pi+\delta_{11})} + 13.116\mathrm{e}^{\mathrm{i}(\pi+\delta_{21})} = 8.152\mathrm{e}^{\mathrm{i}3.944}$$

$$\boldsymbol{W}_2 = 15.000\mathrm{e}^{\mathrm{i}(\pi+\delta_{12})} + 10.121\mathrm{e}^{\mathrm{i}(\pi+\delta_{22})} = 22.603\mathrm{e}^{\mathrm{i}5.228}$$

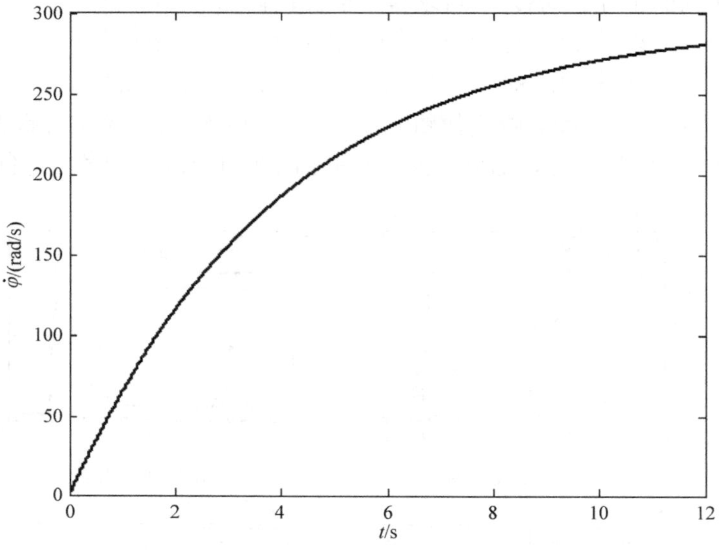

图 6.24 转速随时间的变化图

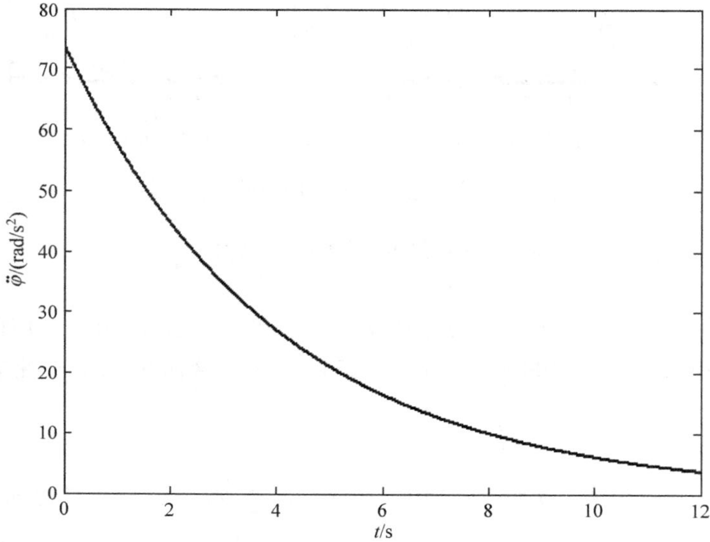

图 6.25 角加速度随时间的变化图

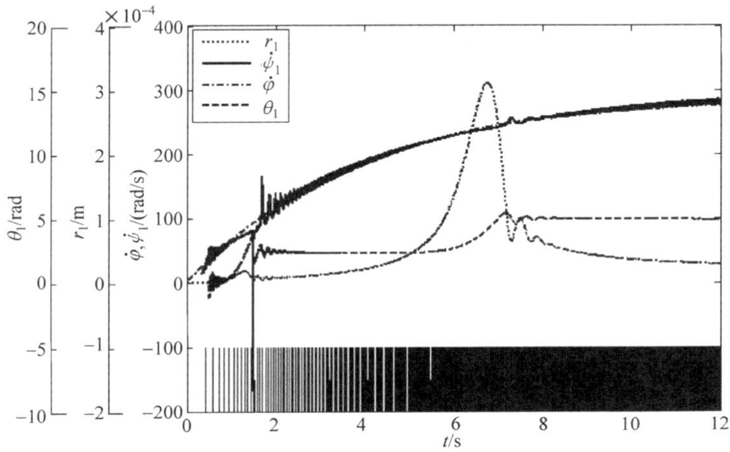

图 6.26　左边测点处的瞬态响应图

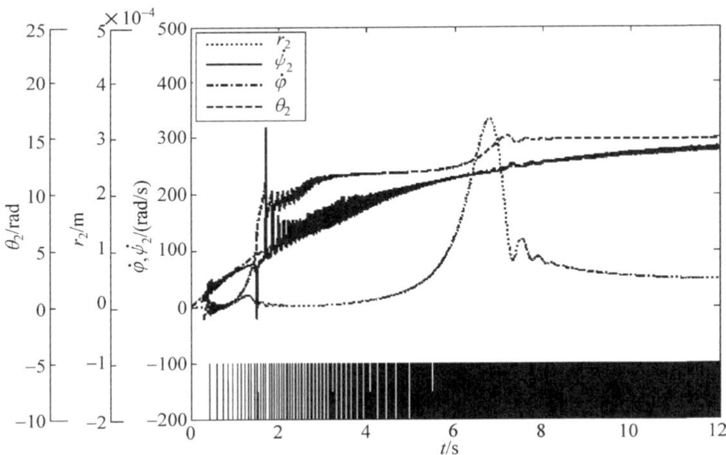

图 6.27　右边测点处的瞬态响应图

表 6.11　加重面处等效不平衡方位角的识别结果

δ_{11}	2.051	2.218	2.124	2.122	2.185
δ_{12}	2.266	1.923	1.454	1.558	1.408
δ_{21}	5.991	5.908	5.909	5.932	5.913
δ_{22}	2.670	2.649	2.645	2.630	2.624

平衡前后四个盘处瞬态响应分别如图 6.28 所示。一阶临界区内的共振幅度减小率为 94%以上，二阶临界区内的共振幅度减小率也保持在 90%以上，减幅效果明显。

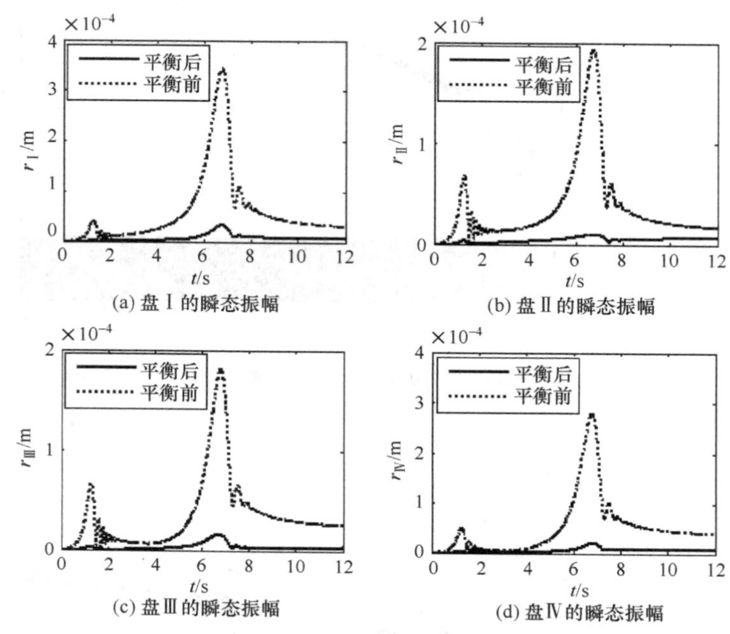

图 6.28 平衡前后各盘处瞬态响应的比较

6.4 支承非线性

6.4.1 支承刚度非线性

以图 3.23 所示的模型转子为例，考虑支承刚度的平方非线性，首先对转子的瞬态不平衡响应进行分析。图 6.29 和图 6.30 分别给出了不同支承刚度平方非线性系数 k_0 下各盘的瞬态响应。可以看出，随着支承刚度平方非线性系数 k_0 的增大，高转速区内转子动挠度会出现高频干扰和相移，当 k_0 达到一定值时甚至会出现积分结果发散的情况。高频干扰可通过低通滤波来消除，但相移会对转子不平衡方位角的识别结果产生很大影响，甚至会产生错误的识别结果。就图 3.23 的转子模型，当支承刚度平方非线性的系数 $k_0>2\times10^8\mathrm{N/m^2}$ 时，二阶临界区内的瞬态动挠度会发生明显的相移；当 $k_0>1\times10^{10}\mathrm{N/m^2}$，一阶临界区内的瞬态动挠度也会发生明显的相移。因此，可以得出这样的结论：轻微的支承刚度平方非线性不会对所提出的瞬态平衡方法产生影响。

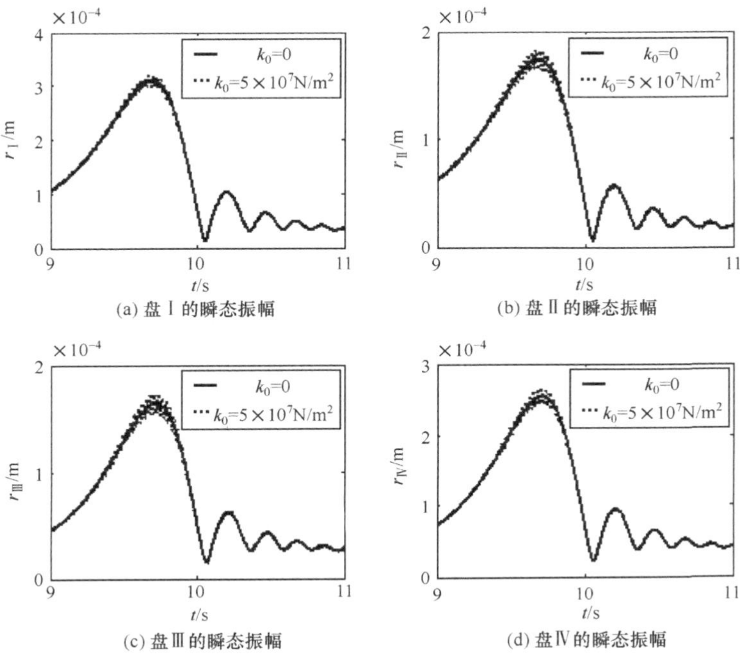

图 6.29　支承刚度平方非线性系数 $k_0=0$ 和 $k_0=5\times10^7\,\mathrm{N/m^2}$ 时各盘瞬态响应的比较

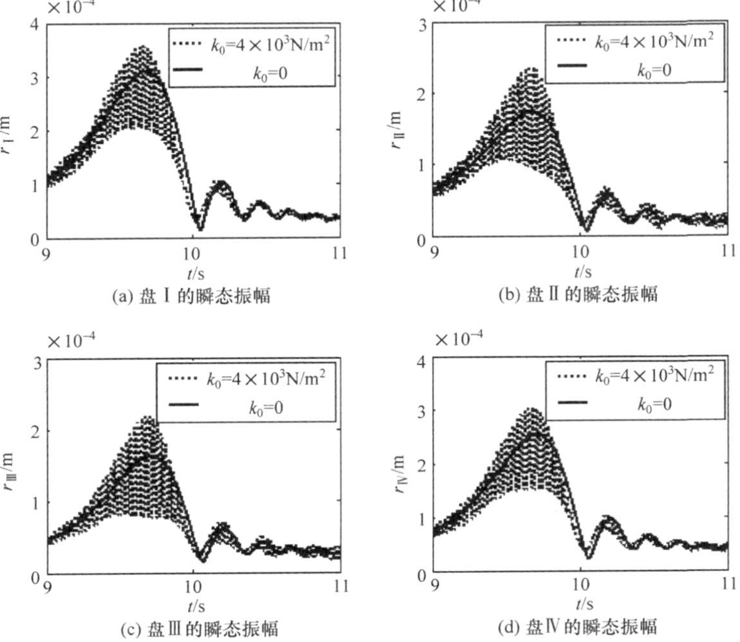

图 6.30　支承刚度平方非线性系数 $k_0=0$ 和 $k_0=4\times10^8\,\mathrm{N/m^2}$ 时各盘瞬态响应的比较

6.4.2 支承阻尼非线性

假定各盘处的阻尼系数为 30N·s/m,支承处的阻尼系数为 80N·s/m。考虑支承阻尼的平方非线性,对图 3.23 中模型转子的瞬态响应进行分析。图 6.31 和图 6.32 分别给出了不同支承阻尼平方非线性系数 c_0 下各盘的瞬态响应。可以看出,随着支承的阻尼平方非线性系数 c_0 的增大,二阶临界区内,转子动挠度的波动变得十分混乱,动挠度的相移是不可避免的。当支承的阻尼平方非线性系数 $c_0 < 1.0\times10^3$ kg/m 时,转子动挠度基本不会产生相移,通过瞬态动挠度对转子不平衡方位角的识别结果也是可信的。因此,可以得出这样的结论:轻微的支承阻尼平方非线性不会对所提出的瞬态平衡方法产生影响。

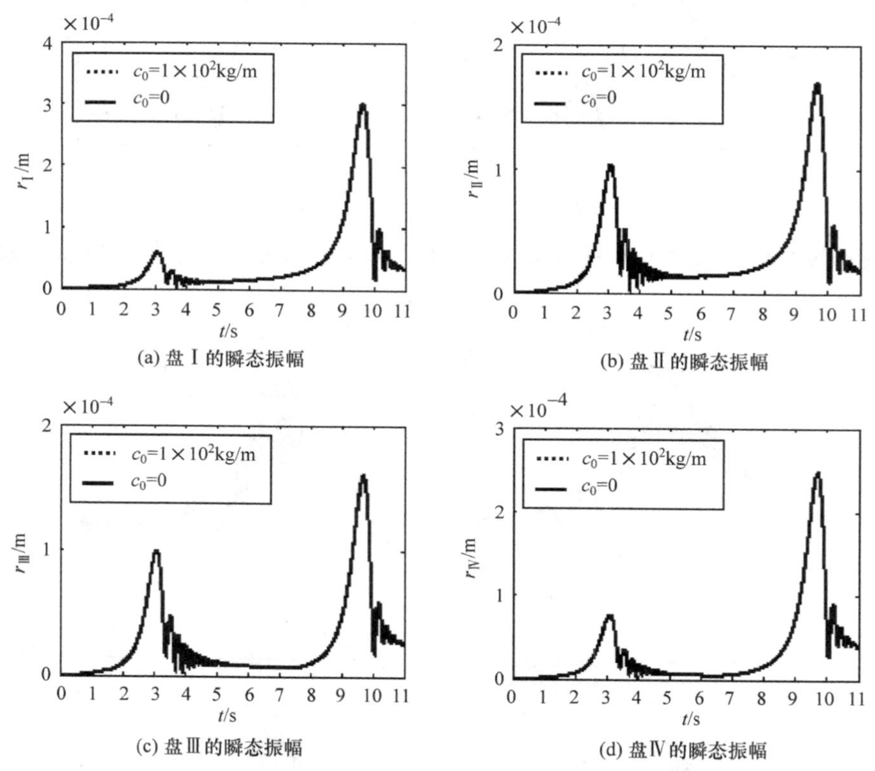

图 6.31 支承阻尼平方非线性系数 $c_0=0$ 和 $c_0=1.0\times10^2$ kg/m 时各盘瞬态响应的比较

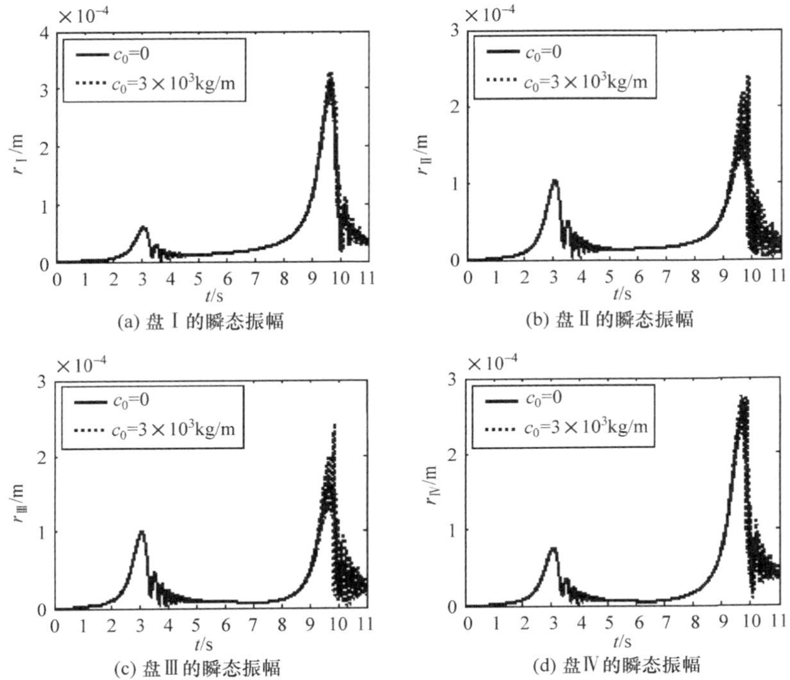

图 6.32　支承阻尼平方非线性系数 $c_0=0$ 和 $c_0=3.0\times10^2$ kg/m 时各盘瞬态响应的比较

6.5 小　结

本章以给定的模型转子为例，对瞬态平衡的影响因素进行了探讨，着重研究了转子升速率、转速波动和支承非线性对本书所提出的瞬态平衡方法的影响。通过仿真平衡算例的分析，可得出以下结论：

(1) 由于本书提出的柔性转子瞬态平衡方法要求转子在临界区内的瞬态动挠度有明显的波动，而转子的升速率、转速波动和支承的非线性都会对转子的瞬态响应产生影响，继而影响到瞬态平衡方法的精度。

(2) 当转子的升速率(起动角加速度)不是一个理想的定值，而是受到高斯噪声的干扰时，本书提出的瞬态平衡方法仍是有效的。即使升速率受到干扰噪声的标准差达到理想升速率的 10%，一阶模态的平衡精度仍保持在 87%以上，二阶模态的平衡精度保持在 68%以上。

(3) 提出的瞬态平衡方法要求转子每次都具有相同的起车工况，但工程实际中这一点很难保证。本章通过研究表明，即使转子每次起车的工况(转速)略有差别，只要保证起动过程中转子不反复多次经过同一临界区(即保证转子在临界区附近转速不能大幅度波动)，从而使得经过前两阶临界区时动挠度的波动比较明显，则本书提出的瞬态平衡方法依然适用。

(4) 当转速以指数规律变化时，该瞬态平衡方法依然有效。而且对本书的模型转子，当转速以指数规律变化时，其前两阶模态的平衡精度都在90%以上。

(5) 支承刚度和阻尼的弱非线性不会对动挠度的变化规律产生明显的影响，从而也不会对本书提出的瞬态平衡方法产生影响，说明了该瞬态平衡方法对支承的非线性具有一定的适应性。

(6) 转子在运行过程中，其转速难免会出现波动，因此根据式(6-3)，模态不平衡方位角的识别精度与瞬时速度 $\omega_{noise}(t)$ 和采样时间间隔 Δt 有关，为了保证比较高的识别精度，采样频率应尽可能高些(本书仿真计算时采样频率在 1kHz 以上)。

第 7 章　柔性转子瞬态平衡试验研究

前几章对转子的瞬态平衡方法进行了系统的阐述，并通过大量的仿真研究对该瞬态平衡方法的有效性和稳定性进行了探讨。本章将在前面研究的基础上，在 Bently 转子试验台上对该瞬态平衡方法进行试验研究。研究内容主要涉及传感器的布置以及试验数据的处理，并分别进行了以下三个试验：①基于加速不平衡响应信息的单盘转子瞬态平衡；②基于加速不平衡响应信息的转子双面瞬态平衡；③利用升速响应振幅进行柔性转子的平衡。

7.1　试验装置和测量设备

本试验在 Bently 转子试验台上进行，整个试验系统由转子系统部分和数据测量部分组成。试验框图如图 7.1 所示。数据采集和存储采用比利时 LMS 公司的 SCADAS Ⅲ数据采集系统（如图 7.2 所示），传感器为转子系统自带的电涡流传感器。转速控制箱和传感器接口箱为转子系统附带设备（如图 7.3 所示）。其中，传感器接口箱起到功率放大器的作用。转速控制箱有两大用途：①给传感器接口箱

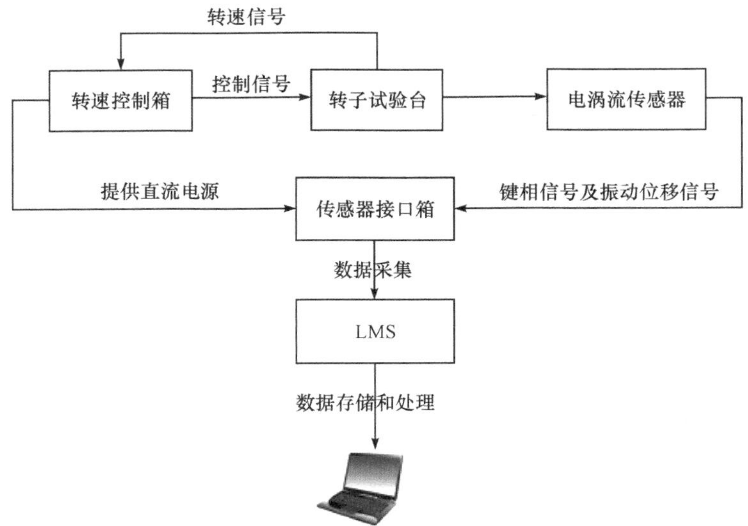

图 7.1　转子瞬态平衡试验框图

提供 18V±0.8V 的直流电源；②通过转速传感器输出的信号实现对转子运动状态的控制。该转子试验台能实现转子的稳态、加减速等运行工况的模拟，可通过升速率控制旋钮（如图 7.3 所示）来控制升速率或减速率的相对大小，同时可设定转子升速时的转速上限，转速控制箱的显示屏可实时显示转子的瞬时转速值。

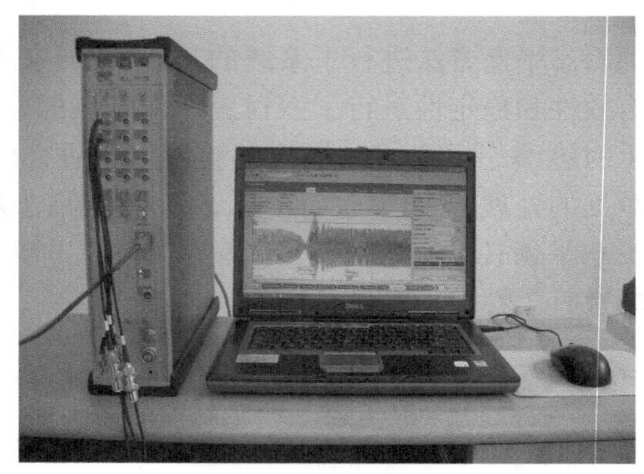

图 7.2　LMS SCADAS Ⅲ数据采集系统

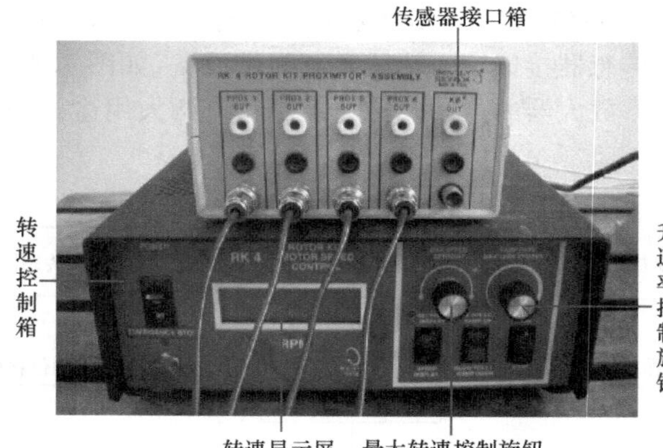

图 7.3　传感器接口箱和转速控制箱

为了研究转子的瞬态平衡，试验过程中，通过传感器采集键相信号和测点处的振动位移信号进行存储。然后在 MATLAB 中编制本书的瞬态平衡算法代码，将采集到的数据导入进行模态不平衡方位角和等效模态不平衡大小的识别。根据以前各章的内容，将进行以下三个试验：①基于加速不平衡响应信息的单盘转子瞬态平衡试验；②基于加速不平衡响应信息的转子双面瞬态平衡试验；③利用升速响应振幅进行柔性转子平衡试验。由于每个试验中所用的转子系统有一定差别，因此各试验的装置图将在相应部分分别给出。

7.2　数据处理方法

对于直接采集且存储的转子瞬态响应信号，必须经过一定的预处理，才能用来实施转子的瞬态平衡。根据本试验的特点，此处引入了 Hilbert 变换和低通数字滤波技术对转子的瞬态动挠度进行预处理。

7.2.1　Hilbert 变换求取转子的瞬态动挠度

试验中，需要用到转子加速起动过程的瞬态动挠度。若已测得某测点处两互相垂直方向上的瞬态响应分别为 $x(t)$和 $y(t)$(如图 7.4 所示)，则按照(3-12)很容易求得转子的瞬态动挠度

$$r(t)=\sqrt{x^2(t)+y^2(t)} \tag{7-1}$$

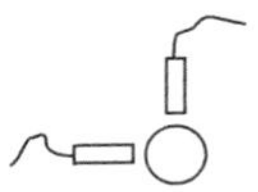

图 7.4　理论上某测点处的传感器布置

但本试验中由于轴的直径太小(10mm)，如果按图 7.4 来布置传感器测量，两传感器的距离太近，会产生较大干扰。试验时也尝试按图 7.4 的布置，然后将一个传感器沿轴向移动一定距离，当移动的距离适当时，两传感器的干扰会消除，但此时测量的振动又不是同一测量面处的，按式(7-1)合成后的动挠度会产生更大误差。所以本试验在忽略转子各向异性的基础上，在每一测量点处各布置一个传感器，测量单方向上的瞬态振动，然后通过 Hilbert 变换得到瞬态动挠度。

Hilbert 变换求包络的原理如下[31,32]：

对于一窄带信号 $u(t)=s(t)\cos\alpha(t)$，如果引入信号 $v(t)=s(t)\sin\alpha(t)$，将它们组成一个复信号

$$\begin{aligned} p(t)&=s(t)\cos\alpha(t)+\mathrm{i}s(t)\sin\alpha(t)\\ &=s(t)\mathrm{e}^{\mathrm{i}\alpha(t)} \end{aligned} \tag{7-2}$$

这样就可以得到信号 $u(t)$的包络

$$s(t)=\sqrt{u^2(t)+v^2(t)} \tag{7-3}$$

而 $v(t)$正好是 $u(t)$的 Hilbert 变换结果

$$\begin{aligned} v(t)&=H[u(t)]\\ &=\frac{1}{\pi}\int_{-\infty}^{+\infty}\frac{u(\tau)}{t-\tau}\mathrm{d}\tau \end{aligned} \tag{7-4}$$

具体到本章的试验对象，假定转子某测点处单方向的瞬态响应为 $x(t)$，在忽略转子各向异性影响时，其瞬态动挠度 $r(t)$可表示为

$$r(t)=\sqrt{x^2(t)+\{H[x(t)]\}^2} \tag{7-5}$$

其中，$H[x(t)]$为 $x(t)$的 Hilbert 变换。

7.2.2 低通数字滤波

试验过程中，在识别转子模态不平衡方位角时，必须找出动挠度在临界区内波动的极小值点，因此，在通过 Hilbert 变换求得转子的瞬态动挠度后，必须通过低通数字滤波对瞬态动挠度进行平滑处理。

常用的数字滤波器为一离散的线性时不变系统(LTI)，其系统模型可用一常系数线性差分方程来描述

$$y(n)=-\sum_{k=1}^{N}a(k)y(n-k)+\sum_{l=1}^{M}b(l)x(n-l) \tag{7-6}$$

式中，$a(k)(k=1,2,\cdots,N)$和 $b(l)(l=0,1,\cdots,M)$是方程的系数。给定输入信号$x(n)$及系统的初始条件，可求出差分方程的解 $y(n)$，从而得到系统的输出。式(7-6)表示的线性时不变系统的输入输出关系可通过单位冲激响应 $h(n)$表示为

$$y(n)=x(n)*h(n)=\sum_{k=-\infty}^{\infty}x(k)h(n-k) \tag{7-7}$$

其中，$*$表示卷积。

由时域离散线性系统模型(7-6)，通过系统输入 $x(n)=z^n$ 可求得其传递函数

$$H(z)=\frac{b(1)+b(2)z^{-1}+\cdots+b(M)z^{-M}}{a(1)+a(2)z^{-1}+\cdots+a(N)z^{-N}} \tag{7-8}$$

式中，$a(i)(i=1,2,\cdots,N)$和 $b(j)(j=1,2,\cdots,M)$为滤波器的系数，$m=\max(N-1,M-1)$为滤波器的阶数。若 $M=0$，称滤波器为无限脉冲响应滤波器(IIR)或自回归滤波器(AR)；若 $N=0$，称滤波器为有限脉冲响应滤波器(FIR)或滑动平均滤波器(MR)；若 M、N 都大于零，称滤波器为自回归滑动平均滤波器(ARMA)。

由于 FIR 滤波器具有如下特点：①线性相位；②相位延迟在滤波器的通带内为常数；③系统总是稳定的。并且本书提出的瞬态平衡方法对动挠度的相位(此处的相位是指动挠度波动的极小值对应横坐标的位置)有严格的要求。基于以上原因，本书将采用 FIR 滤波器对瞬态动挠度进行低通滤波。滤波器的上限频率设置以能明确找出动挠度波动极小值所对应的时刻为标准。因此，按照此标准，即使对于同一转子系统，其升速率(起动角加速度)不同时，滤波器的上限频率设置也会不同。

根据 FIR 滤波器的特点，假定滤波器单位冲激响应 $h(n)$的长度为 N，当 $h(n)$呈偶对称时，该滤波器输出信号的相位延迟为$(N-1)/2$ 个采样周期；当 $h(n)$奇对称时，该滤波器输出信号的相位延迟为$(N-1)/2$ 个采样周期，另外附加 90°的相移。对滤波后的信号进行相应的相位补偿，就可得到无相位差的滤波信号。

为了检验 FIR 滤波器的实际滤波效果，试验中采集到某单盘转子单方向的瞬

态不平衡响应，通过 Hilbert 变换，得到其瞬态动挠度（瞬态响应的包络线）如图 7.5 所示。通过 FIR 滤波器进行低通滤波后的动挠度如图 7.6 所示，可以看出，通过低通滤波后的动挠度，可以很容易找到其波动的极小值。

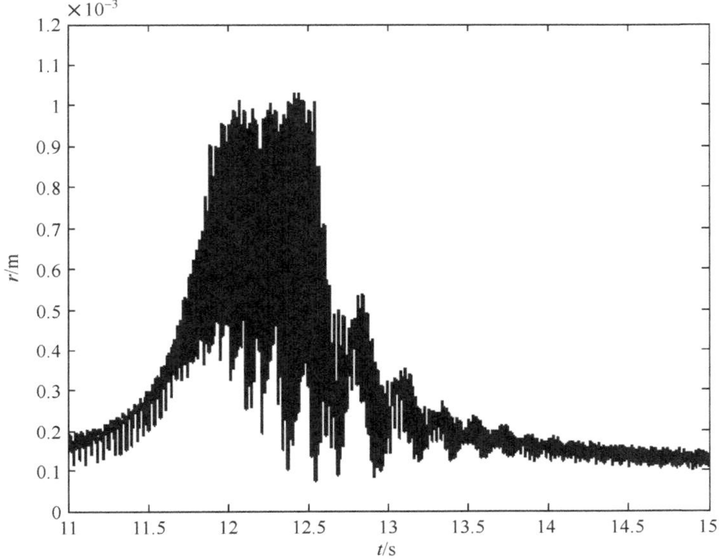

图 7.5　低通滤波前转子的瞬态动挠度

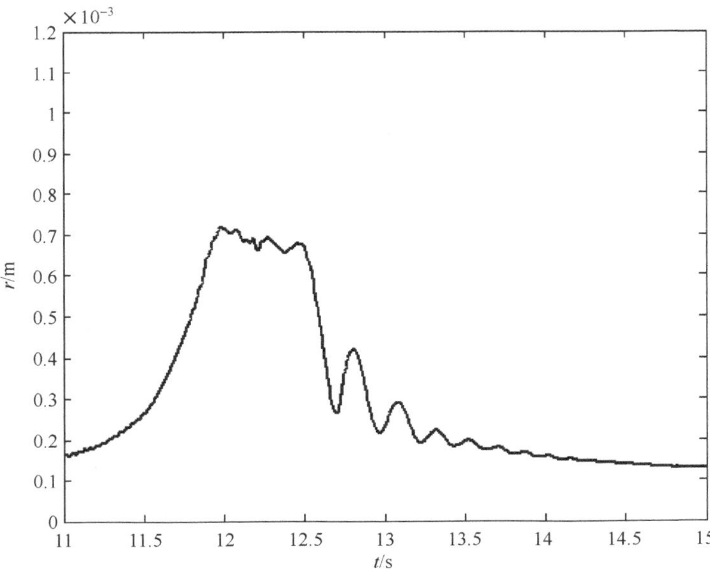

图 7.6　低通滤波后转子的瞬态动挠度

7.3　瞬态平衡试验

结合本章的研究内容，分别进行以下三个试验：①基于加速不平衡响应信息的单盘转子瞬态平衡试验；②基于加速不平衡响应信息的转子双面瞬态平衡试验；③利用升速响应振幅进行柔性转子平衡试验。

在每次进行平衡试验前，首先通过影响系数法[15]对试验转子系统进行平衡，消除其本身残余不平衡的影响。

7.3.1　单盘转子瞬态平衡试验

单盘转子瞬态平衡的试验装置如图 7.7 和图 7.8 所示。其中，轴全长 l=560mm，直径 d=10mm，轴单位长质量 ρ=0.608kg/m，外伸端到两端轴承的距离同为 20mm，盘居中。盘的直径 D=75mm，厚度 h=25mm，质量 m=0.8kg。

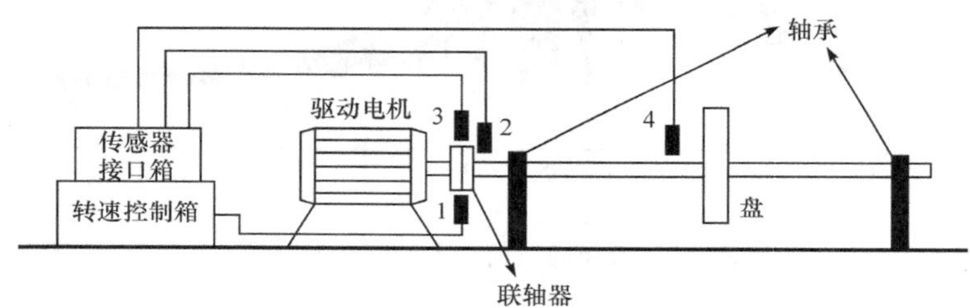

图 7.7　单盘转子瞬态平衡试验装置示意图

1—转速传感器；2—键相信号传感器；3—辅助键相信号传感器；4—单方向振动测量传感器

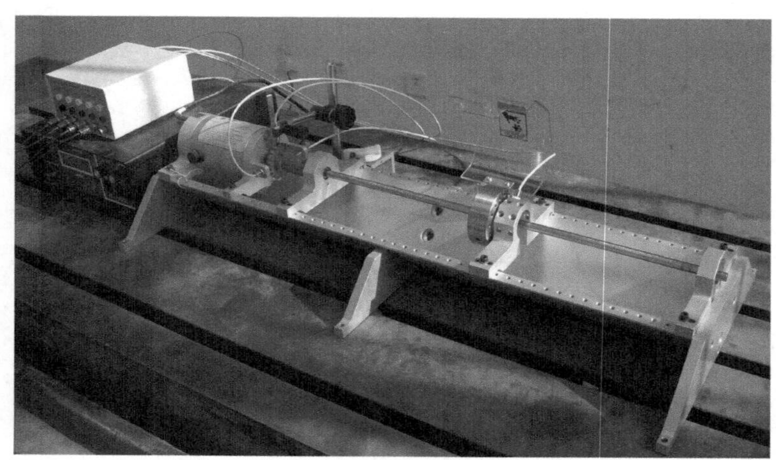

图 7.8　单盘转子试验装置

距盘心 3cm 处周向均匀分布了 16 个孔(如图 7.9 所示),用来加平衡试重和配重。联轴器端传感器的布置如图 7.10 所示,其中转速传感器的信号不直接输出,而是输出到转速控制箱以控制转子的运行工况,键相信号传感器在转子转过一周时输出一脉冲信号。试验过程中,在利用式(4-5)识别转子模态不平衡方位角时,由于不能确定转子是否完全按照匀角加速度起动,因此不能通过式(4-6)来求取 $\Delta\varphi$。同时,试验中也未能输出转速信号 $\omega(t)$,因此也不能通过式(4-10)来求取 $\Delta\varphi$。为此,引入辅助键相信号传感器来求取 $\Delta\varphi$,该辅助传感器在转子转过一周会输出 20 个脉冲信号,将任意两相邻的键相信号脉冲间的角位移 20 等分。图 7.11～图 7.13 给出了某次起动过程中测得的键相信号与辅助键相信号。试验测得该单盘转子系统的临界转速在 1680r/min 附近。

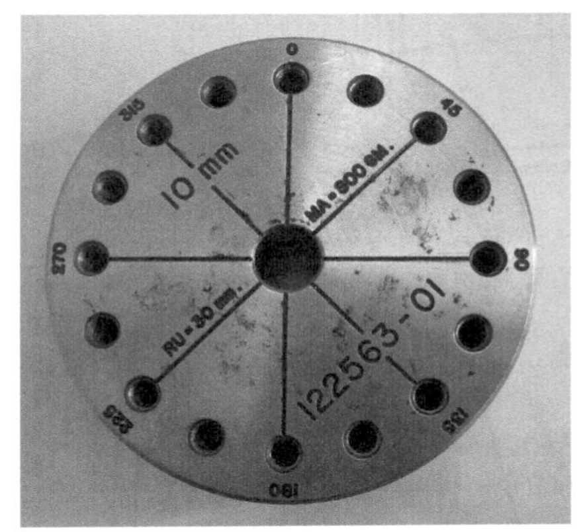

图 7.9　转子盘

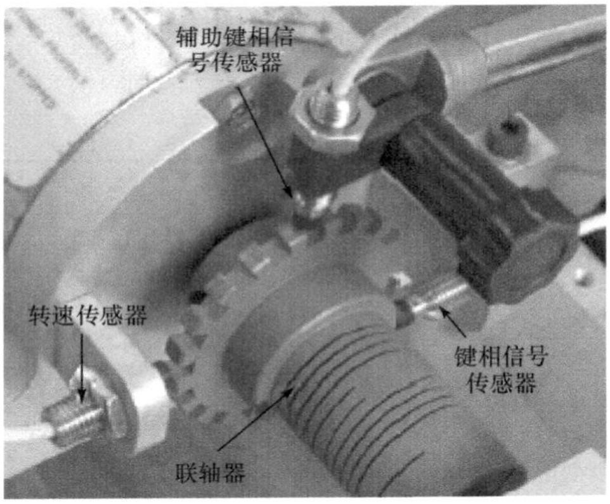

图 7.10　联轴器端传感器的布置图

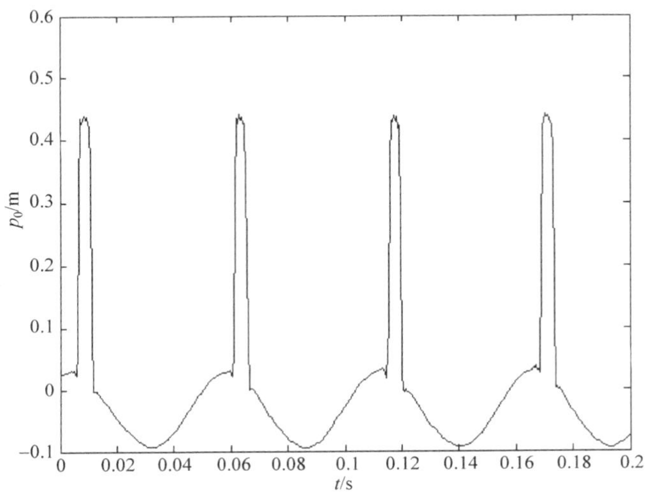

图 7.11　键相信号脉冲

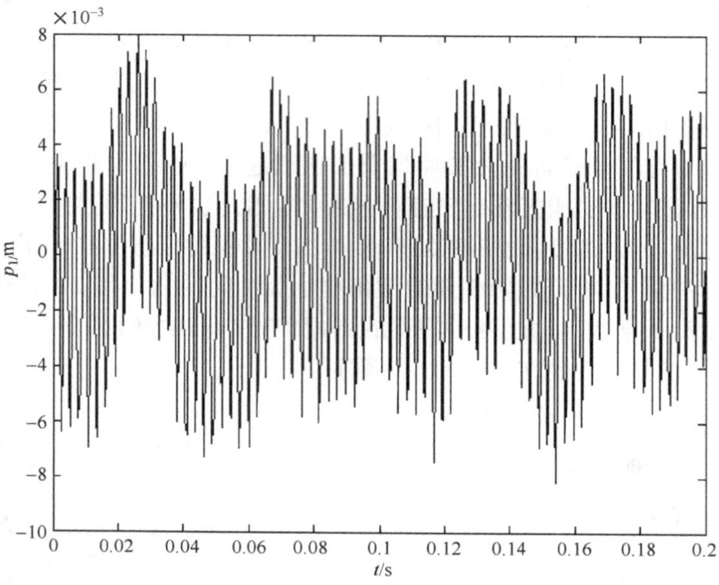

图 7.12　辅助键相信号脉冲

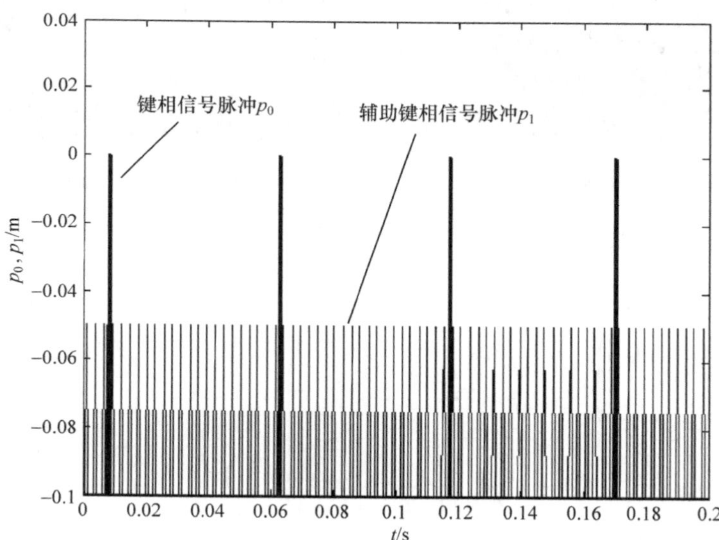

图 7.13　预处理后的键相信号与辅助键相信号的叠加

在盘上加 1.2g∠135°的不平衡量，将升速率旋钮调到某一位置(注意升速率不能过小)，同一次试验过程中使其位置保持不变，然后起动转子，测得其瞬态响应如图 7.14 所示。

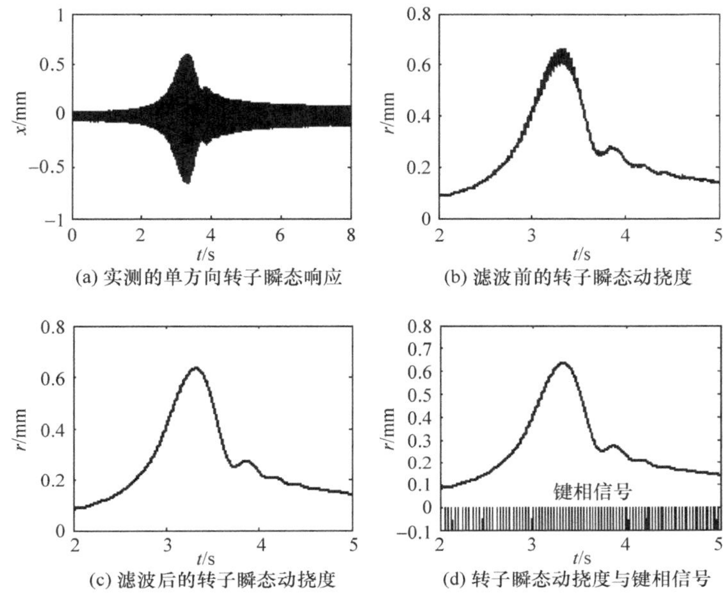

图 7.14　实测的转子瞬态响应

临界区内动挠度波动只有四个极小值，在各个极小值处识别出的不平衡方位角如图 7.15 所示，其均值为

$$\delta=(130.3+123.9+128.3+120.8)/4=125.8(°) \tag{7-9}$$

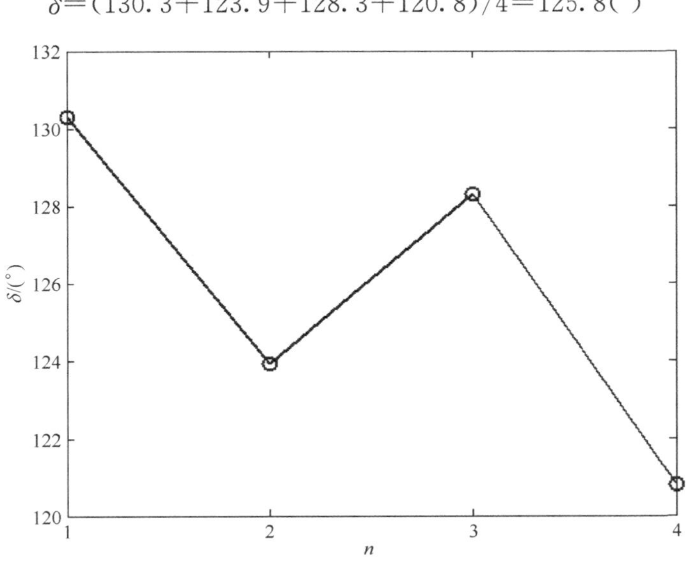

图 7.15　识别出的不平衡方位角

根据式(7-9),添加平衡试重

$$\begin{aligned}\boldsymbol{T} &= 0.2\text{g}\angle 315^\circ + 0.1\text{g}\angle 292.5^\circ \\ &= 0.295\text{g}\angle 307.5^\circ\end{aligned}$$

再次起动转子,由共振幅值变化量与不平衡大小之间的线性关系,可求得平衡配重大小为 1.32g。因此,实际的平衡加重量应为

$$\begin{aligned}\boldsymbol{W} &= 1.32\text{g}\angle 307.5^\circ \\ &\approx 0.4\text{g}\angle 292.5^\circ + 0.9\text{g}\angle 315^\circ\end{aligned}$$

在盘上 292.5°和 315°方向的孔内分别加 0.4g 和 0.9g 的平衡螺钉,平衡前后转子的瞬态动挠度比较如图 7.16 所示。

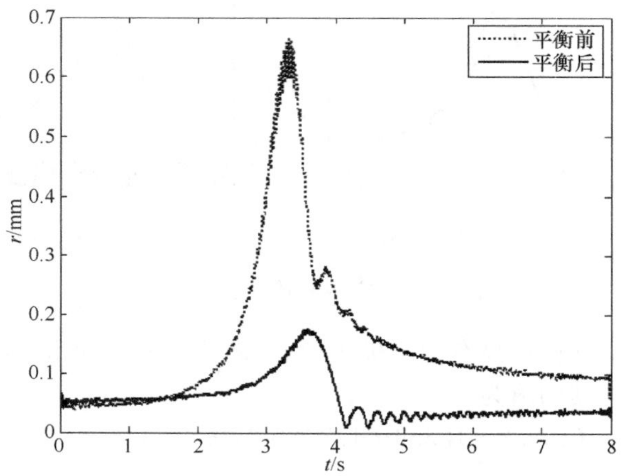

图 7.16 单盘转子平衡前后残余瞬态不平衡响应的比较

可以看到,平衡前后转子的瞬态共振幅值由 664.3μm 减小到 176.2μm,减小率达到 73.48%。

改变不平衡量,重新对转子进行平衡。表 7.1 列出了不同不平衡量下转子的平衡结果,平衡前后转子瞬态响应的比较分别如图 7.17 和图 7.18 所示。

表 7.1 不同不平衡量下转子的平衡结果

试验编号	2	3
初始不平衡量	0.8g∠45°	1.0g∠270°
不平衡方位角的识别结果	38.3°	273.6°
平衡试重量	0.295g∠217.5° (0.2g∠225°+0.1g∠202.5°)	0.594g∠93.7° (0.5g∠90°+0.1g∠112.5°)
识别出的平衡校正量	0.74g∠217.5°	1.10g∠93.7°
实际加重量	0.5g∠225°+0.3g∠202.5°	0.9g∠90°+0.2g∠112.5°

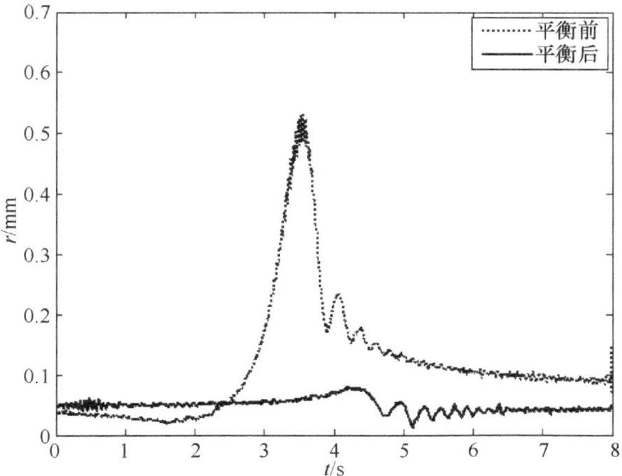

图 7.17　第 2 次平衡时，平衡前后转子残余瞬态不平衡响应的比较

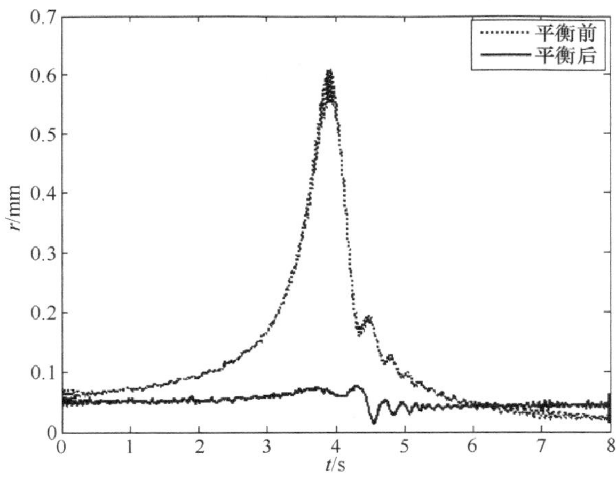

图 7.18　第 3 次平衡时，平衡前后转子残余瞬态不平衡响应的比较

第 2 次平衡时，平衡前后转子的瞬态共振幅值由 530.3μm 减小到 80.1μm，减小率达 84.90%。第 3 次平衡时，平衡前后转子的瞬态共振幅值由 609.4μm 减小到 76.1μm，减小率达到 87.51%。

7.3.2　基于加速响应信息的转子双面瞬态平衡试验

双盘转子瞬态平衡的试验装置如图 7.19 和图 7.20 所示。其中，轴和盘的各项参数与图 7.7 中的完全相同。轴的外伸端到两端轴承的距离 $l_1=l_4=20$mm，盘 1 到左边轴承的距离 $l_2=130$mm，盘 2 到右边轴承的距离 $l_3=180$mm。试验测得该双盘转子系统的前两阶临界转速在 1700r/min 和 4500r/min 附近。

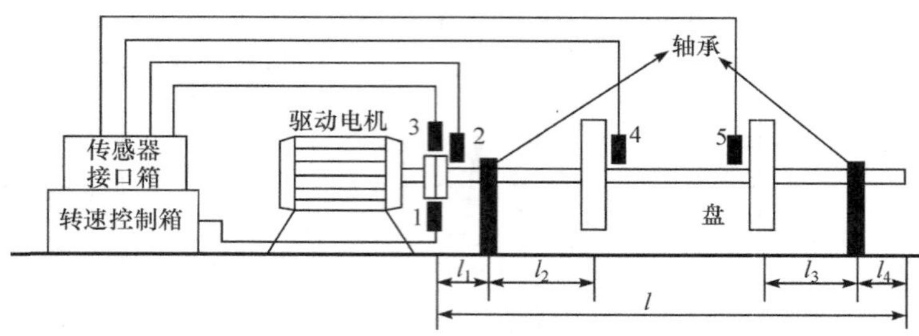

图 7.19　双盘转子瞬态平衡试验装置示意图

1—转速传感器；2—键相信号传感器；3—辅助键相信号传感器；4,5—单方向振动测量传感器

图 7.20　双盘转子试验装置

由于试验采用的 LMS SCADAS Ⅲ数据采集系统，其数据容量有一定的限制，而本试验要求的采样频率又比较高，因此不能采集转子加速时的全程数据，只采集两阶临界区内的数据。每阶临界区内的采样时间均为 8s，采样频率为 2048Hz。转子加速经过前两阶临界区时的瞬态响应如图 7.21 所示，明显可以看出，转子一阶共振峰值过大，而且经过一阶共振区后响应的波动比较明显，但二阶共振峰值以

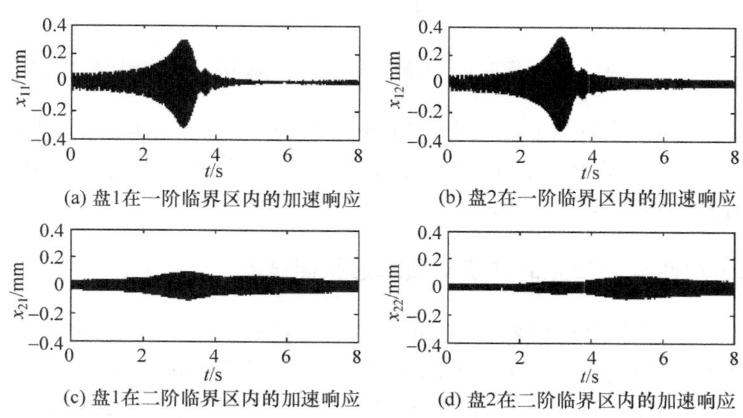

图 7.21　两测点在前两阶临界区内测得的转子单方向瞬态响应

及临界区内的波动不是很明显，因此在试验过程中只考虑对转子的一阶不平衡进行校正（同时保证二阶模态不平衡响应不能增大）。

分别对两盘在一阶临界区内的加速响应数据进行 Hilbert 变换，得到其一阶临界区内的瞬态振幅。求得一阶模态不平衡方位角如表 7.2 所示。

表 7.2　试验转子一阶不平衡方位角的识别结果

δ_{11}/(°)	230.67	235.28	236.08	223.12	216.52
δ_{12}/(°)	217.18	220.19	210.56	219.74	215.00

可得 $\delta_{11}=228.33°$，$\delta_{12}=216.53°$。

由于周向加重位置的限制，两盘一阶平衡试重及平衡配重的加重角度选为 45°。根据式(4-14)，一阶模态平衡试重的相对大小满足 $|\boldsymbol{T}_{11}|/|\boldsymbol{T}_{12}|=0.0825/0.1005=0.82$。通过添加平衡试重，可求得一阶模态平衡校正量为[0.54gcm∠45°，0.66gcm∠45°]。平衡前后两盘在一阶临界区内瞬态响应的比较如图 7.22 所示。

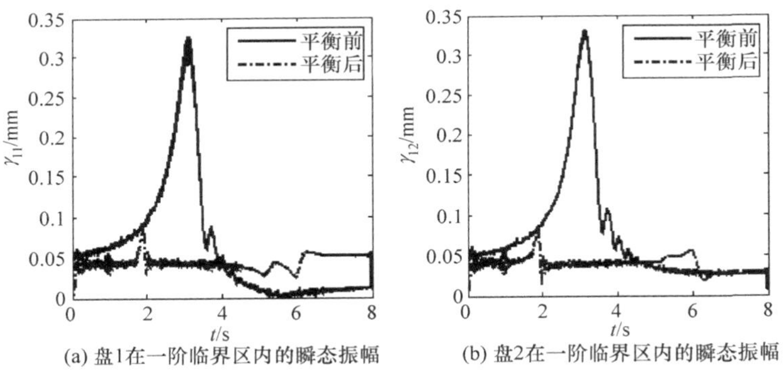

(a) 盘1在一阶临界区内的瞬态振幅　(b) 盘2在一阶临界区内的瞬态振幅

图 7.22　平衡前后转子经过一阶临界区时瞬态振幅的比较

平衡后在一阶临界区内盘 1 共振幅值由 0.327mm 减小到 0.09mm，盘 2 的共振峰值由 0.331mm 减小到 0.087mm，减小率分别达到 72.5%和 73.7%。

7.3.3　利用升速响应振幅进行柔性转子平衡试验

本试验仍采用图 7.19 和图 7.20 的装置。由于试验中只需要转子起动过程的瞬态响应幅度，因此键相信号传感器 2 和辅助键相信号传感器 3 直接去掉，试验过程中只在两盘处各采集一路信号，然后通过 Hilbert 变换取包络[32]的方法来获得其瞬态幅度变化数据。按照第 5 章的方法对转子进行平衡。

当转子结构不变时，由式(5-11)可知，两测量面（此处与平衡面重合）处的测点模态比将保持不变，由任一次加速过程的不平衡响应可求得

一阶测点模态比：$\lambda_{1,2}^{1}=1.05$

二阶测点模态比：$\lambda_{1,2}^{2}=-1.21$

在不同初始不平衡下，分别进行两次试验，结果如下（每次试验过程中应保持升速率控制旋钮位置不变）。

(1) 两盘上的初始不平衡量分别为

盘 1

$$1.64g\angle 223.1°(0.4g\angle 180°+0.6g\angle 247.5°+0.8g\angle 225°)$$

盘 2

$$1.67g\angle 276.6°(1.2g\angle 270°+0.5g\angle 292.5°)$$

以盘 1 处测得的瞬态响应数据来进行平衡，平衡过程中两盘上添加的初始不平衡试重组为(0.3g∠90°，0.3g∠180°)。试验测量数据和平衡校正量分别列于表 7.3 和表 7.4 中。

表 7.3 试验测量数据

4 次起动过程中，测量面 1 处响应的测量结果/mm	
一阶共振峰值	二阶共振峰值
0.745，0.710，0.910，0.640	0.200，0.168，0.285，0.180

表 7.4 平衡结果

平衡校正量/(g∠°)	实际的平衡加重量/(g∠°)
盘 1：1.52∠38.2 盘 2：1.75∠91.5	盘 1：0.5∠22.5+1.1∠45 盘 2：1.6∠90+0.2∠112.5

平衡前后，盘 1 和 2 的瞬态响应分别如图 7.23 和图 7.24 所示。可以看出盘 1 的一阶共振幅值由平衡前的 745.3μm 减小到平衡后的 142.3μm，减小了 80.91%；二阶共振幅值由平衡前的 200.2μm 减小到平衡后的 77.0μm，减小了 61.54%。盘 2 的一阶共振幅值由平衡前的 744.5μm 减小到平衡后的 134.1μm，减小了 81.99%；二阶共振幅值由平衡前的 166.2μm 减小到平衡后的 85.1μm，减小了 48.80%。本试验中由于二阶共振区比较宽，且出现了双峰，因此二阶模态的平衡效果稍差一些。

(2) 两盘上的初始不平衡量分别为

盘 1

$$1.715g\angle 242.4°(0.4g\angle 270°+0.6g\angle 247.5°+0.8g\angle 225°)$$

盘 2

$$0.893g\angle 272.5°(0.4g\angle 112.5°+0.8g\angle 270°+0.5g\angle 292.5°)$$

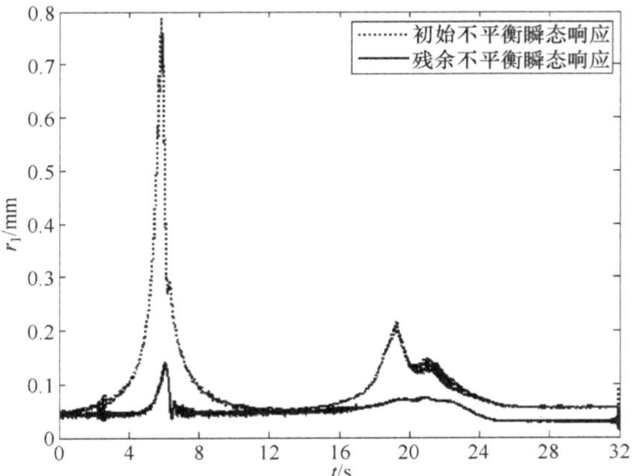

图 7.23　盘 1 平衡前后不平衡瞬态响应的比较

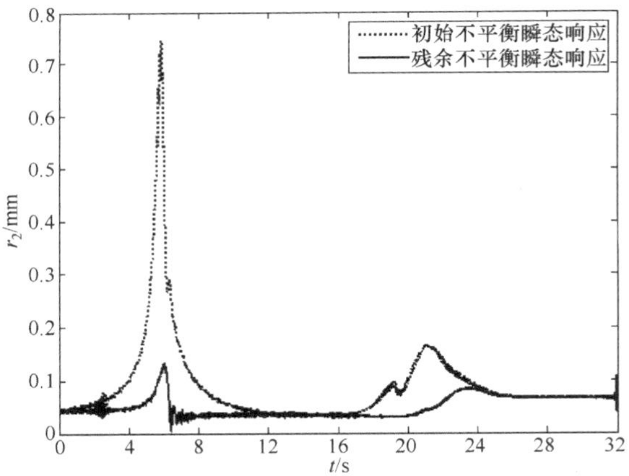

图 7.24　盘 2 平衡前后不平衡瞬态响应的比较

平衡过程中两盘上添加的初始不平衡试重组仍为(0.3g∠90°,0.3g∠180°)。以盘 1 处测得的瞬态响应数据来进行平衡,试验测量数据和平衡校正量分别列于表 7.5 和表 7.6 中。

表 7.5　试验测量数据

4 次起动过程中,测量面 1 处响应的测量结果/mm	
一阶共振峰值	二阶共振峰值
0.624,0.565,0.990,0.521	0.140,0.054,0.195,0.201

表 7.6　平衡结果

平衡校正量/(g∠°)	实际的平衡加重量/(g∠°)
盘 1:1.66∠61.8	盘 1:1.2∠67.5+0.5∠45
盘 2:1.02∠88.4	盘 2:0.9∠90+0.1∠67.5

平衡前后，盘 1 和 2 的瞬态响应分别如图 7.25 和图 7.26 所示。可以看出盘 1 的一阶共振幅值由平衡前的 624.4μm 减小到平衡后的 111.4μm，减小了 82.16%；二阶共振幅值由平衡前的 140.1μm 减小到平衡后的 30.7μm，减小了 78.09%。盘 2 的一阶共振幅值由平衡前的 606.1μm 减小到平衡后的 124.0μm，减小了 79.54%；二阶共振幅值由平衡前的 125.5μm 减小到平衡后的 85.9μm，减小了 31.55%。

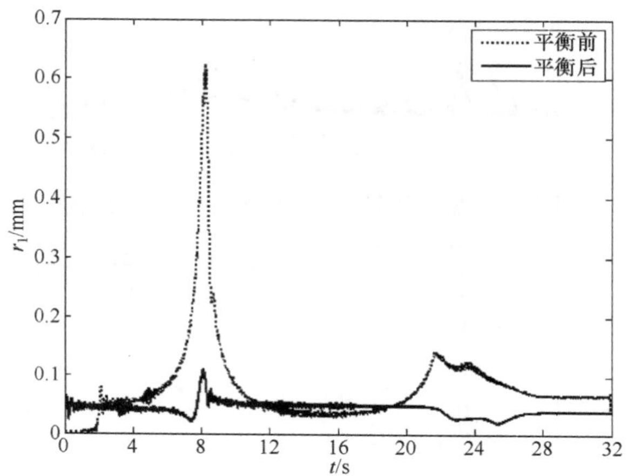

图 7.25　盘 1 平衡前后不平衡瞬态响应的比较

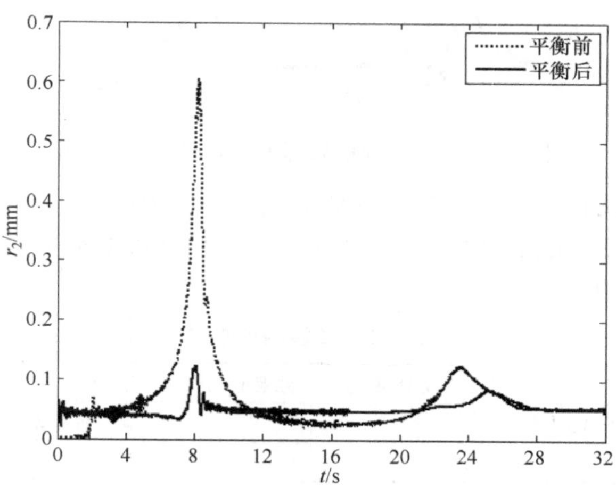

图 7.26　盘 2 平衡前后不平衡瞬态响应的比较

7.4　小　　结

本章通过对单盘转子和双盘转子的平衡，从试验上验证了转子瞬态平衡方法的有效性。通过研究，可得出如下结论：

(1) 本书提出的瞬态平衡方法需要转子起动过程的瞬态动挠度数据，一般在测量面两互相正交的方向上对振动数据进行采集，再合成得到转子的瞬态动挠度。若转子轴的直径较小或者在两正交方法测量时传感器数据出现互相干扰的情况，在忽略转子各向异性的前提下，可只测量单方向的响应，然后借助 Hilbert 变换求得转子的瞬态动挠度变化数据，为转子的瞬态平衡奠定基础。

(2) 识别转子模态不平衡方位角时需要找转子瞬态动挠度的极小值，因此对于通过 Hilbert 变化得到的转子瞬态动挠度，有必要通过低通滤波对其进行平滑处理，低通滤波器的截至频率以能清楚找出动挠度波动的极小值为标准。

(3) 在识别转子模态不平衡方位角时，需要采集转子的瞬态转速信号。在没有瞬态转速信号可利用的情况下，通过引入辅助键相信号，该脉冲信号能将转子特定时间段内的角位移进行细分，以利于模态不平衡方位角的识别。需要注意的是，在高速区为了能得到清楚的辅助键相信号，必须保证比较高的采样频率。

第 8 章　涡轴发动机动力涡轮转子动力特性理论研究

中、小型涡轮轴航空发动机的功重比日益提高，其性能提高的原因之一是发动机转速的提高。因此，在发动机研制和发展过程中，高速转子动力学研究的重要性大为增加。在前输出轴传动的涡轮轴发动机上，由于动力涡轮功率传动轴需穿过燃气发生器转子内腔，伸到发动机前端，或者是动力涡轮转子轴承支承之间的跨度不能短于燃气发生器转子的长度，导致动力涡轮转子可能在高于弯曲临界转速之上工作。如某涡轴发动机(其结构示意图见图 8.1)采用了前输出轴方案，这种结构方案可使发动机结构紧凑、功重比提高，但导致动力涡轮转子是一个带细长柔性轴的柔性转子。该转子具有空心、薄壁、大长径比、带弹性支承和挤压油膜阻尼器、传动轴内孔安装测扭基准轴、两级动力涡轮盘置于转子一端的结构特点(动力涡轮轴组件和动力涡轮转子结构简图分别见图 8.2 和图 8.3)。转子工作在两阶弯曲临界转速之上。

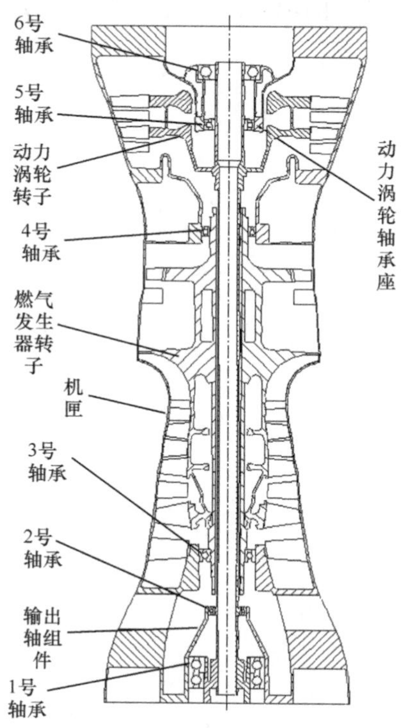

图 8.1　某新型涡轮轴航空发动机结构示意图

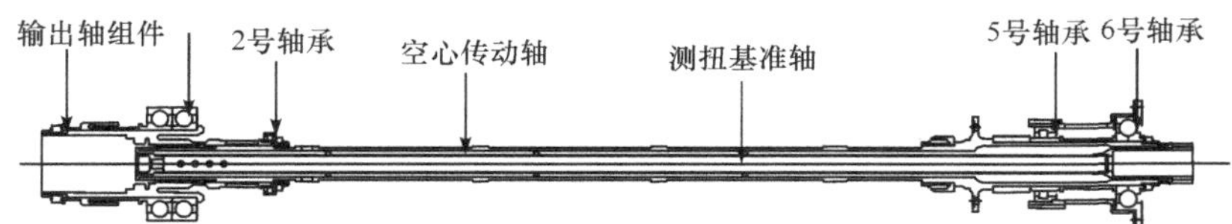

图 8.2　动力涡轮轴组件结构简图

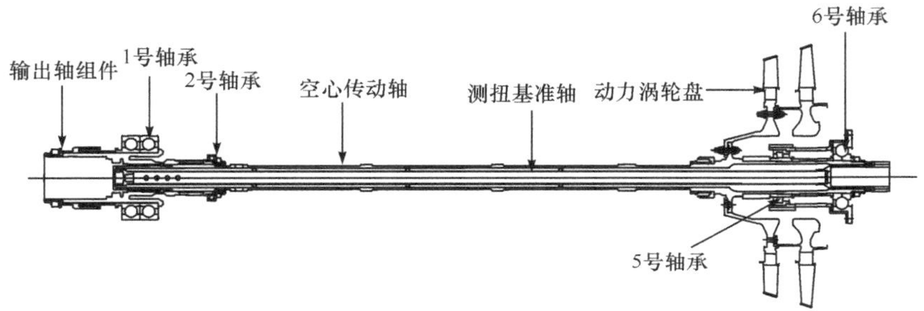

图 8.3　动力涡轮转子结构简图

本章对发动机动力涡轮转子的动力特性——临界转速、振型和稳态不平衡响应进行计算分析。在此基础上，讨论弹性支承、传动轴、测扭基准轴和动力涡轮盘等主要零组件对转子动力特性的影响。

8.1　动力涡轮转子动力特性分析

8.1.1　计算模型

对结构十分复杂的航空发动机转子进行动力特性分析难度甚大，主要体现在如何建立能反映实际情况的转子动力特性计算模型(包括在建模时如何对转子进行合理而有效的简化)，如何得到能反映转子真实动力特性的计算结果。显然，传统的传递矩阵法等计算方法难以满足要求。本章借助 SAMCEF/ROTOR 大型分析软件，建立动力涡轮转子动力特性分析的有限元模型。

1. 建模细则

在建立某型涡轮轴航空发动机动力涡轮转子的计算模型时，针对动力涡轮转子的结构特点，确定了以下建模细则：

(1) 传动轴通过花键与输出轴组件相连，考虑到输出轴组件对转子动力特性的影响，建模时把输出轴组件和动力涡轮转子作为一个整体，假设传动轴与输出轴之间的花键连接是刚性连接。

(2) 功率传动轴内安装有一根测扭基准轴,建模时将测扭基准轴等效为六个集中质量(不计转动惯量)。

(3) 对四个轴承支承只考虑径向刚度,并假设在发动机运行中,支承刚度是不变的。

(4) 两级动力涡轮盘之间以及第一级动力涡轮盘与法兰盘之间的螺栓假设是刚性连接,两级动力涡轮盘简化为两个集中质量,并考虑其相应的转动惯量。

(5) 计算不平衡响应时,假设油膜阻尼系数为常数。

(6) 对一些小零件(如定距环、螺栓等)的材料和结构进行简化,同时忽略一些细小的局部结构(如倒角、小孔等)。

2. 计算模型

根据建模细则,借助 SAMCEF/ROTOR 分析软件,建立的有限元计算模型见图 8.4。模型中包括梁单元(共 232 个梁单元)、质量单元、刚性连接单元、轴接单元、轴承单元、不平衡量单元。

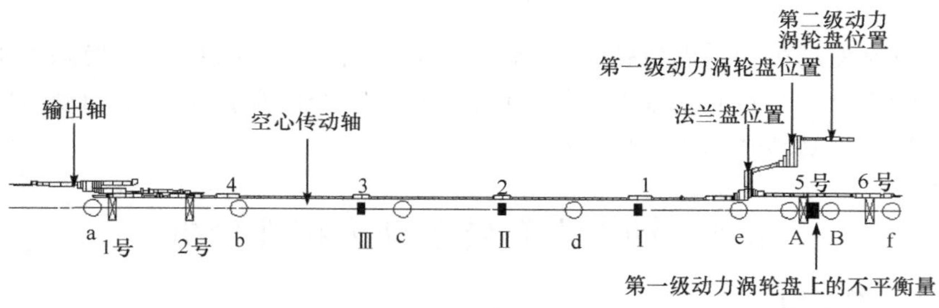

图 8.4 动力涡轮转子计算模型

在图 8.4 中:①a~f 为测扭基准轴简化后的六个集中质量,用圆圈表示;②A 和 B 分别表示第一级和第二级动力涡轮盘的两个集中质量,用圆圈表示;③1、2、3、4 分别代表 1 号、2 号、3 号和 4 号平衡凸台(前三个平衡凸台可供高速动平衡去材料用);④1 号、2 号、5 号、6 号分别代表支承转子的 1 号、2 号、5 号、6 号轴承,同发动机中的轴承编号一致(其中 5 号轴承处有鼠笼式弹性支承);⑤Ⅰ、Ⅱ、Ⅲ分别代表 1、2、3 号平衡凸台上的不平衡量,用方块表示。

3. 计算原始数据

动力涡轮转子(含输出轴组件)总长大于 1m,盘的最大直径大于 0.3m。传动轴的长度接近 0.9m,外径小于 0.03m(长径比大于 30),空心薄壁结构(大部分壁厚约 0.002m)。两级动力涡轮盘通过螺栓固定在一起。1 号和 2 号轴承安装在输出轴组件内(轴向位置:距离传动轴输出端的轴端分别约 0.035m 和 0.12m),5 号和 6 号轴承安装在传动轴上(轴向位置:距离传动轴法兰盘端的轴端分别约 0.11m 和 0.035m),5 号轴承位置有鼠笼式弹性支承,转子额定工作转速大于 20000r/min。

1) 材料及性能

计算用到的材料及性能数据见表 8.1。

表 8.1　材料性能

零件名称	材料名称	弹性模量/GPa	剪切模量/GPa	密度/(kg/m^3)
传动轴、涡轮盘	GH4169	204	79	8240
叶片	K403	208	78	8100
输出轴	16Ni3CrMoE	204.3	79.4	7790
测扭基准轴前段	1Cr17Ni2	193	81	7750
测扭基准轴中段	1Cr18Ni9Ti	184	—	7900
测扭基准轴后段	40CrA	211	80.9	7820

2) 支承

计算模型有四个支承,即 1 号、2 号、5 号、6 号轴承及相应的弹性结构,轴承的参数及支承刚度列于表 8.2,其中 1 号、2 号、6 号支承处的刚度与 T700 发动机对应位置的支承刚度相同,5 号支承处的刚度值取两种:5.63×10^6N/m、7.25×10^6N/m。

表 8.2　轴承参数及支承刚度

轴承号	1 号	2 号	5 号	6 号
类型	双列滚珠	滚棒	滚棒	滚珠
滚棒有效长度 $L/10^{-3}$m	—	4	7	—
滚珠直径 $d/10^{-3}$m	12.7	—	—	14.288
滚子数量 n	16×2	20	18	11
接触角 β/(°)	30～35	0	0	25～30
支承刚度/(N/m)	7.26×10^7	4.37×10^6	$5.63\times10^6/7.25\times10^6$	1.42×10^7

3) 油膜参数

在计算中不考虑油膜刚度,用于计算油膜等效阻尼系数的油膜参数见表 8.3。

根据表 8.3 中的油膜参数,按式(8-1),假设为半油膜情况,按长轴承近似理论计算出的 2 号轴承和 5 号轴承的油膜等效阻尼系数 C_0 分别为:1.36×10^{-5}N·s/m、1.75×10^{-5}N·s/m。

$$C_0=12\mu l\left(\frac{R}{c}\right)^3\frac{\pi}{(2+\varepsilon^2)(1-\varepsilon^2)^{1/2}} \tag{8-1}$$

上式中各符号的含义与表 8.3 中的对应符号相同。

表 8.3　油膜参数

油膜位置	油膜宽度 $L/10^{-3}$m	油膜半径 $R/10^{-3}$m	平均油膜半径间隙 $C/10^{-3}$m	滑油动力黏度 $\mu/(10^{-3}N \cdot s/m^2)$	轴颈偏心率 ε
2 号轴承	7.3	28	0.204	3.7968	0.4
5 号轴承	19.3	36.7	0.2754	2.0125	

4）集中质量

计算用到的集中质量特性见表 8.4。

表 8.4　集中质量特性

集中质量		质量/kg	极转动惯量/(10^{-2}kg · m^2)	直径转动惯量/(10^{-2}kg · m^2)
动力涡轮盘（含叶片）	A	2.591	3.09436	1.55492
	B	4.93	4.51273	2.25704
测扭基准轴	a	0.0559	—	—
	b	0.0343	—	—
	c	0.0331	—	—
	d	0.0370	—	—
	e	0.0353	—	—
	f	0.0719	—	—

5）不平衡量

计算动力涡轮转子的不平衡响应时，施加不平衡量的位置分别为 1 号、2 号、3 号平衡凸台和第一级动力涡轮盘所在的位置，假设加在平衡凸台上不平衡量均为 1×10^{-5}kg · m，加在第一级动力涡轮盘上的不平衡量分别为 1×10^{-5}kg · m 和 4×10^{-4}kg · m（施加不平衡量的相位角均相同，以下同）。

8.1.2　临界转速

计算得到动力涡轮转子前三阶临界转速值见表 8.5。

从临界转速计算结果可知，动力涡轮转子在额定工作转速范围内存在两阶临界转速。

表 8.5　动力涡轮转子前三阶临界转速计算值（弹支刚度：5.63×10^6N/m）

弹支刚度/(10^6N/m)	临界转速/(r/min)		
	一阶	二阶	三阶
5.63	7885	14857	39907

动力涡轮转子前三阶临界转速对慢车转速和额定工作转速的裕度，见表 8.6。

表 8.6　临界转速的裕度

弹支刚度/(10^6N/m)	临界转速的裕度/%			
	一阶临界转速	二阶临界转速		三阶临界转速
	对慢车转速	对慢车转速	对额定工作转速	对额定工作转速
5.63	>20	>45	>25	>90

由表 8.6 可知，动力涡轮转子的临界转速对慢车转速（地面慢车转速，以下同）和额定工作转速的裕度均大于 20%，因此可以认为转子的临界转速设计合理，并且第三阶临界转速对额定工作转速的裕度远大于第二阶临界转速对额定工作转速的裕度，转子在额定工作转速下主要受第二阶模态的影响，基本上不受第三阶模态的影响。

8.1.3　振型

计算得到的动力涡轮转子的前三阶振型图分别见图 8.5、图 8.6 和图 8.7。

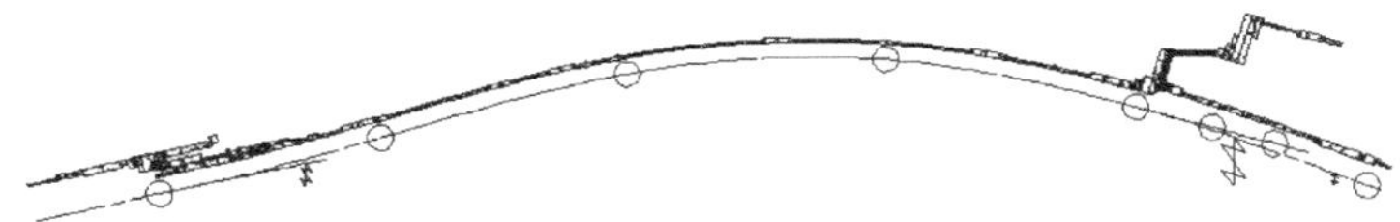

图 8.5　动力涡轮转子的第一阶振型（弹支刚度：5.63×10^6N/m）

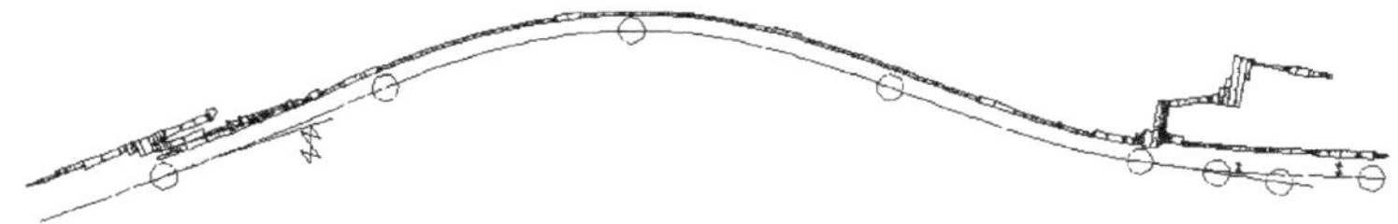

图 8.6　动力涡轮转子的第二阶振型（弹支刚度：5.63×10^6N/m）

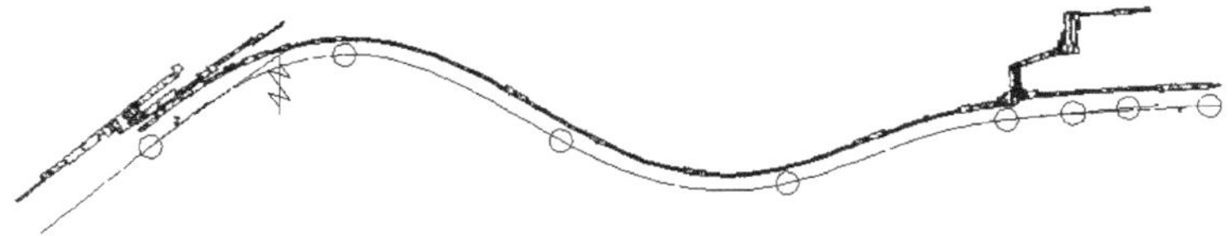

图 8.7　动力涡轮转子的第三阶振型（弹支刚度：5.63×10^6N/m）

由图 8.5～图 8.7 可知，动力涡轮转子没有真正意义上的刚体振型，全部为弯曲振型，其主要原因是传动轴非常细长、刚性较小。转子是一个非常柔性的转子，严格来说，是一个带细长柔性轴的柔性转子，很容易发生弯曲变形。

8.1.4 不平衡响应

依次在1号、2号、3号平衡凸台和第一级动力涡轮盘这四个位置(这四个位置在高速动平衡时选作平衡面，其中1号、2号和3号平衡凸台位置或其附近选作转子挠度测量面)分别施加 1×10^{-5}kg·m 的不平衡量时，在五个特征位置(1号平衡凸台、2号平衡凸台、3号平衡凸台、第一级动力涡轮盘、第二级动力涡轮盘，本章计算动力涡轮转子的不平衡响应中均选用这五个特征位置)的不平衡响应曲线分别见图8.8、图8.9、图8.10和图8.11(图中的横坐标转速是实际转速与发动机动力涡轮轴组件或转子的额定工作转速之比，以下同)。

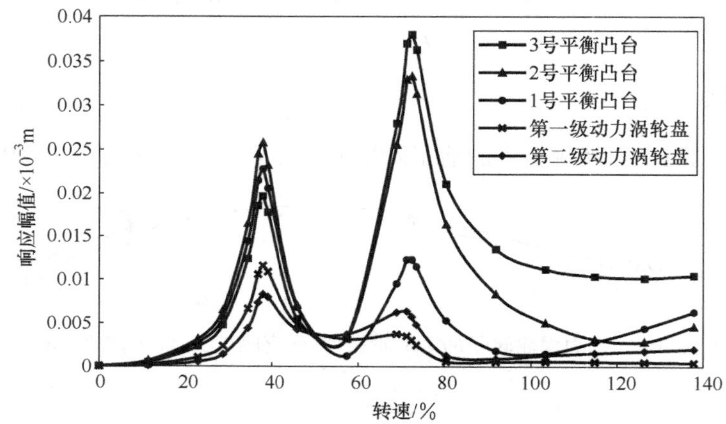

图8.8　动力涡轮转子的不平衡响应(1号平衡凸台上有 1×10^{-5}kg·m 不平衡量)

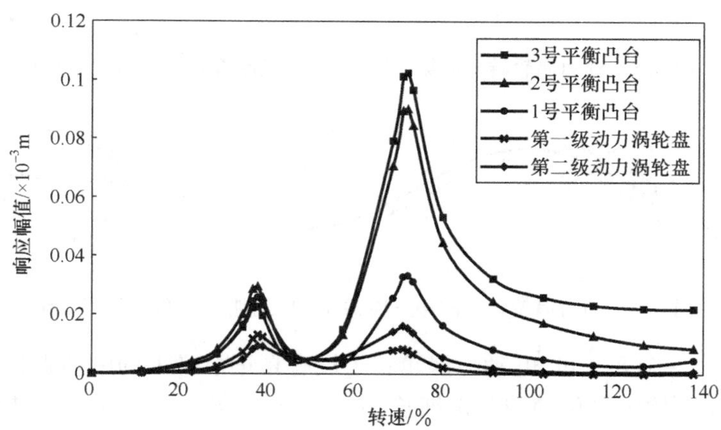

图8.9　动力涡轮转子的不平衡响应(2号平衡凸台上有 1×10^{-5}kg·m 不平衡量)

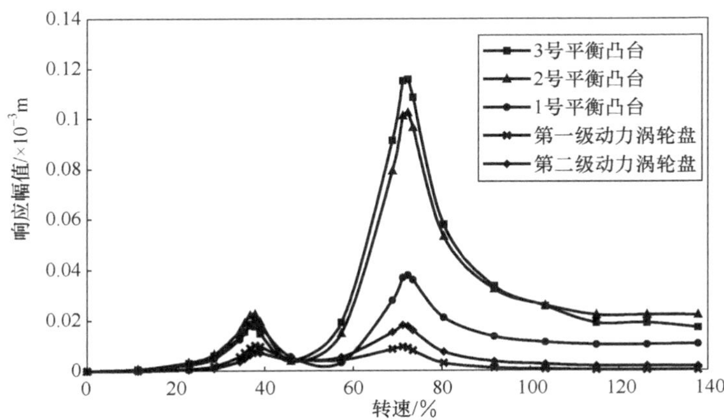

图 8.10　动力涡轮转子的不平衡响应(3 号平衡凸台上有 1×10^{-5} kg · m 不平衡量)

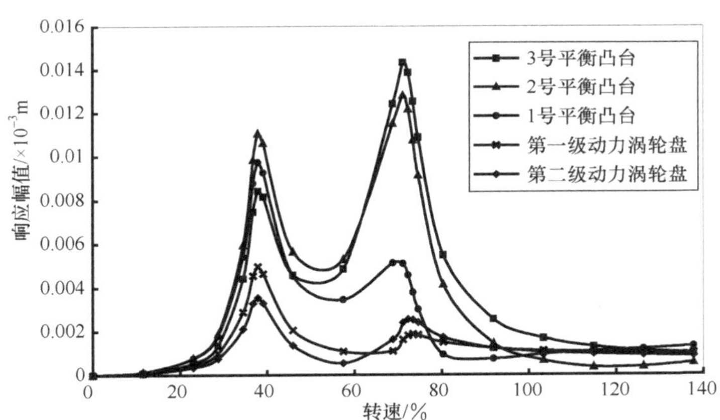

图 8.11　动力涡轮转子不平衡响应(第一级动力涡轮盘上有 1×10^{-5} kg · m 不平衡量)

当同时在 1 号、2 号、3 号平衡凸台和第一级动力涡轮盘位置依次施加 1×10^{-5} kg · m、1×10^{-5} kg · m、1×10^{-5} kg · m 和 4×10^{-4} kg · m 的不平衡量时,在五个特征位置的不平衡响应曲线分别见图 8.12。

由图 8.8～图 8.12,可以发现:①当转子的四个平衡面位置上只有单个不平衡量时,一阶不平衡响应的最大值小于二阶不平衡响应的最大值,但当转子的四个平衡面位置上均有不平衡量且第一级动力涡轮盘上的不平衡量较大时,一阶不平衡响应的最大值大于二阶不平衡响应的最大值。②一阶不平衡响应最敏感的位置为 2 号平衡凸台,二阶不平衡响应最敏感的位置为 3 号平衡凸台,这两个平衡凸台对不平衡量的敏感性主要取决于这两个平衡凸台的轴向位置和转子的振型(从图 8.5 和图 8.6 可知,2 号平衡凸台几乎位于一阶振型的反节点(峰值点,以下同)

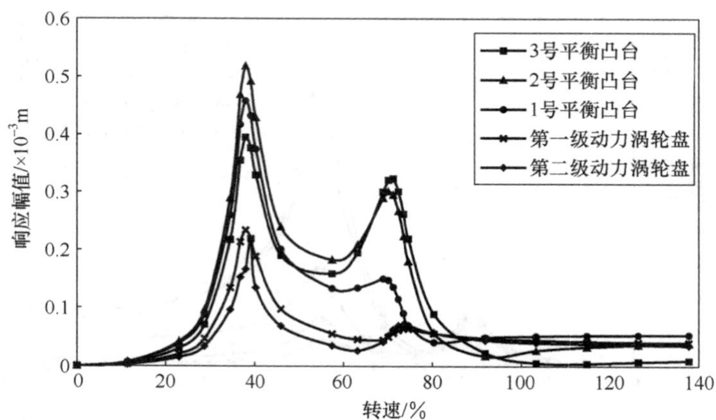

图 8.12 动力涡轮转子的不平衡响应（1 号、2 号、3 号平衡凸台和第一级动力涡轮盘上分有 1×10^{-5} kg · m、1×10^{-5} kg · m、1×10^{-5} kg · m 和 4×10^{-4} kg · m 不平衡量）

上，而 3 号平衡凸台靠近二阶振型的反节点）。③装机用动力涡轮转子在慢车转速和额定工作转速附近的稳态不平衡响应较小而且非常平稳（尤其对额定工作转速更是如此），为转子在这些特征转速下长期安全可靠地运行提供了保障。④两级动力涡轮盘位置的不平衡响应相对较小，对动力涡轮盘位置的密封十分有利。

下面对四个位置上的单位不平衡量引起的五个特征位置上的响应进行分析。

依次在 1、2、3 号平衡凸台和第一级动力涡轮盘位置加单位不平衡量（假设为 1×10^{-5} kg · m），计算得到的五个特征位置上的一阶和二阶不平衡响应值分别见表 8.7 和表 8.8。

表 8.7 一阶不平衡响应

单位不平衡量位置	一阶不平衡响应/10^{-5}m				
	平衡凸台			动力涡轮盘	
	1 号	2 号	3 号	第一级	第二级
1 号平衡凸台	2.277	2.579	1.967	1.160	0.833
2 号平衡凸台	2.579	2.943	2.257	1.312	0.943
3 号平衡凸台	1.967	2.257	1.782	1.000	0.719
第一级动力涡轮盘	0.976	1.104	0.841	0.497	0.356

表 8.8　二阶不平衡响应

单位不平衡量位置	二阶不平衡响应/10^{-5}m				
	平衡凸台			动力涡轮盘	
	1 号	2 号	3 号	第一级	第二级
1 号平衡凸台	1.235	3.330	3.801	0.375	0.642
2 号平衡凸台	3.330	9.012	10.246	0.855	1.619
3 号平衡凸台	3.801	10.246	11.589	0.956	1.815
第一级动力涡轮盘	0.515	1.281	1.435	0.186	0.256

由表 8.7 和表 8.8 可知：①五个特征位置的一阶不平衡响应都对 2 号平衡凸台的不平衡量最敏感，其次是 1 号平衡凸台。因此，从理论上讲，如装机转子的一阶不平衡响应超过允许值，可以优先考虑在 2 号和/或 1 号平衡凸台上进行去材料平衡。②五个特征位置的二阶不平衡响应都对 3 号平衡凸台上的不平衡量最敏感，其次是 2 号平衡凸台。因此，从理论上讲，如转子的二阶不平衡响应超过允许值，可以优先考虑在 3 号和/或 2 号平衡凸台上进行去材料平衡。③1 号平衡凸台上的不平衡量引起的 1、2、3 号平衡凸台位置的二阶不平衡响应的比值为 1∶2.70∶3.08，可见，1 号平衡凸台位置的不平衡量引起的 2、3 号平衡凸台位置的二阶不平衡响应要远大于 1 号平衡凸台位置的不平衡响应，而转子在工作转速下主要受二阶振型的影响(见表 8.6)。因此，如实际转子在工作转速下 1 号平衡凸台位置的不平衡响应已经满足平衡精度要求，而 2 号和 3 号平衡凸台位置的不平衡响应超过允许值，只要选择 1 号平衡凸台作为平衡面进行单平面高速动平衡就可以取得很好的平衡效果。④无论是一阶还是二阶临界转速，转子的不平衡响应对第一级动力涡轮盘上的不平衡量并不敏感，传动轴上的不平衡量引起的转子挠度要远大于第一级动力涡轮盘上的相同不平衡量引起的转子挠度。可见，提高传动轴的加工质量、减小传动轴上的不平衡量对减小转子挠度具有十分重要的意义；对动力涡轮转子而言，在传动轴上进行平衡的效果要比在动力涡轮盘上进行平衡的效果好得多。

8.2　动力涡轮转子动力特性影响因素

8.2.1　弹支刚度的影响分析

1. 对临界转速的影响

当弹支刚度的取值从 5.63×10^{6}N/m 增大到 7.25×10^{6}N/m(增大 28.77%)后，计算得到的动力涡轮转子前三阶临界转速值见表 8.9。

表 8.9　动力涡轮转子的前三阶临界转速(弹支刚度:7.25×10^6N/m)

弹支刚度/(10^6N/m)	临界转速/(r/min)		
	一阶	二阶	三阶
7.25	8412	14900	39907

将表 8.9 和表 8.5 进行比较可知，当弹支刚度从 5.63×10^6N/m 增大到 7.25×10^6N/m 后，动力涡轮转子的前三阶临界转速值分别增大了 6.68%、0.29%和 0%。可见，弹支刚度的变化只对该发动机动力涡轮转子的第一阶临界转速有一定的影响，对第二阶以上的各阶临界转速的影响很小或几乎没影响。因此，对该动力涡轮转子，只能通过改变弹支刚度来调整其第一阶临界转速而不能调整其第二阶临界转速。

2. 对振型的影响

当弹支刚度的取值从 5.63×10^6N/m 增大到 7.25×10^6N/m 后，动力涡轮转子的前三阶振型图分别见图 8.13、图 8.14 和图 8.15。

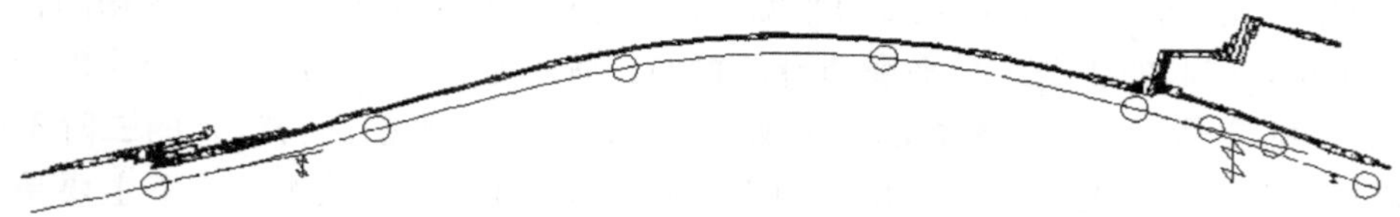

图 8.13　动力涡轮转子的第一阶振型(弹支刚度:7.25×10^6N/m)

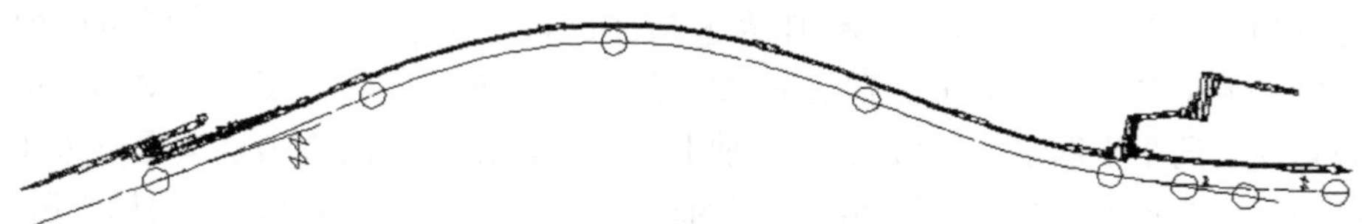

图 8.14　动力涡轮转子的第二阶振型(弹支刚度:7.25×10^6N/m)

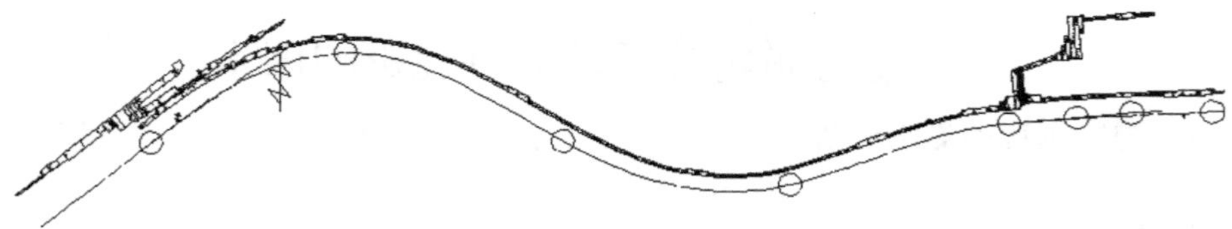

图 8.15　动力涡轮转子的第三阶振型(弹支刚度:7.25×10^6N/m)

分别对比图 8.13 和图 8.5、图 8.14 和图 8.6、图 8.15 和图 8.7 可知，当弹支刚度从 5.63×10^6 N/m 增大到 7.25×10^6 N/m 后，转子的前三阶振型基本没有变化，弹支刚度的变化对振型的影响甚微。

3. 对不平衡响应的影响

当弹支刚度的取值从 5.63×10^6 N/m 增大到 7.25×10^6 N/m 后，分别在 1 号、2 号、3 号平衡凸台和第一级动力涡轮盘位置单独施 1×10^{-5} kg · m 的不平衡量，在五个特征位置的不平衡响应曲线分别见图 8.16、图 8.17、图 8.18 和图 8.19。

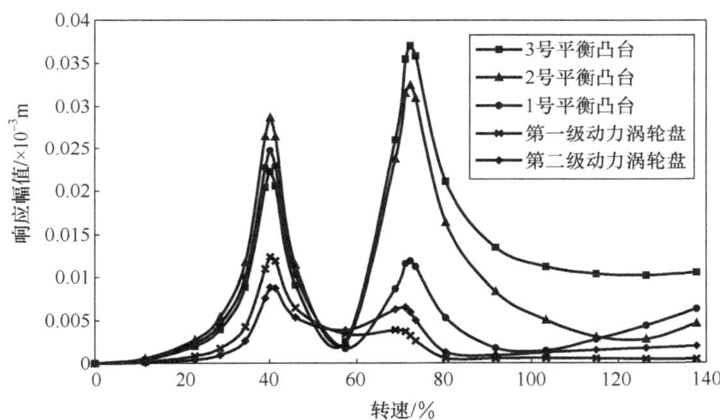

图 8.16　动力涡轮转子的不平衡响应（1 号平衡凸台上有 1×10^{-5} kg · m 不平衡量）

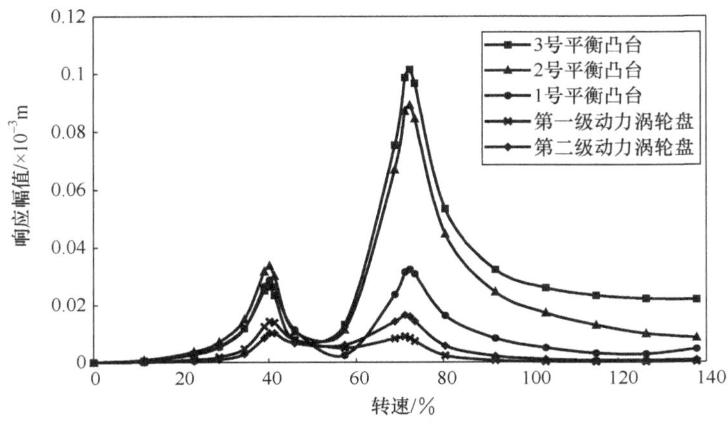

图 8.17　动力涡轮转子不平衡响应（2 号平衡凸台上有 1×10^{-5} kg · m 不平衡量）

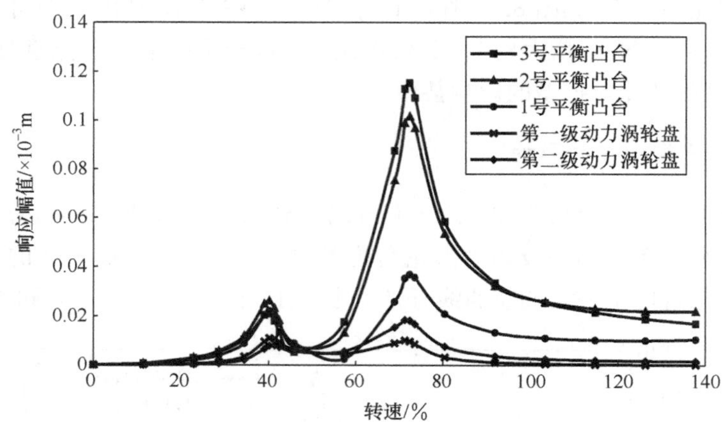

图 8.18 动力涡轮转子不平衡响应(3 号平衡凸台上有 1×10^{-5}kg · m 不平衡量)

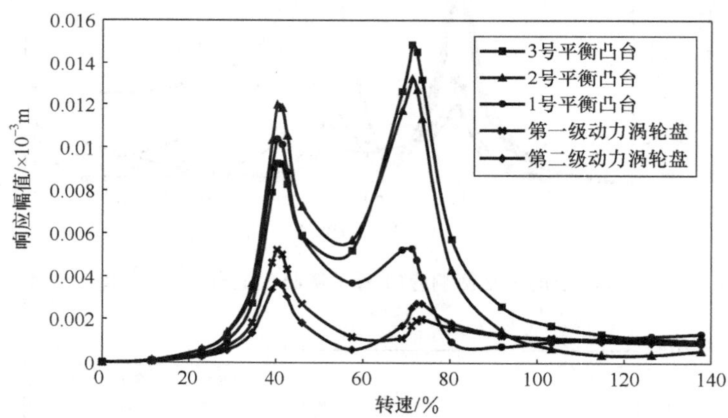

图 8.19 动力涡轮转子不平衡响应(第一级动力涡轮盘上有 1×10^{-5}kg · m 不平衡量)

当同时在 1 号、2 号、3 号平衡凸台和第一级动力涡轮盘位置依次施加 1×10^{-5}kg · m、1×10^{-5}kg · m、1×10^{-5}kg · m 和 4×10^{-4}kg · m 的不平衡量时,在五个特征位置的不平衡响应曲线见图 8.20。

分别对比图 8.16 和图 8.8、图 8.17 和图 8.9、图 8.18 和图 8.10、图 8.19 和图 8.11、图 8.20 和图 8.12 可知,当弹支刚度从 5.63×10^{6}N/m 增大到 7.25×10^{6}N/m 后,转子在相同的不平衡量作用下,不平衡响应的数值、不平衡响应曲线的形状基本没有变化,即弹支刚度的变化对转子不平衡响应影响很小。

下面就弹支刚度的改变对转子的一阶和二阶不平衡响应的变化率进行分析。

当弹支刚度从 5.63×10^{6}N/m 增大到 7.25×10^{6}N/m 后,分别在 1、2、3 号平衡凸台和第一级动力涡轮盘位置单独施加单位不平衡量(假设为 1×10^{-5}kg · m),计

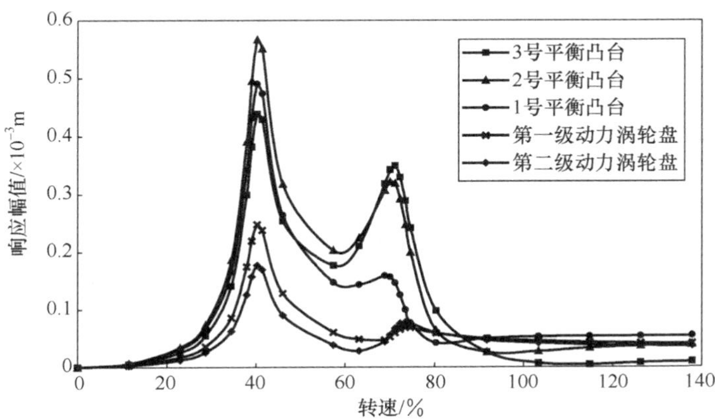

图 8.20　动力涡轮转子的不平衡响应(1 号、2 号、3 号凸台和第一级动力涡轮盘上分别有 1×10^{-5}kg·m、1×10^{-5}kg·m、1×10^{-5}kg·m 和 4×10^{-4}kg·m 不平衡量)

算得到的各特征位置的一阶和二阶不平衡响应值分别见表 8.10 和表 8.11。

表 8.10　一阶不平衡响应

单位不平衡量位置	一阶不平衡响应/10^{-5}m				
	平衡凸台			动力涡轮盘	
	1 号	2 号	3 号	第一级	第二级
1 号平衡凸台	2.474	2.871	2.226	1.238	0.883
2 号平衡凸台	2.871	3.370	2.637	1.429	1.025
3 号平衡凸台	2.226	2.637	2.110	1.106	0.802
第一级动力涡轮盘	1.038	1.198	0.928	0.525	0.376

表 8.11　二阶不平衡响应

单位不平衡量位置	二阶不平衡响应/10^{-5}m				
	平衡凸台			动力涡轮盘	
	1 号	2 号	3 号	第一级	第二级
1 号平衡凸台	1.190	3.246	3.708	0.392	0.655
2 号平衡凸台	3.246	8.913	10.159	0.910	1.654
3 号平衡凸台	3.708	10.159	11.541	1.017	1.855
第一级动力涡轮盘	0.530	1.325	1.484	0.192	0.272

将表 8.10 和表 8.7、表 8.11 和表 8.8 分别进行对比分析(以表 8.7 和表 8.8 中的数据为初始数据,以下同),可以得到动力涡轮转子的弹支刚度从 5.63×

10^6N/m 增大到 7.25×10^6N/m 后，在单位不平衡量作用下，五个特征位置的一阶和二阶不平衡响应的变化率，分别见表 8.12 和表 8.13。

表 8.12　一阶不平衡响应变化率

单位不平衡量位置	一阶不平衡响应变化率/%				
	平衡凸台			动力涡轮盘	
	1 号	2 号	3 号	第一级	第二级
1 号平衡凸台	8.65	11.32	13.17	6.72	6.00
2 号平衡凸台	11.32	14.51	16.84	8.92	8.70
3 号平衡凸台	13.17	16.84	18.41	10.60	11.54
第一级动力涡轮盘	6.35	8.51	10.35	9.60	5.62

表 8.13　二阶不平衡响应变化率

单位不平衡量位置	二阶不平衡响应变化率/%				
	平衡凸台			动力涡轮盘	
	1 号	2 号	3 号	第一级	第二级
1 号平衡凸台	3.64	2.52	2.45	4.53	2.03
2 号平衡凸台	2.52	10.99	0.85	6.43	2.16
3 号平衡凸台	2.45	0.85	0.41	6.38	2.20
第一级动力涡轮盘	2.91	3.44	3.42	3.23	6.25

由表 8.12 和表 8.13 可以看出：①当弹支刚度从 5.63×10^6N/m 增大到 7.25×10^6N/m 后，一阶不平衡响应的变化率要大于二阶不平衡响应的变化率，说明转子的一阶不平衡响应对弹支刚度的变化相对比较敏感；②五个特征位置的全部不平衡响应（一阶和二阶）的变化率均不大于 18.41%，没有很大的变化，说明弹支刚度的变化不会引起不平衡响应发生大的变化。

8.2.2　主要构件的影响分析

动力涡轮转子的主要构件是指传动轴、测扭基准轴和动力涡轮盘三个构件。研究传动轴、测扭基准轴和动力涡轮盘对转子动力特性的影响时，建模细则以及图形中的符号分别与 8.1.1 节第 1、2 小节相同。研究动力涡轮盘对转子动力特性的影响时，在计算模型中不再考虑动力涡轮盘，即仅对动力涡轮轴组件进行动力特性分析，借助 SAMCEF/ROTOR 分析软件，建立了动力涡轮轴组件计算模型，见图 8.21。研究测扭基准轴对转子动力特性的影响时，在图 8.4 的计算模型中不再考虑测扭基准轴，即去掉模型中 a～f 共六个集中质量即可。研究传动轴动轴对转子动力特性的影响时，主要研究传动轴从空心轴变为实心轴(传动轴的材料不变，均为 GH4169)后，转子动力特性的变化，借助 SAMCEF/ROTOR 分析软件，建立了装实心传动轴的动力涡轮转子的计算模型，见图 8.22。

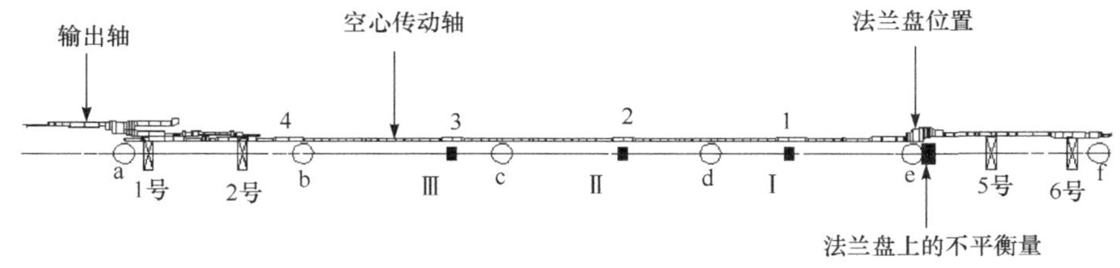

图 8.21　装空心传动轴的动力涡轮轴组件的计算模型

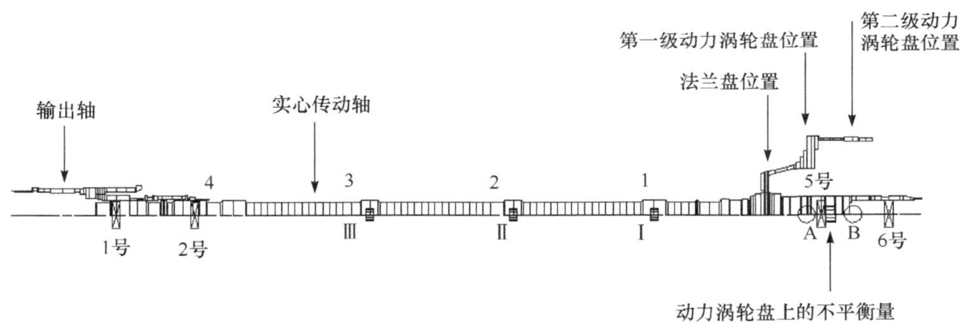

图 8.22　装实心传动轴的动力涡轮转子的计算模型

1. 计算原始数据

计算中用到的材料及性能、油膜参数、集中质量等数据以及计算不装测扭基准轴的动力涡轮转子和装实心传动轴的动力涡轮转子的不平衡响应时所施加的不平衡量的大小和位置均与 8.1.1 第 3 小节相同，但在计算动力涡轮轴组件的不平衡响应时，施加不平衡量的位置分别为 1 号、2 号、3 号平衡凸台和法兰盘所在的位置，并假设加在三个平衡凸台上的不平衡量均为 1×10^{-5}kg · m、加在法兰盘上的不平衡量分别为 1×10^{-5}kg · m 和 5×10^{-5}kg · m。

2. 计算结果及分析

计算时，弹支刚度均为 5.63×10^{6}N/m，传动轴材料均为 GH4169。

1) 对临界转速的影响分析

计算得到的动力涡轮轴组件、不装测扭基准轴的动力涡轮转子和装实心传动轴的动力涡轮转子的前三阶临界转速值见表 8.14，将表 8.14 中的临界转速与表

8.5 中的相应阶临界转速进行对比(以表 8.5 中的数据为初始数据),可以得到临界转速的变化率,见表 8.15。

表 8.14　临界转速

转子状态	临界转速/(r/min)		
	一阶	二阶	三阶
装空心传动轴的动力涡轮轴组件	9343	25313	45204
装空心传动轴的动力涡轮转子(不装测扭基准轴)	8017	15493	40995
装实心传动轴的动力涡轮转子	6589	12721	33183

表 8.15　临界转速变化率

转子状态	临界转速变化率/%		
	一阶	二阶	三阶
装空心传动轴的动力涡轮轴组件	18.49	70.38	13.27
装空心传动轴的动力涡轮转子(不装测扭基准轴)	1.67	4.28	2.73
装实心传动轴的动力涡轮转子	16.44	14.38	16.85

从表 8.14 和表 8.15 可知:①相对于发动机动力涡轮转子的额定工作转速而言,动力涡轮轴组件在额定工作转速范围内只有一阶临界转速,而不同状态的动力涡轮转子在额定工作转速范围内均存在两阶临界转速;②动力涡轮轴组件的临界转速均明显高于不同状态动力涡轮转子的相应阶临界转速(尤以二阶临界转速最为显著,比发动机动力涡轮转子增大了 70.38%),说明两级动力涡轮盘对临界转速的影响很大,这主要是由于两级动力涡轮盘的质量较大引起的;③不装测扭基准轴的动力涡轮转子相应阶临界转速均有不同程度的上升,但上升幅度不大(最大上升幅度仅为 4.28%),说明测扭基准轴对临界转速的影响很小;④装实心传动轴的动力涡轮转子的临界转速均低于实际发动机动力涡轮转子的相应阶临界转速(装实心传动轴的动力涡轮转子的前三阶临界转速分别比实际发动机动力涡轮转子的相应阶临界转速低 16.44%、14.38%、16.85%),说明传动轴从空心变为实心,虽然刚度和质量均增大(刚度增大使转子的临界转速提高、质量增大使转子的临界转速降低),但传动轴质量增大对转子临界转速的影响要大于刚度增大对转子临界转速的影响。

2) 对振型的影响分析

在不同状态下,计算得到的前三阶振型图如下:

(1) 装空心传动轴的动力涡轮轴组件的前三阶振型图分别见图 8.23、图 8.24 和图 8.25。

图 8.23　装空心传动轴的动力涡轮轴组件的第一阶振型

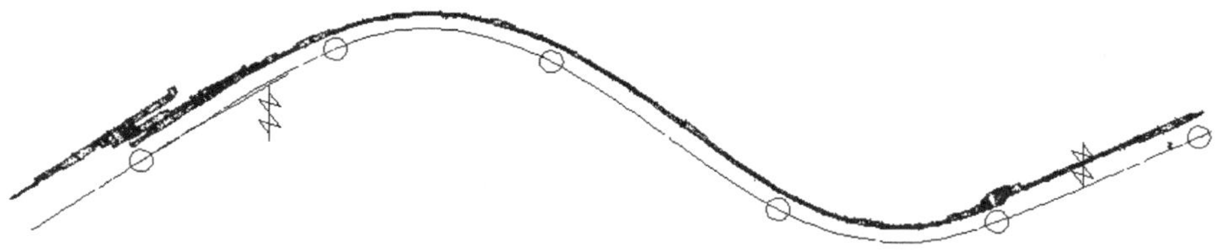

图 8.24　装空心传动轴的动力涡轮轴组件的第二阶振型

图 8.25　装空心传动轴的动力涡轮轴组件的第三阶振型

(2) 不装测扭基准轴的动力涡轮转子的前三阶振型图分别见图 8.26、图 8.27 和图 8.28。

图 8.26　不装测扭基准轴的动力涡轮转子的第一阶振型

图 8.27　不装测扭基准轴的动力涡轮转子的第二阶振型

图 8.28　不装测扭基准轴的动力涡轮转子的第三阶振型

(3) 装实心传动轴的动力涡轮转子的前三阶振型图分别见图 8.29、图 8.30 和图 8.31。

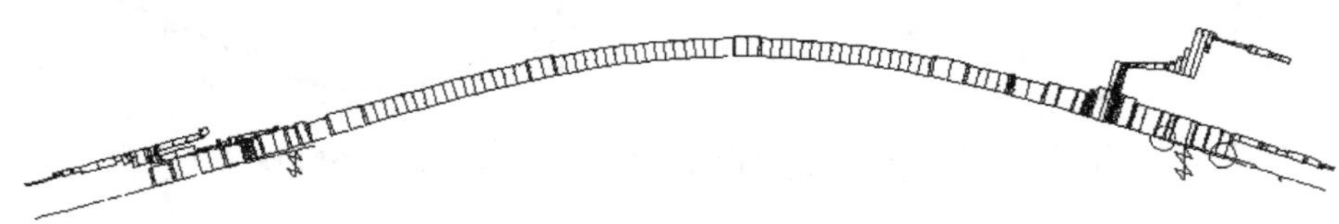

图 8.29　装实心传动轴的动力涡轮转子的第一阶振型

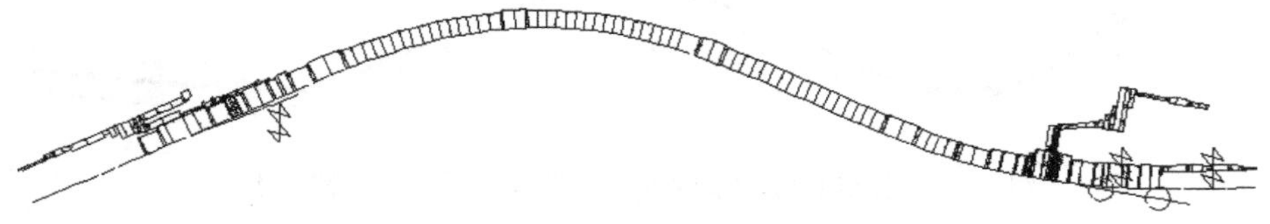

图 8.30　装实心传动轴的动力涡轮转子的第二阶振型

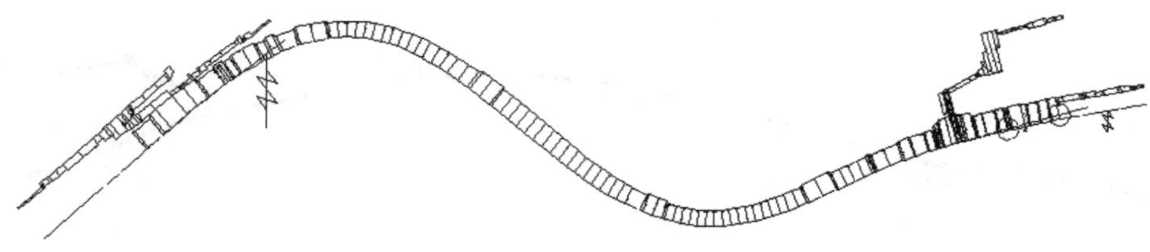

图 8.31　装实心传动轴的动力涡轮转子的第三阶振型

将上述振型图与 8.1.3 节中的相应阶振型图分别进行比较,可得出如下结论:①无论是动力涡轮轴组件还是动力涡轮转子,全部为弯曲振型,非常细长的柔性传动轴的刚性低是引起弯曲振型的主要原因;②动力涡轮轴组件与动力涡轮转子的相应阶振型相比有明显差别(尤其是二、三阶振型),而不同状态动力涡轮转子的相应阶振型没有明显的差别,说明两级动力涡轮盘对转子的振型有较大的影响,而仅仅传动轴由空心变为实心以及是否装测扭基准轴对转子的振型基本上没有影响。

3）对不平衡响应的影响分析

在不同状态下，计算得到的不平衡响应图如下。

（1）装空心传动轴的动力涡轮轴组件。

分别在 1 号、2 号、3 号平衡凸台和法兰盘位置单独施加 1×10^{-5} kg · m 的不平衡量，四个特征位置（1、2、3 号平衡凸台和法兰盘）的不平衡响应曲线分别见图 8.32、图 8.33、图 8.34 和图 8.35。

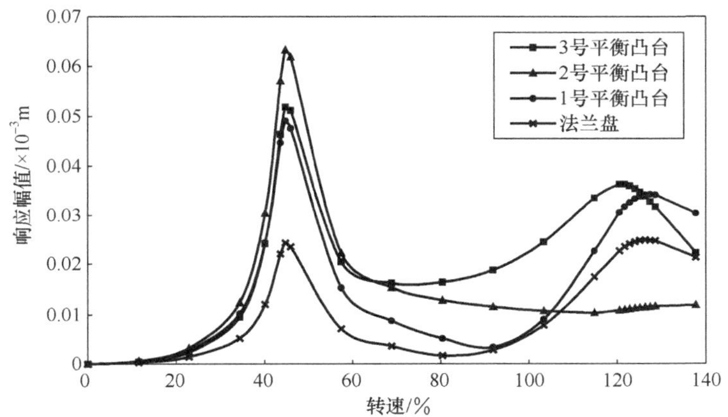

图 8.32　装空心传动轴动力涡轮轴组件的不平衡响应

（1 号凸台有 1×10^{-5} kg · m 的不平衡量）

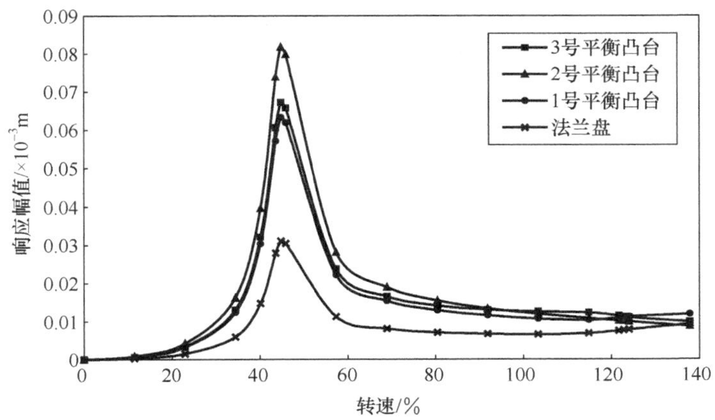

图 8.33　装空心传动轴动力涡轮轴组件的不平衡响应

（2 号凸台有 1×10^{-5} kg · m 的不平衡量）

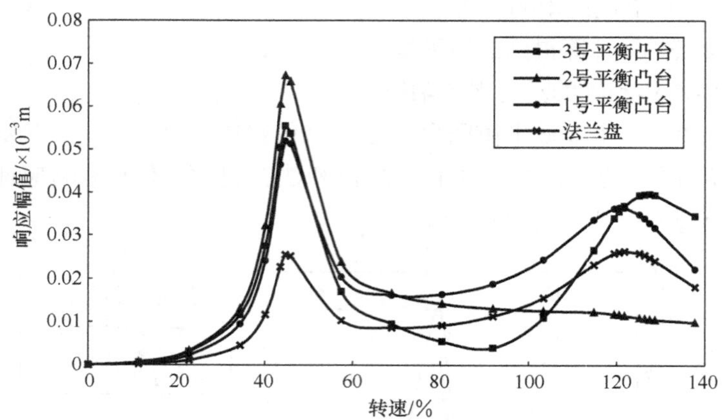

图 8.34　装空心传动轴动力涡轮轴组件的不平衡响应

（3 号凸台有 1×10^{-5} kg · m 的不平衡量）

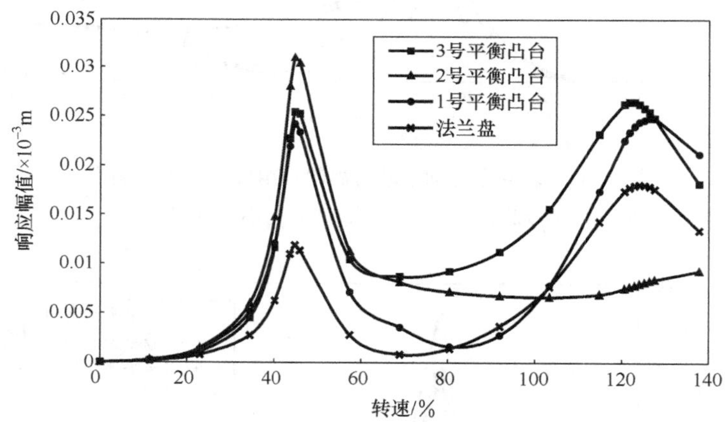

图 8.35　装空心传动轴动力涡轮轴组件的不平衡响应

（法兰盘有 1×10^{-5} kg · m 的不平衡量）

同时在 1 号、2 号、3 号平衡凸台和法兰盘位置依次施加 1×10^{-5} kg · m、1×10^{-5} kg · m、1×10^{-5} kg · m 和 5×10^{-5} kg · m 的不平衡量，四个特征位置的不平衡响应曲线见图 8.36。

由图 8.32～图 8.36 可知：①动力涡轮轴组件无论是在单一不平衡量还是在组合不平衡量的作用下，其一阶最大不平衡响应均大于二阶最大不平衡响应；②动力涡轮轴组件的 2 号平衡凸台位置基本上是二阶振型的节点位置，2 号平衡凸台上的不平衡量没有引起各特征位置的二阶共振峰值（见图 8.33），而 1 号、3 号平衡凸台以及法兰盘位置的不平衡量也同样没有引起 2 号平衡凸台位置的二阶共振峰

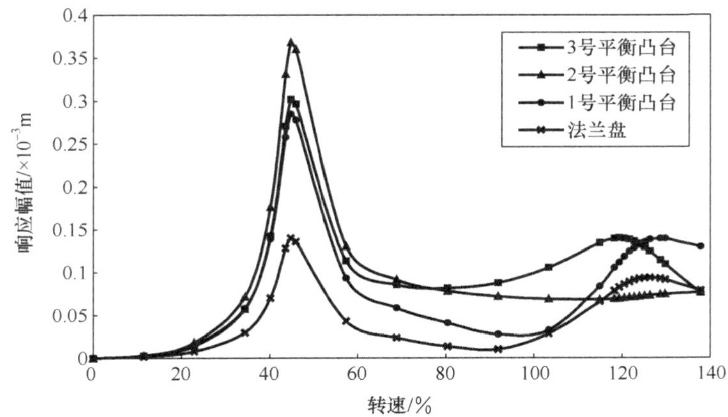

图 8.36　装空心传动轴动力涡轮轴组件的不平衡响应(1 号、2 号、3 号平衡凸台和法兰盘上分别有 1×10^{-5} kg · m、1×10^{-5} kg · m、1×10^{-5} kg · m 和 5×10^{-5} kg · m 的不平衡量)

值(见图 8.32、图 8.34、图 8.35 和图 8.36),这与动力涡轮轴组件的二阶振型图相吻合;③动力涡轮轴组件的一阶不平衡响应最敏感的位置为 2 号平衡凸台,二阶不平衡响应最敏感的位置为 3 号平衡凸台,这与它们在振型图中的位置是一致的;④将图 8.32 和图 8.8、图 8.33 和图 8.9、图 8.34 和图 8.10、图 8.35 和图 8.11、图 8.36 和图 8.12 分别进行对比可知,动力涡轮轴组件的不平衡响应值的大小以及不平衡响应曲线的形状与动力涡轮转子的对应项相比有明显的不同。

(2) 装空心传动轴的动力涡轮转子(不装测扭基准轴)。

分别在 1 号、2 号、3 号平衡凸台和第一级动力涡轮盘位置单独施加 1×10^{-5} kg · m 的不平衡量,五个特征位置的不平衡响应曲线分别见图 8.37、图 8.38、图 8.39 和图 8.40。

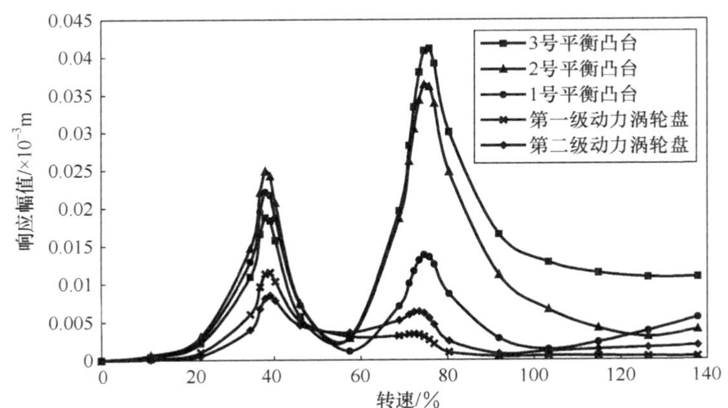

图 8.37　不装测扭基准轴的动力涡轮转子的不平衡响应曲线

(1 号平衡凸台上有 1×10^{-5} kg · m 的不平衡量)

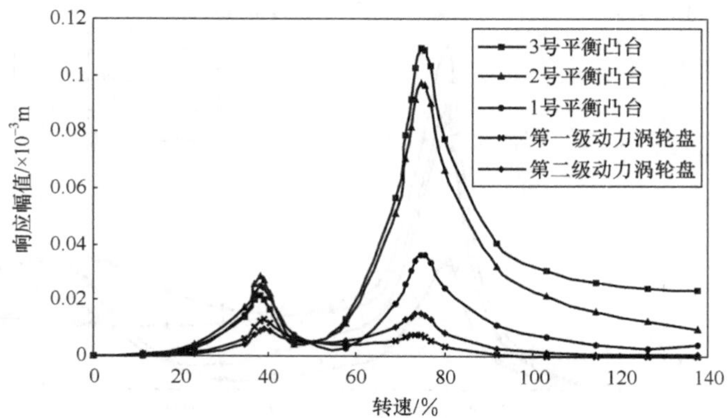

图 8.38　不装测扭基准轴的动力涡轮转子的不平衡响应曲线

（2 号平衡凸台上有 1×10^{-5}kg·m 的不平衡量）

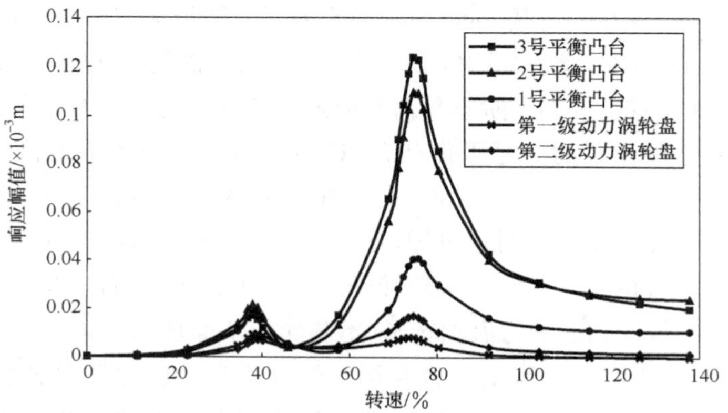

图 8.39　不装测扭基准轴的动力涡轮转子的不平衡响应曲线

（3 号平衡凸台上有 1×10^{-5}kg·m 的不平衡量）

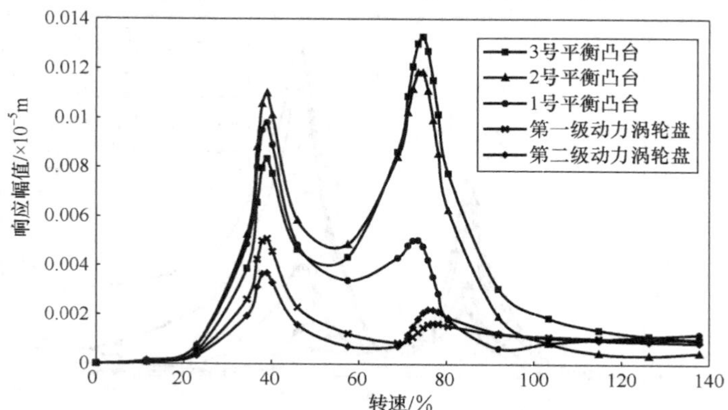

图 8.40　不装测扭基准轴的动力涡轮转子的不平衡响应

（第一级动力涡轮盘上有 1×10^{-5}kg·m 不平衡量）

同时在 1 号、2 号、3 号平衡凸台和第一级动力涡轮盘位置依次施加 1×10^{-5} kg·m、1×10^{-5} kg·m、1×10^{-5} kg·m 和 4×10^{-4} kg·m 的不平衡量，五个特征位置的不平衡响应曲线见图 8.41。

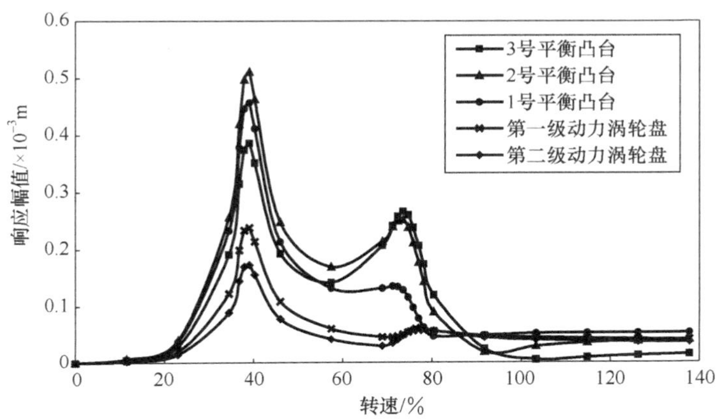

图 8.41　不装测扭基准轴动力涡轮转子响应(1 号、2 号、3 号凸台和第一级涡轮盘上分别有 1×10^{-5} kg·m、1×10^{-5} kg·m、1×10^{-5} kg·m 和 4×10^{-4} kg·m 不平衡量)

下面对不装测扭基准轴的动力涡轮转子的一阶和二阶不平衡响应的变化率进行分析。

对于不装测扭基准轴的动力涡轮转子，分别在 1、2、3 号平衡凸台和第一级动力涡轮盘上单独施加单位不平衡量(假设为 1×10^{-5} kg·m)，计算得到的各特征位置的一阶和二阶不平衡响应值分别见表 8.16 和表 8.17。

表 8.16　一阶不平衡响应

单位不平衡量位置	一阶不平衡响应/10^{-5}m				
	平衡凸台			动力涡轮盘	
	1 号	2 号	3 号	第一级	第二级
1 号平衡凸台	2.213	2.485	1.874	1.152	0.851
2 号平衡凸台	2.485	2.844	2.178	1.291	0.957
3 号平衡凸台	1.874	2.178	1.727	0.978	0.726
第一级动力涡轮盘	0.983	1.103	0.836	0.510	0.370

表 8.17　二阶不平衡响应

单位不平衡量位置	二阶不平衡响应/10^{-5}m				
	平衡凸台			动力涡轮盘	
	1号	2号	3号	第一级	第二级
1号平衡凸台	1.380	3.635	4.113	0.344	0.642
2号平衡凸台	3.635	9.697	10.944	0.757	1.539
3号平衡凸台	4.113	10.944	12.402	0.830	1.726
第一级动力涡轮盘	0.506	1.186	1.329	0.166	0.222

将表 8.16 和表 8.7、表 8.17 和表 8.8 分别进行对比，可知动力涡轮转子在不装测扭基准轴的情况下，五个特征位置的一阶和二阶不平衡响应的变化率，分别见表 8.18 和表 8.19。

表 8.18　一阶不平衡响应变化率

单位不平衡量位置	一阶不平衡响应变化率/%				
	平衡凸台			动力涡轮盘	
	1号	2号	3号	第一级	第二级
1号平衡凸台	2.81	3.65	4.73	0.69	2.16
2号平衡凸台	3.65	3.36	3.50	1.60	1.49
3号平衡凸台	4.73	3.50	3.09	2.20	0.97
第一级动力涡轮盘	0.72	6.91	0.60	2.62	3.93

表 8.19　二阶不平衡响应变化率

单位不平衡量位置	二阶不平衡响应变化率/%				
	平衡凸台			动力涡轮盘	
	1号	2号	3号	第一级	第二级
1号平衡凸台	11.74	9.16	8.21	8.27	0.00
2号平衡凸台	9.16	7.60	6.81	11.46	4.94
3号平衡凸台	8.21	6.81	7.02	13.18	4.90
第一级动力涡轮盘	1.75	7.42	7.39	10.75	3.40

从表 8.18 和表 8.19 可以看出：①动力涡轮转子在不装测扭基准轴的情况下，二阶不平衡响应的变化率总的来说要大于一阶不平衡响应的变化率，说明动力涡轮转子如不装测扭基准轴对二阶不平衡响应的影响要大于对一阶不平衡响应的影响；②五个特征位置的全部不平衡响应（一阶和二阶）的变化率均不大于 13.18%，

说明动力涡轮转子是否安装测扭基准轴不会对转子的不平衡响应产生较大的影响,因为测扭基准轴仅作为集中质量考虑,而没有考虑其不平衡量的影响。

(3) 装实心传动轴的动力涡轮转子。

分别在 1 号、2 号、3 号平衡凸台和第一级动力涡轮盘位置单独施加 1×10^{-5} kg · m 的不平衡量,五个特征位置的不平衡响应曲线分别见图 8.42、图 8.43、图 8.44 和图 8.45。

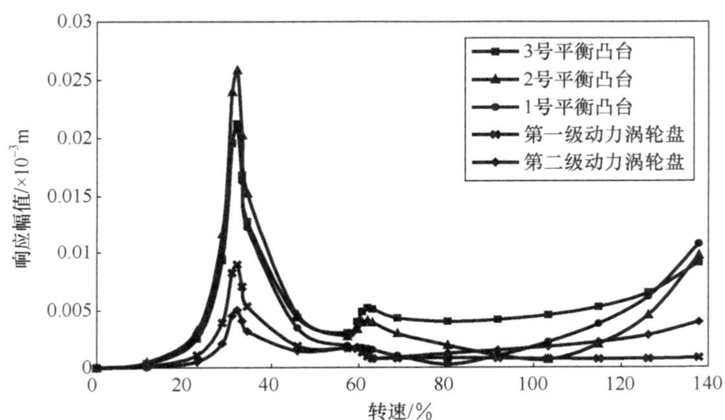

图 8.42　装实心传动轴的动力涡轮转子的不平衡响应曲线
(1 号平衡凸台上有 1×10^{-5} kg · m 的不平衡量)

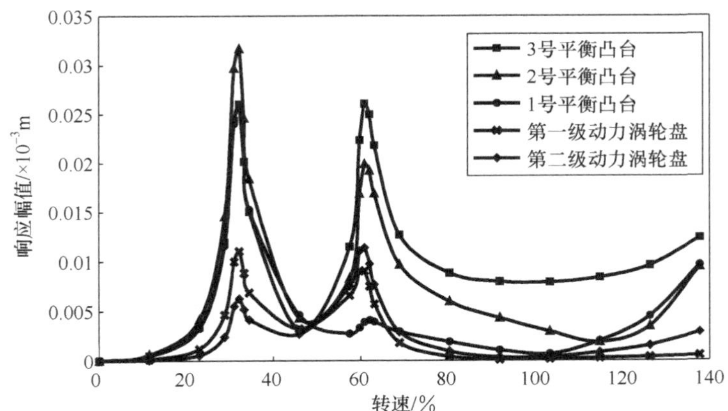

图 8.43　装实心传动轴的动力涡轮转子的不平衡响应曲线
(2 号平衡凸台上有 1×10^{-5} kg · m 的不平衡量)

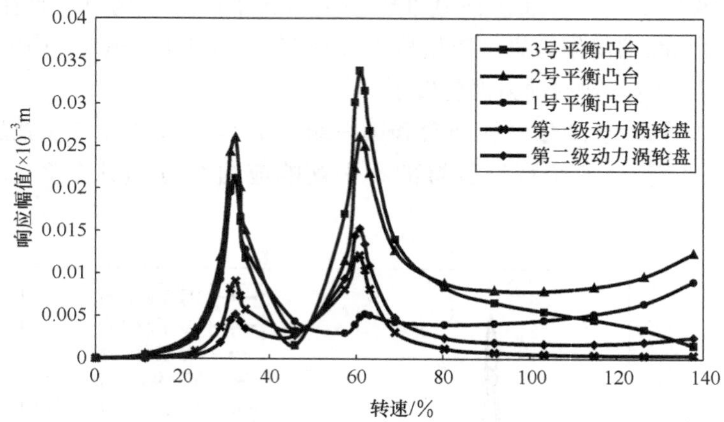

图 8.44　装实心传动轴的动力涡轮转子的不平衡响应曲线
（3 号平衡凸台上有 1×10^{-5} kg · m 的不平衡量）

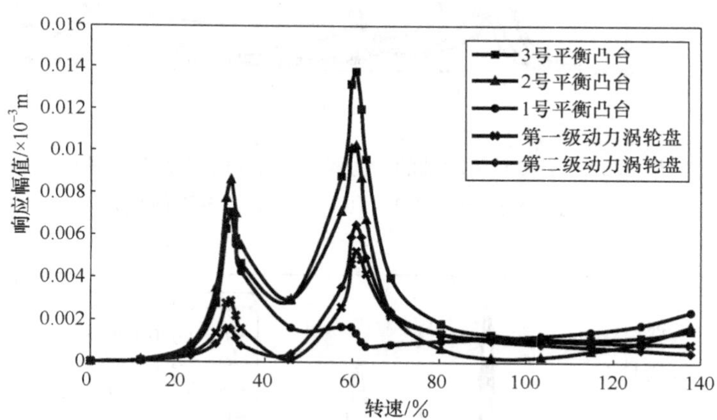

图 8.45　装实心传动轴的动力涡轮转子的不平衡响应曲线
（第一级动力涡轮盘上有 1×10^{-5} kg · m 的不平衡量）

同时在 1 号、2 号、3 号平衡凸台和第一级动力涡轮盘位置依次施加 1×10^{-5} kg · m、1×10^{-5} kg · m、1×10^{-5} kg · m 和 4×10^{-4} kg · m 的不平衡量，五个特征位置的不平衡响应曲线见图 8.46。

从图 8.42～图 8.46 可知，当转子的四个特征位置上只有单个不平衡量时，一阶不平衡响应的最大值既可能比二阶不平衡响应的最大值大，也可能比二阶不平衡响应的最大值小，当转子的四个特征位置上均有不平衡量且第一级动力涡轮盘上的不平衡量较大时，一阶不平衡响应的最大值略小于二阶不平衡响应的最大值。

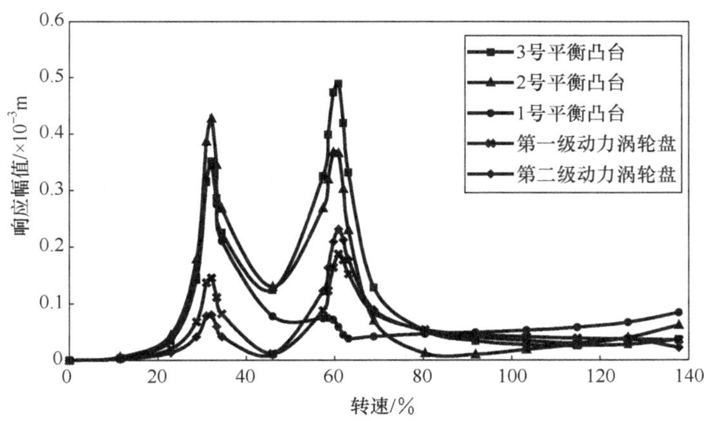

图 8.46　装实心传动轴的动力涡轮转子的不平衡响应曲线(1 号、2 号、3 号平衡凸台和第一级动力涡轮盘上分别有 1×10^{-5} kg · m、1×10^{-5} kg · m、1×10^{-5} kg · m 和 4×10^{-4} kg · m 的不平衡量)

下面分析动力涡轮转子的传动轴由空心变为实心的情况下，五个特征位置的一阶和二阶不平衡响应的变化率。分别在 1、2、3 号平衡凸台和第一级动力涡轮盘位置单独施加单位不平衡量(假设为 1×10^{-5} kg · m)，计算得到的五个特征位置的一阶和二阶不平衡响应值分别见表 8.20 和表 8.21。

表 8.20　一阶不平衡响应

单位不平衡量位置	一阶不平衡响应/10^{-5}m				
	平衡凸台			动力涡轮盘	
	1 号	2 号	3 号	第一级	第二级
1 号平衡凸台	2.097	2.583	2.124	0.894	0.506
2 号平衡凸台	2.583	3.169	2.598	1.105	0.627
3 号平衡凸台	2.124	2.598	2.122	0.909	0.517
第一级动力涡轮盘	0.696	0.861	0.709	0.291	0.161

表 8.21　二阶不平衡响应

单位不平衡量位置	二阶不平衡响应/10^{-5}m				
	平衡凸台			动力涡轮盘	
	1 号	2 号	3 号	第一级	第二级
1 号平衡凸台	无峰值	0.410	0.523	无峰值	0.175
2 号平衡凸台	0.410	1.988	2.602	0.910	1.143
3 号平衡凸台	0.523	2.602	3.391	1.215	1.531
第一级动力涡轮盘	0.169	1.026	1.374	0.521	0.647

将表 8.20 和表 8.7、表 8.21 和表 8.8 中的相应响应值分别进行对比可以发现，在相同的不平衡量作用下，装空心传动轴的动力涡轮转子的一阶不平衡响应和装实心传动轴的动力涡轮转子的一阶不平衡响应相比没有大的变化，但装空心传动轴的动力涡轮转子的二阶不平衡响应远大于装实心传动轴的动力涡轮转子的二阶不平衡响应。说明装空心传动轴的动力涡轮转子的二阶不平衡响应对不平衡量的敏感程度要大于装实心传动轴的情况，即对于相同的不平衡量，要达到同一平衡精度要求，平衡装空心传动轴的动力涡轮转子要比平衡装实心传动轴的动力涡轮转子困难。

将表 8.20 和表 8.7、表 8.21 和表 8.8 分别进行对比，可以得到动力涡轮转子的传动轴由空心变为实心时，五个特征位置的一阶和二阶不平衡响应的变化率，分别见表 8.22 和表 8.23。

表 8.22　一阶不平衡响应变化率

单位不平衡量位置	一阶不平衡响应变化率/%				
	平衡凸台			动力涡轮盘	
	1 号	2 号	3 号	第一级	第二级
1 号平衡凸台	7.91	0.16	7.98	22.93	39.26
2 号平衡凸台	0.16	7.68	15.11	15.78	33.51
3 号平衡凸台	7.98	15.11	19.08	9.10	28.10
第一级动力涡轮盘	28.69	22.01	15.70	41.45	54.78

表 8.23　二阶不平衡响应变化率

单位不平衡量位置	二阶不平衡响应变化率/%				
	平衡凸台			动力涡轮盘	
	1 号	2 号	3 号	第一级	第二级
1 号平衡凸台	—	87.69	86.24	—	72.74
2 号平衡凸台	87.69	77.94	74.61	6.43	29.40
3 号平衡凸台	86.24	74.61	70.74	27.09	15.65
第一级动力涡轮盘	67.18	19.91	4.25	180.11	152.73

由表 8.22 和表 8.23 可以看出：①当动力涡轮转子的传动轴由空心变为实心，二阶不平衡响应的变化率总的来说要大于一阶不平衡响应的变化率，说明传动轴从空心变为实心对二阶不平衡响应的影响要大于对一阶不平衡响应的影响；②五个特征位置的全部不平衡响应(一阶和二阶)的最大变化率高达 180.11%，发生了很大的变化，说明动力涡轮转子的传动轴从空心变为实心对转子不平衡响应将产生重大影响。

8.3 小　　结

本章借助 SAMCEF/ROTOR 分析软件，建立了某涡轮轴发动机动力涡轮转子的有限元计算模型，并对动力涡轮转子的动力特性——临界转速、振型和稳态不平衡响应进行了计算分析；分析了弹支刚度、传动轴、测扭基准轴和动力涡轮盘对转子动力特性的影响。本章结论如下：

(1) 该发动机动力涡轮转子在额定工作转速范围内存在两阶临界转速。各阶临界转速对慢车转速和额定工作转速的裕度均大于 20%，转子临界转速设计合理。第三阶临界转速对额定工作转速的裕度远大于第二阶临界转速对额定工作转速的裕度。转子在额定工作转速下主要受第二阶临界转速的影响，基本上不受第三阶临界转速的影响。

(2) 该发动机动力涡轮转子没有真正意义上的刚体振型，全部为弯曲振型。

(3) 动力涡轮转子在慢车转速和额定工作转速附近的稳态不平衡响应较小(尤其对额定工作转速更是如此)，为转子在这些特征转速下长期安全可靠地运行提供了保障，转子的动力特性设计合理。动力涡轮转子在两级动力涡轮盘位置的不平衡响应要比传动轴上的不平衡响应小，这对动力涡轮盘位置的密封十分有利，有利于提高发动机的效率。

(4) 动力涡轮转子的一阶不平衡响应最敏感的位置为 2 号平衡凸台，二阶不平衡响应最敏感的位置为 3 号平衡凸台，这两个平衡凸台处对不平衡量的敏感性主要取决于它们的轴向位置和转子的振型(2 号平衡凸台几乎位于一阶振型的反节点上，而 3 号平衡凸台靠近二阶振型的反节点)。

(5) 该转子弹性支承(5 号支点)刚度值的变化仅对转子的一阶临界转速有一定的影响，对二阶以上的各阶临界转速的影响很小或几乎没影响。因此，只能通过改变弹支刚度值来调整转子的一阶临界转速而不可能通过改变弹支刚度值来调整转子的二阶临界转速。该弹性支承刚度值的变化对转子振型的影响甚微，对不平衡响应的影响也不大。

(6) 动力涡轮盘对动力涡轮转子的动力特性有较大的影响，主要体现在：动力涡轮轴组件的临界转速要明显高于动力涡轮转子的相应阶临界转速(在转子的额定工作转速范围内，动力涡轮轴组件只有一阶临界转速，而动力涡轮转子存在两阶临界转速)。动力涡轮轴组件和动力涡轮转子的相应阶振型(尤其是二、三阶振型)也有较大区别。动力涡轮轴组件不平衡响应值的大小以及不平衡响应曲线的形状与动力涡轮转子相比也有很大的区别。

(7) 动力涡轮轴组件、不装测扭基准轴的动力涡轮转子以及装实心传动轴的动力涡轮转子的各阶振型也都为弯曲振型，这是由于传动轴非常细长、刚性较小，转子是一个非常柔性的转子，很容易发生弯曲变形。

(8) 测扭基准轴对动力涡轮转子动力特性的影响不大，动力涡轮转子在不装测扭基准轴的情况下，前三阶临界转速均有小幅上升(均小于 5%)，对振型和不平衡响应(假设测扭基准轴没有不平衡量)影响甚微。

(9) 传动轴由空心变为实心，动力涡轮转子的前三阶临界转速均有 15%左右的下降幅度，传动轴质量增大对转子临界转速的影响大于刚度增大对转子临界转速的影响，振型基本上没有变化。

(10) 传动轴由空心变为实心，动力涡轮转子的不平衡响应有很大的变化，主要体现在：相同不平衡量引起的装空心传动轴的动力涡轮转子在传动轴上的二阶不平衡响应要大于装实心传动轴的情况。也就是说，在相同不平衡量作用下，装空心传动轴的动力涡轮转子在二阶临界转速附近的转子挠度要比装实心传动轴的动力涡轮转子的转子挠度大。因此，要达到相同的平衡精度，平衡装空心传动轴的动力涡轮转子要比平衡装实心传动轴的动力涡轮转子困难得多。

第 9 章　涡轴发动机动力涡轮转子动力特性试验研究

本章将在高速旋转试验器上对涡轴发动机动力涡轮转子的动力特性进行试验研究。一方面验证第 8 章所建立的计算模型的有效性，另一方面为后续动力涡轮转子的高速动平衡试验作准备。此外，通过试验还验证传动轴、测扭基准轴和动力涡轮盘对转子动力特性的影响，并对影响转子动力特性的其他因素进行分析。最后，对整个动力涡轮转子进行 105％额定工作转速的超速试验研究，以考核转子各构件在 105％额定工作转速下是否具有足够的强度储备，进一步验证转子动力特性设计的合理性。

9.1　试验及测试设备

9.1.1　试验设备

动力涡轮转子的动力特性试验在卧式高速旋转试验器上进行。整个试验器由高速端和低速端组成，高速端和低速端分别由一台 400kW 的直流电机驱动。它们有各自的增速系统、支承系统和真空系统(为了防止驱动马达过载并提供安全保护罩，在动力涡轮轴组件的动力特性试验时，由于没有叶片的风阻，不需要使用真空系统)。控制系统和测试系统共用，提供试验件的滑油为 8 号和 20 号航空润滑油按一定比例的混合油。高速端和低速端设计转速均满足动力涡轮转子的试验需要。

9.1.2　测试设备

在动力特性试验过程中测量转子挠度、转子两个支座的振动加速度和转子转速。转子挠度由四个电涡流位移传感器 $D_1 \sim D_4$ 测量，支承转子的两支座的振动加速度由四个加速度传感器 $A_1 \sim A_4$ 测量，转子的转速由一个光电传感器测量。详细介绍见表 9.1。

9.2　动力特性试验

动力涡轮轴组件和动力涡轮转子在动力特性试验中的安装及测试情况是相同的，转子比轴组件仅多了两级动力涡轮盘，图 9.1 是动力涡轮转子在试验中的安装及测试示意图。

表 9.1　测试传感器和仪器

<table>
<tr><th rowspan="2">序号</th><th colspan="2">传感器或仪器</th><th rowspan="2">生产国</th><th rowspan="2">测量位置</th><th rowspan="2">备注</th></tr>
<tr><th>名称及型号</th><th>代号</th></tr>
<tr><td rowspan="4">1</td><td rowspan="4">电涡流位移传感器
IN-085 或 TR 系列</td><td>D_1</td><td rowspan="2">德国 Schenck 公司</td><td>1 号平衡凸台
或附近</td><td>垂直方向
（从上往下）</td></tr>
<tr><td>D_2</td><td>3 号平衡凸台
或附近</td><td>垂直方向
（从上往下）</td></tr>
<tr><td>D_3</td><td rowspan="2">国产，
天瑞公司</td><td>2 号平衡凸台
或附近</td><td>垂直方向
（从上往下）</td></tr>
<tr><td>D_4</td><td>2 号平衡凸台
或附近</td><td>水平方向（从动力涡
轮盘端往输出端看，
从右往左）</td></tr>
<tr><td>2</td><td>多功能振动分析仪
VP-41 或 VP-30</td><td>—</td><td>德国 Schenck 公司</td><td>—</td><td>测量转子挠度，
影响系数法计算等</td></tr>
<tr><td rowspan="4">3</td><td rowspan="4">加速度传感器</td><td>A_1</td><td rowspan="4">国产</td><td rowspan="2">后支座</td><td>垂直方向(⊥)</td></tr>
<tr><td>A_2</td><td>水平方向(=)</td></tr>
<tr><td>A_3</td><td rowspan="2">前支座</td><td>垂直方向(⊥)</td></tr>
<tr><td>A_4</td><td>水平方向(=)</td></tr>
<tr><td>4</td><td>加速度测试仪器
YE5940</td><td>—</td><td>国产</td><td>—</td><td>—</td></tr>
<tr><td>5</td><td>光电传感器
P-84</td><td>—</td><td>德国 Schenck 公司</td><td>传动轴上</td><td>传动轴上贴有
专用反光带</td></tr>
</table>

如图 9.1 所示，试验时直流电机通过两级增速器把功率从传动轴的输出端输入，通过输出轴组件驱动动力涡轮转子旋转。试验专用的输出轴组件与实际发动机的输出轴组件状态是完全一致的，它通过转接段固定在前支座上。动力涡轮轴组件或动力涡轮转子都带自身的动力涡轮轴承座。轴承座的机匣通过转接段固定在后支座上，传动轴的输出端通过外花键与输出轴组件相连并支承在输出轴组件内（输出轴上有内花键）。

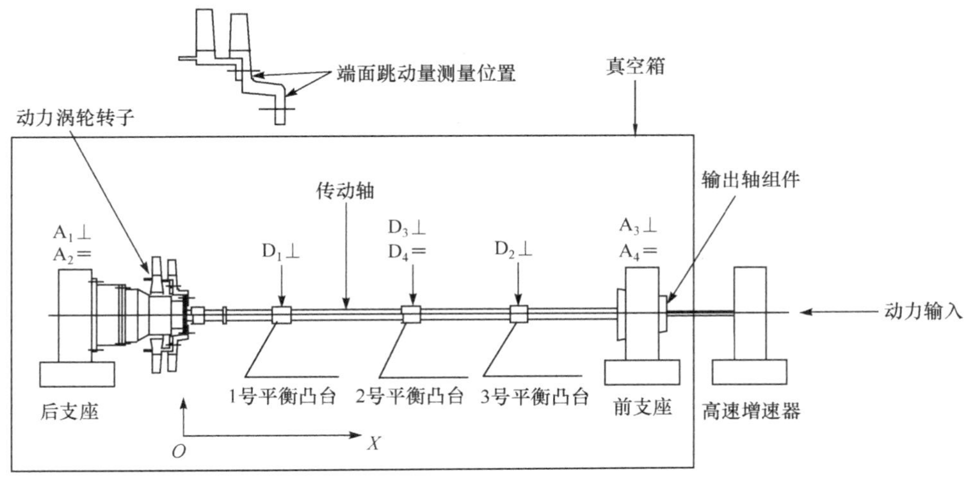

图 9.1　动力涡轮转子在动力特性试验中的安装及测试示意图

9.2.1　试验准备

1. 试验件的安装

支承动力涡轮轴组件或动力涡轮转子的两个支座置于通用平台上，支座可以在平台上前后移动，支座和平台之间通过燕尾槽配合，左右位置由燕尾槽之间的镶条固定，支座通过“T”型螺栓固定在通用平台上，其中心孔与高速增速器的输出轴之间在设备安装时就保证了对中精度要求，因此，每次试验前都不需要调心。

试验件的安装步骤如下：

(1) 清理试验现场，清洗相关配合面，整理好安装工具。

(2) 将输出轴组件固定在试验转接段(见图 9.2)上，转接段的端面 A 上有六个螺纹孔(其中两个为防止周向错位的螺纹孔)，输出轴组件安装边的相应位置有通孔，用螺钉将输出轴组件固定在转接段上，利用转接段的内孔壁 C 与输出轴组件机匣相应配合部位通过一定紧度的配合达到定位的目的。

(3) 通过图 9.2 中法兰边 B 的八个均布通孔用螺钉把输出轴组件固定在前支座上，利用转接段的外圆柱面 D 与前支座中心孔的内圆柱面之间一定的配合紧度达到定位的目的。

(4) 调整好前支座的前后(轴向)位置。输出轴组件通过浮动轴实现与高速增速器的连接(浮动轴一端的外花键与输出轴一端的内花键相连，另一端的内花键与高速齿轮箱输出轴的鼓形齿相连)。拧紧前支座与通用平台之间的镶条，然后拧紧“T”形螺栓将前支座固定在通用平台上。

(5) 将试验件固定在试验转接段(见图 9.3)上，转接段的法兰边 E 与动力涡轮轴承座的安装边均有一圈通孔，对好周向位置，用螺栓固定。动力涡轮轴承座机匣中心孔的内圆柱面与转接段的外圆柱面 G 之间有一定的配合紧度要求，从而达到试验件定位的目的。

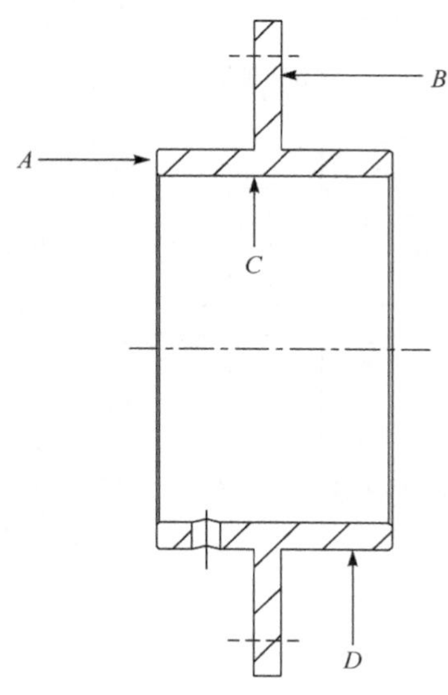

图 9.2　输出轴组件试验转接段

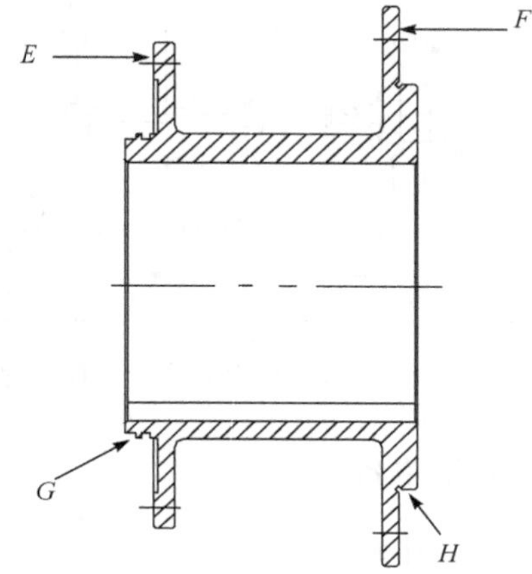

图 9.3　动力涡轮轴组件或转子试验转接段

(6) 通过图 9.3 中法兰边 F 的八个均布通孔用螺钉把试验件固定在后支座上。利用转接段的外圆柱面 H 与后支座中心孔的内圆柱面之间一定的配合紧度达到定位的目的。

(7) 往前(轴向)移动后支座，调整好后支座的前后(轴向)位置，使传动轴输出端的外花键与输出轴组件一端的内花键相连(需事先计算好轴向位置)，拧紧后支座与通用平台之间的镶条，然后拧紧“T”形螺栓将后支座固定在通用平台上。

(8) 盘车检查，如试验件转动正常并没有发现其他异常情况后就完成了一次试验件的安装，否则重新安装试验件直到满足要求为止。

2. 传感器的安装

传感器的安装位置见图 9.1，主要安装工艺如下。

1) 位移传感器的安装工艺

(1) 把传感器的探头固定在磁性表架上，连接好传感器的各部分。

(2) 位移传感器探头要正对传动轴的中心线，传感器探头与传动轴之间的间隙通过 VP-41 或 VP-30 显示的间隙电压确定，一方面可以检查传感器及其连线是否正常，另一方面确保测量距离靠近传感器的线性中点，以满足在传感器线性范围内测量的需要。如间隙电压不满足要求，可以通过调整使位移传感器靠近或远离传动轴直至满足需要为止。

(3) 检查磁性表架、传感器及其连线是否固定，避免试验过程中发生意外，危及试验器和高速转子的安全。

2) 加速度传感器的安装工艺

加速度传感器通过螺钉固定在前、后支座上，安装完成后，要检查传感器在支座上是否已固定好，传感器连线是否已接好，检查无误后要对传感器进行敲击测量，检验加速度传感器是否能正常工作，直到满足要求为止。

3) 光电传感器的安装工艺

光电传感器用于测量转子在运行中的转速信号。先在传动轴上粘贴好一片反光片(作为参考相位的起点，转速信号也是转子挠度测量的触发信号)。为使反光片能在高转速、有一定温度、有油雾的恶劣环境中工作可靠(不卷边，不飞掉)，在粘贴时可以借助“502”等胶增加其黏附力。光电传感器和反光片之间的距离要按规定并结合以往的经验调整好。在正式开车前可以通过手动盘车检查是否有转速信号输出(通过 VP-41 或 VP-30 观察)，以检查光电传感器及其连线是否能正常工作。

9.2.2　试验步骤

1. 动力涡轮轴组件

(1) 按试验器操作规程，检查试验各项准备工作。

(2) 静态下用百分表测量出传动轴有关轴向位置的径向跳动量，检查轴的加工、装配及安装质量。

(3) 人工盘车检查动力涡轮轴组件是否运转正常。

(4) 若步骤(2)和(3)的情况良好，则进行下一步操作；否则中止试验，重新进行装配或安装。

(5) 调节试验段供油压力在 0.20～0.50MPa 范围内。

(6) 根据不同的测量仪器(VP-30 一次只能测量一个测点的曲线，VP-41 可一次测量两个测点的曲线，以下不再说明)，选择一个或两个位移传感器，开车至参数限制值或额定工作转速时停车，记录整个升速过程的有关参数，然后停车。

(7) 改变位移传感器，重复步骤(6)。

(8) 根据需要重复开车试验。

(9) 按试验器操作规程停主机和辅机，试验结束。

如动力涡轮轴组件在试验过程中因为振动超过参数限制值而不能运行到额定工作转速，可以先对轴组件进行高速动平衡试验，然后再测得全转速范围内的动力特性。

2. 动力涡轮转子

(1) 按试验器操作规程，检查试验各项准备工作。

(2) 静态下用百分表测量出传动轴有关轴向位置的径向跳动量，检查轴的加工、装配及安装质量，测量第一级动力涡轮盘相应位置(见图 9.1)的端面跳动量，检查动力涡轮盘的加工和装配质量。

(3) 人工盘车检查动力涡轮转子是否运转正常。

(4) 如步骤(2)和(3)的情况良好，则进行下一步操作；否则中止试验，重新进行装配或安装。

(5) 调节真空箱压力不大于－0.080MPa，调节试验段供油压力在 0.20～0.50MPa 范围内。

(6) 根据不同的测量仪器，选择一个或两个位移传感器，开车至参数限制值或额定工作转速时停车，记录整个升速过程的有关参数，然后停车。

(7) 改变位移传感器，重复步骤(6)。

(8) 根据需要重复开车试验。

(9) 按试验器操作规程停主机和辅机，试验结束。

如动力涡轮转子在试验过程中因为振动超过参数限制值而不能运行到额定工作转速，可以先对转子进行高速动平衡试验，然后再测得全转速范围内的动力特性。

9.2.3 试验结果

在动力特性试验过程中，传动轴材料均为 GH4169，弹支刚度均在 5.63×10^6N/m 左右。

1. 动力涡轮轴组件的动力特性试验

整个试验完成了六个发动机动力涡轮轴组件的动力特性测试，试验结果基本一致。本章仅取一个动力涡轮轴组件的动力特性试验结果进行分析。

由 D_1、D_2、D_3 和 D_4 传感器测得发动机动力涡轮轴组件在 10%～100%额定工作转速范围内的幅值-转速曲线(幅频图，以下同)分别见图 9.4、图 9.6、图 9.8 和图 9.10，由 D_1、D_2、D_3 和 D_4 传感器测得发动机动力涡轮轴组件在 10%～100%额定工作转速范围内的相位-转速曲线(相频图，以下同)分别见图 9.5、图 9.7、图 9.9 和图 9.11。

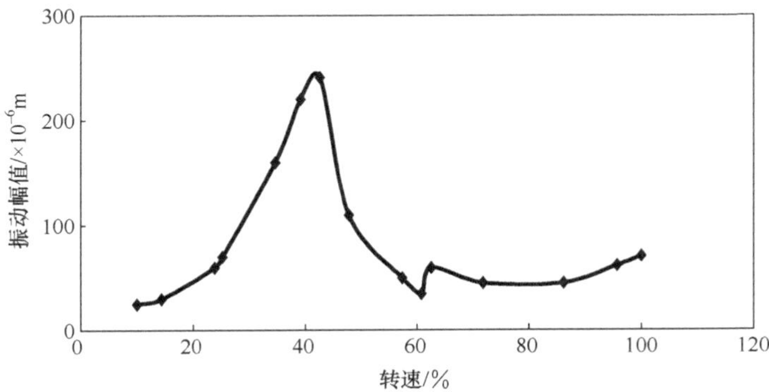

图 9.4　D_1 传感器测得动力涡轮轴组件在 10%～100%额定工作转速范围内的幅值-转速曲线

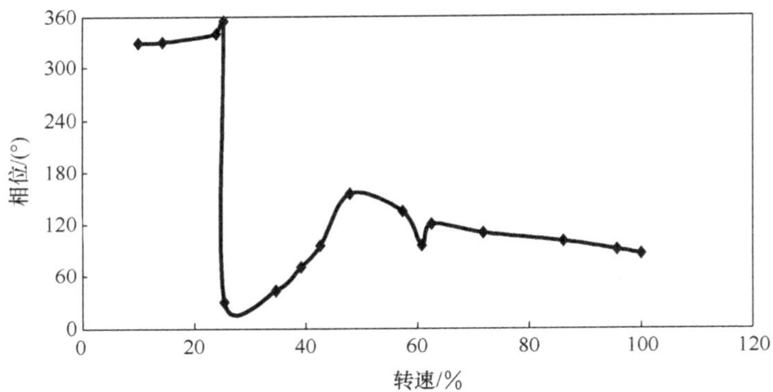

图 9.5　D_1 传感器测得动力涡轮轴组件在 10%～100%额定工作转速范围内的相位-转速曲线

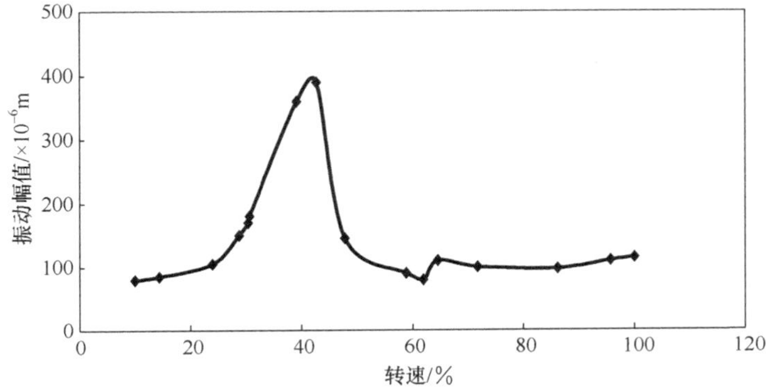

图 9.6　D_2 传感器测得动力涡轮轴组件在 10%～100%额定工作转速范围内的幅值-转速曲线

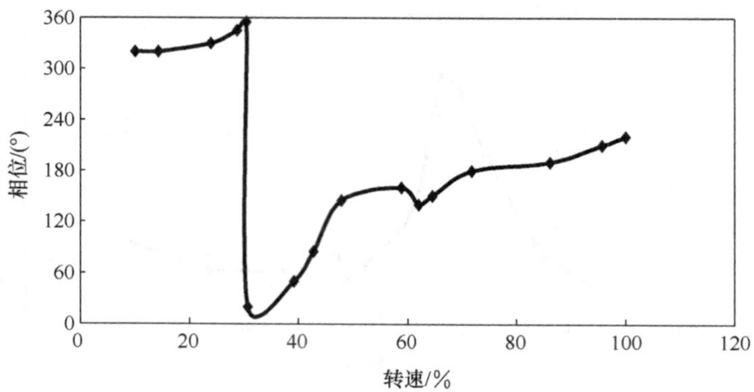

图 9.7　D_2 传感器测得动力涡轮轴组件在 10%～100%额定工作转速范围内的相位-转速曲线

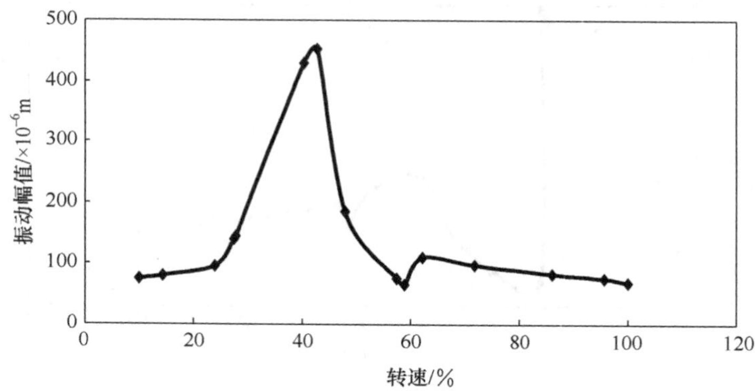

图 9.8　D_3 传感器测得动力涡轮轴组件在 10%～100%额定工作转速范围内的幅值-转速曲线

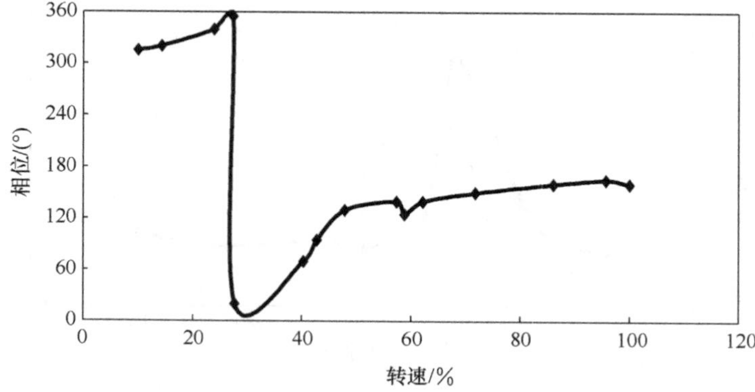

图 9.9　D_3 传感器测得动力涡轮轴组件在 10%～100%额定工作转速范围内的相位-转速曲线

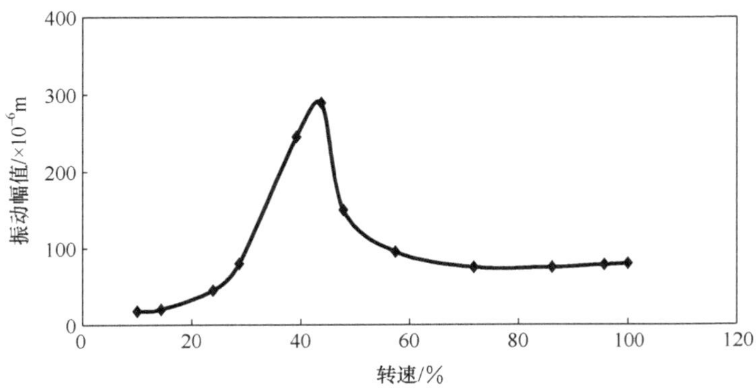

图 9.10　D_4 传感器测得动力涡轮轴组件在 10%～100%额定工作转速范围内的幅值-转速曲线

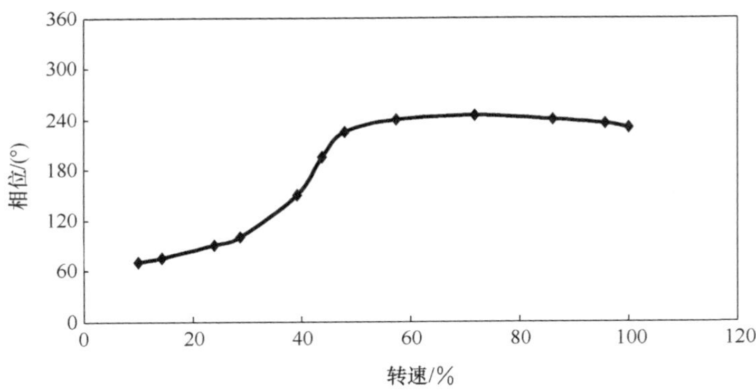

图 9.11　D_4 传感器测得动力涡轮轴组件在 10%～100%额定工作转速范围内的相位-转速曲线

从图 9.4～图 9.11 可知，动力涡轮轴组件在额定工作转速范围内只有一阶临界转速，各测点在幅频图中均只有一个明显的共振峰值。从相频图可以看出，轴组件在越过共振区时，各测点测得的相位均有明显的变化(由于阻尼的存在，相位变化在 90°～180°范围内)，说明轴组件在越过临界转速时发生了弯曲变形，相应振型为弯曲振型。

从图 9.4～图 9.11 可以得到动力涡轮轴组件的第一阶临界转速值和临界转速下的共振峰值(不平衡响应)，见表 9.2。

表 9.2 中各测点所测得的第一阶临界转速值不完全相同，主要原因是：测量仪器在一次开车试验过程中只能测量一个或两个测点的试验曲线，而在不同的开车试验过程中，开车加速度(手控)不能做到完全一致，从而导致临界转速的不同，以下不再说明。

表 9.2　动力涡轮轴组件的第一阶临界转速和共振峰值

测点	临界转速/(r/min)	共振峰值/10^{-6}m
D_1	8902	241
D_2	8933	390
D_3	8933	453
D_4	9140	289
平均值	8977	343.25

表 9.2 中各测点临界转速的平均值(8977r/min)与计算得到的动力涡轮轴组件的第一阶临界转速 9343r/min(见表 8.14)进行对比,可得动力涡轮轴组件第一阶临界转速的计算误差为 4.08%(计算误差的计算公式见(9-1),以下同),计算结果与试验结果基本吻合。由表 9.2 还可以看出,D_3 传感器测得的一阶不平衡响应最大,其次是 D_2 传感器,这和计算得到的轴组件的一阶振型图(见图 8.23)也是一致的,即 2 号平衡凸台最靠近一阶振型的反节点位置,其次是 3 号平衡凸台。

$$计算误差=\frac{|计算值-试验值|}{试验值}\times 100\% \tag{9-1}$$

动力涡轮轴组件在额定工作转速范围内只有一阶临界转速,一阶振型为弯曲振型,试验结果验证了计算模型的有效性。

2. 动力涡轮转子的动力特性试验

先后完成了数十个动力涡轮转子的动力特性试验,不同转子的试验结果均有良好的一致性。本章将以 04 号发动机动力涡轮转子为例,对动力涡轮转子的动力特性试验结果进行分析。

04 号动力涡轮转子在动力特性试验中,由 D_1、D_2、D_3 和 D_4 传感器测得在 10%～100% 额定工作转速范围内的幅值-转速曲线分别见图 9.12、图 9.14、图 9.16 和图 9.18,由 D_1、D_2、D_3 和 D_4 传感器测得在 10%～100%额定工作转速范围内的相位-转速曲线分别见图 9.13、图 9.15、图 9.17 和图 9.19。

从图 9.12～图 9.19 可知:①动力涡轮转子在额定工作转速范围内有两阶临界转速,反映在幅频图上就是有两个明显的共振峰值(5000r/min 以下的小峰值是由于电机共振引起的,并不是转子的临界转速)。从相频图可以看出,在每一个共振区,各测点的相位均发生了明显的变化(由于阻尼的存在,相位变化在 90°～180°范围内),说明转子在临界转速下发生了弯曲变形,其相应阶振型均为弯曲振型。②动力涡轮转子在慢车转速和额定工作转速下的不平衡响应都很小,尤其对额定工作转速更是如此,为动力涡轮转子在慢车转速和额定工作转速下长期安全可靠地运行提供了有效的保证。

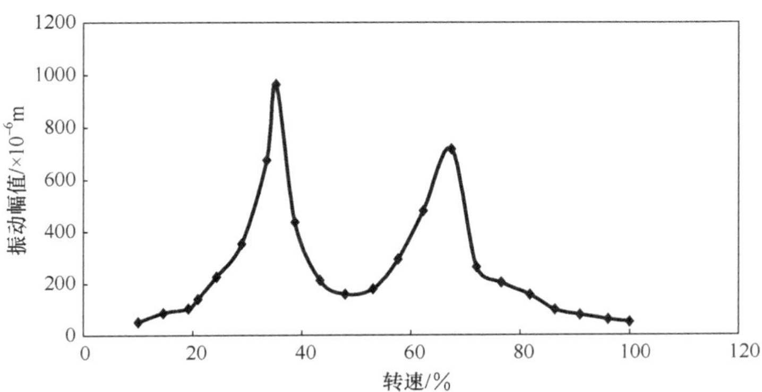

图 9.12 D_1 传感器测得 04 号动力涡轮转子在 10%～100%额定工作转速范围内的幅值-转速曲线

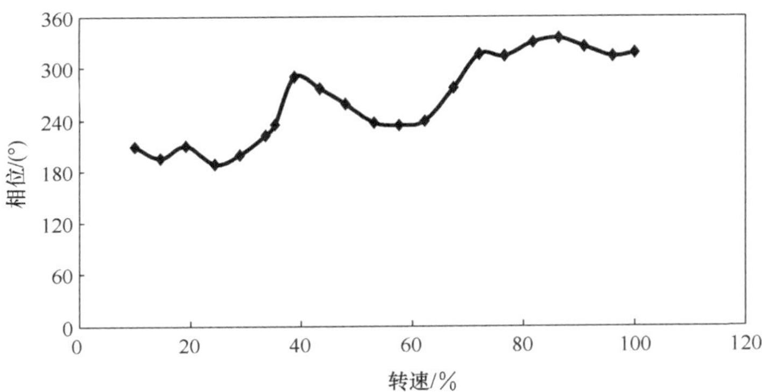

图 9.13 D_1 传感器测得 04 号动力涡轮转子在 10%～100%额定工作转速范围内的相位-转速曲线

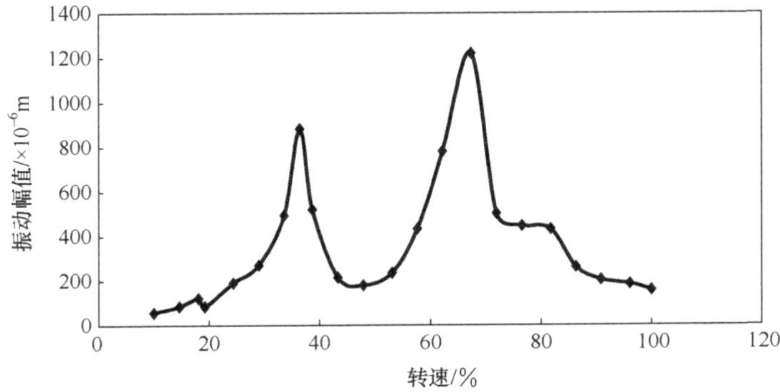

图 9.14 D_2 传感器测得 04 号动力涡轮转子在 10%～100%额定工作转速范围内的幅值-转速曲线

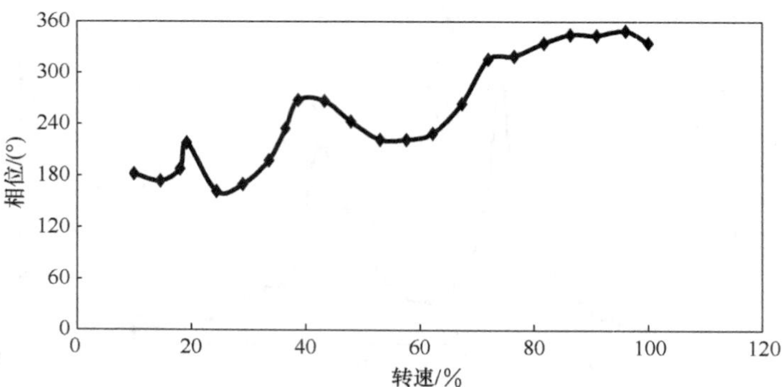

图 9.15 D_2 传感器测得 04 号动力涡轮转子在 10%～100%额定工作转速范围内的相位-转速曲线

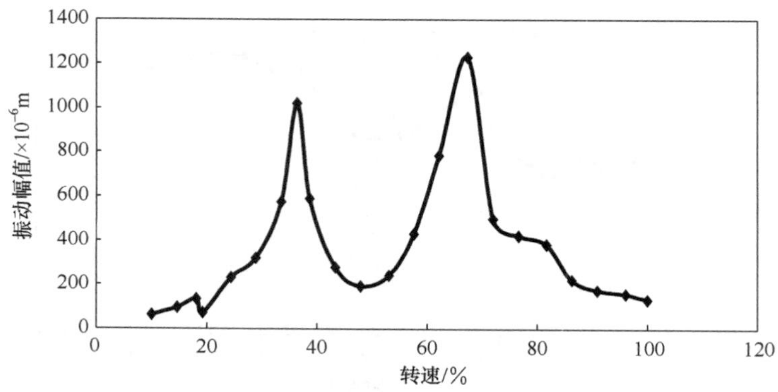

图 9.16 D_3 传感器测得 04 号动力涡轮转子在 10%～100%额定工作转速范围内的幅值-转速曲线

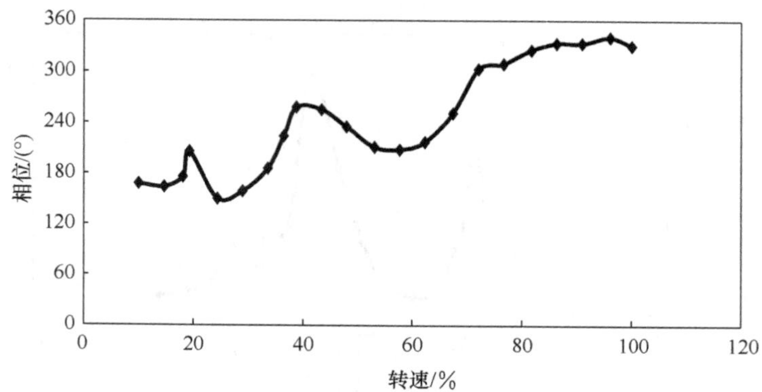

图 9.17 D_3 传感器测得 04 号动力涡轮转子在 10%～100%额定工作转速范围内的相位-转速曲线

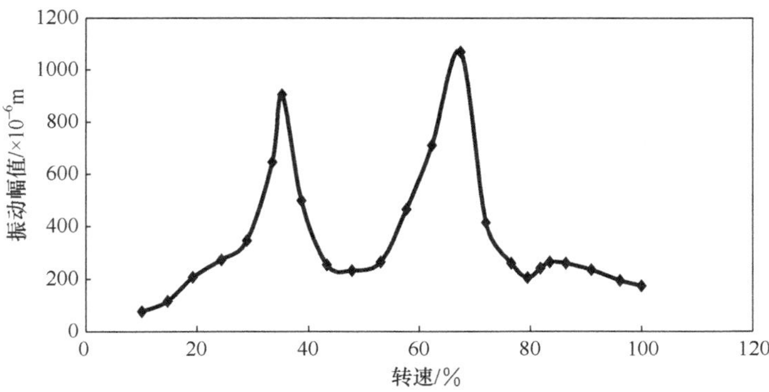

图 9.18　D_4 传感器测得 04 号动力涡轮转子在 10%～100%额定工作转速范围内的幅值-转速曲线

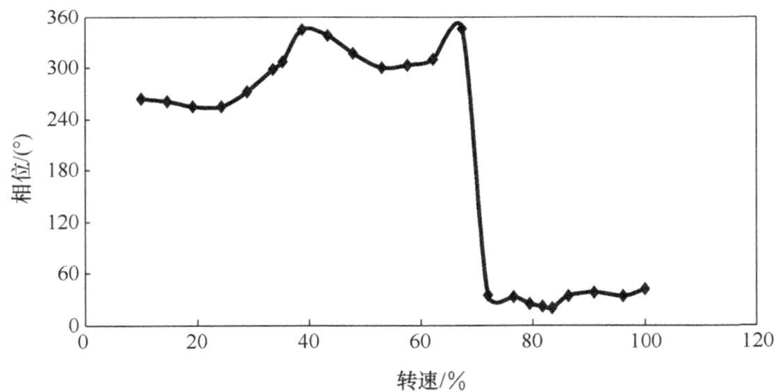

图 9.19　D_4 传感器测得 04 号动力涡轮转子在 10%～100%额定工作转速范围内的相位-转速曲线

从图 9.12～图 9.19 可以得到 04 号动力涡轮转子的第一、二阶临界转速值和在临界转速下的共振峰值(不平衡响应),见表 9.3。

表 9.3　动力涡轮转子的前两阶临界转速和共振峰值

测点	第一阶		第二阶	
	临界转速/(r/min)	共振峰值/10^{-6}m	临界转速/(r/min)	共振峰值/10^{-6}m
D_1	7374	964	14088	717
D_2	7614	884	14088	1220
D_3	7614	1020	14088	1230
D_4	7374	906	14088	1070
平均值	7494	943.5	14088	1059.25

将动力涡轮转子临界转速的计算值(见表 8.5)和试验值(平均值)进行对比,可以得到临界转速的计算误差,结果见表 9.4。

表 9.4　动力涡轮转子临界转速计算误差

转子编号	第一阶临界转速			第二阶临界转速		
	试验值 /(r/min)	计算值 /(r/min)	计算误差 /%	试验值 /(r/min)	计算值 /(r/min)	计算误差 /%
04	7494	7885	5.22	14088	14857	5.46

从表 9.4 可知,动力涡轮转子第一阶临界转速的计算误差为 5.22%,第二阶临界转速的计算误差为 5.46%。引起误差的原因主要有:①计算中的假设与实际转子有差异,计算条件和实际转子不完全一致,如实际转子有油膜刚度,计算并没有考虑,计算的弹支刚度值与试验的弹支刚度值也有一定的差别。②试验测得的临界转速值还受到开车加速度等因素的影响,计算是无法考虑的。总的来看,计算模型还是较好地反映了动力涡轮转子的真实情况,计算得到的临界转速和振型与试验结果有较好的一致性,由于实际转子的不平衡量分布是无法知道的,计算得到的不平衡响应与试验测得的不平衡响应也不可能完全一致。③试验结果表明,动力涡轮转子的一、二阶临界转速对慢车转速和额定工作转速的裕度均大于 20%,满足临界转速设计准则的要求,临界转速设计合理。

综上所述,动力涡轮转子的试验结果表明,转子在额定工作转速范围内有两阶临界转速,振型均为弯曲振型,临界转速裕度满足设计准则要求,计算模型较好地反映了转子的真实情况。

3. 装实心传动轴动力涡轮转子的动力特性试验

装实心传动轴(轴材料:GH4169)的动力涡轮转子(试验件)在动力特性试验中,由 D_1、D_2、D_3 和 D_4 传感器测得在 10%~100%额定工作转速范围内的幅值-转速曲线分别见图 9.20、图 9.22、图 9.24 和图 9.26,由 D_1、D_2、D_3 和 D_4 传感器测得在 10%~100%额定工作转速范围内的相位-转速曲线分别见图 9.21、图 9.23、图 9.25 和图 9.27。

从图 9.20~图 9.27 可知,装实心传动轴的动力涡轮转子的动力特性与装机动力涡轮转子的动力特性在规律上是一致的,同样存在两阶临界转速,振型也是弯曲振型。其前两阶临界转速值和临界转速下的共振峰值见表 9.5。

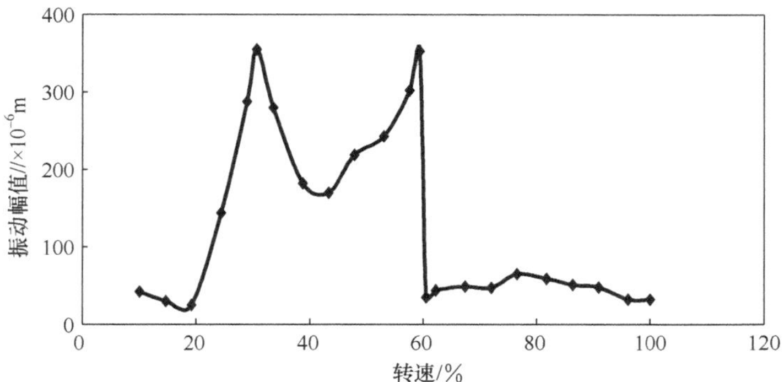

图 9.20　D_1 传感器测得装实心传动轴的动力涡轮转子在 10%～100%额定工作转速范围内的幅值-转速曲线

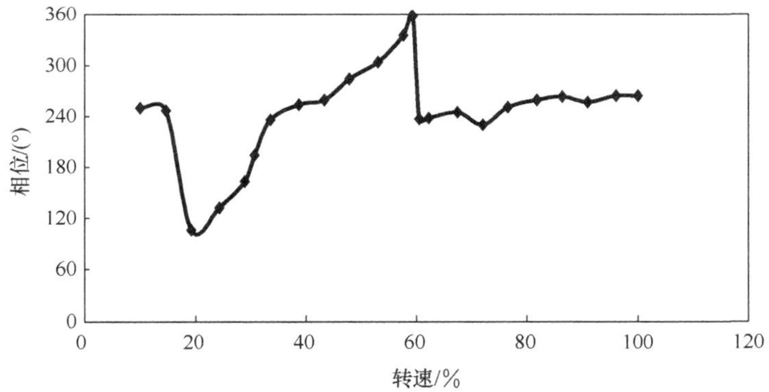

图 9.21　D_1 传感器测得装实心传动轴的动力涡轮转子在 10%～100%额定工作转速范围内的相位-转速曲线

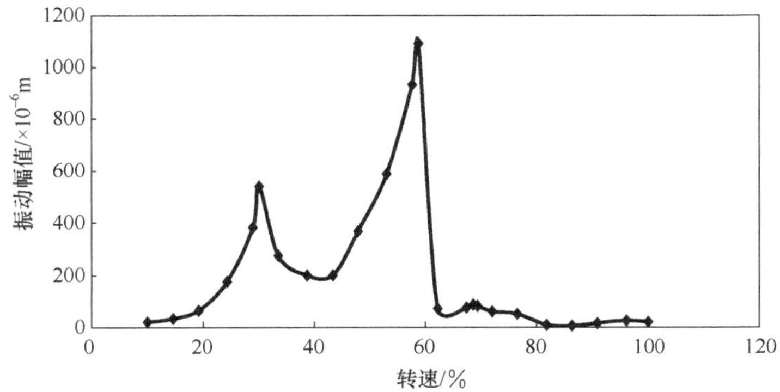

图 9.22　D_2 传感器测得装实心传动轴的动力涡轮转子在 10%～100%额定工作转速范围内的幅值-转速曲线

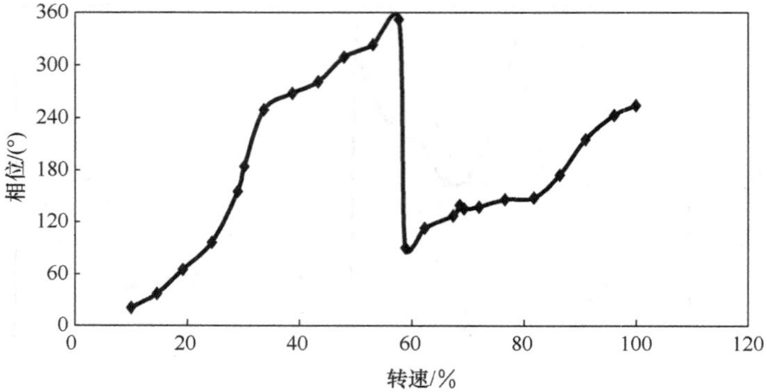

图 9.23 D_2 传感器测得装实心传动轴的动力涡轮转子在10%～100%额定工作转速范围内的相位-转速曲线

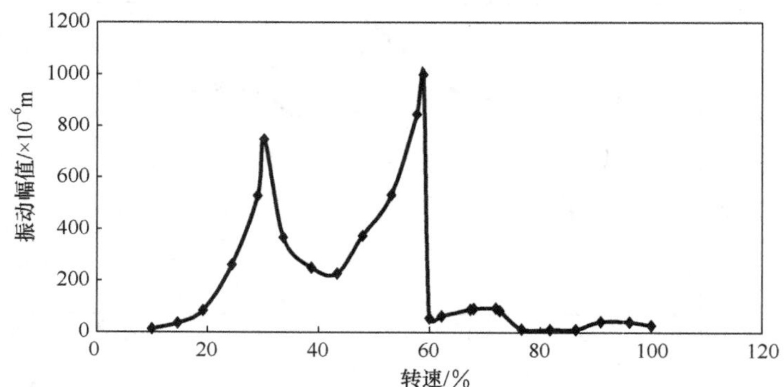

图 9.24 D_3 传感器测得装实心传动轴的动力涡轮转子在10%～100%额定工作转速范围内的幅值-转速曲线

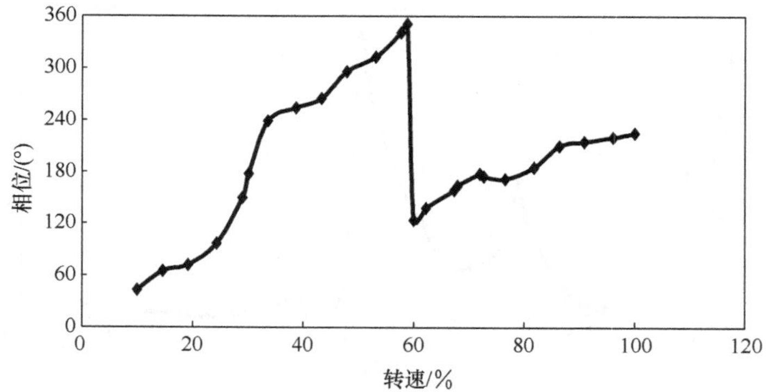

图 9.25 D_3 传感器测得装实心传动轴的动力涡轮转子在10%～100%额定工作转速范围内的相位-转速曲线

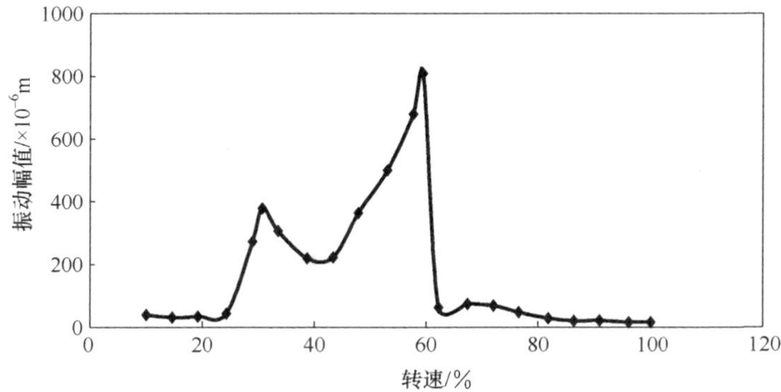

图 9.26　D_4 传感器测得装实心传动轴的动力涡轮转子在10%～100%额定工作转速范围内的幅值-转速曲线

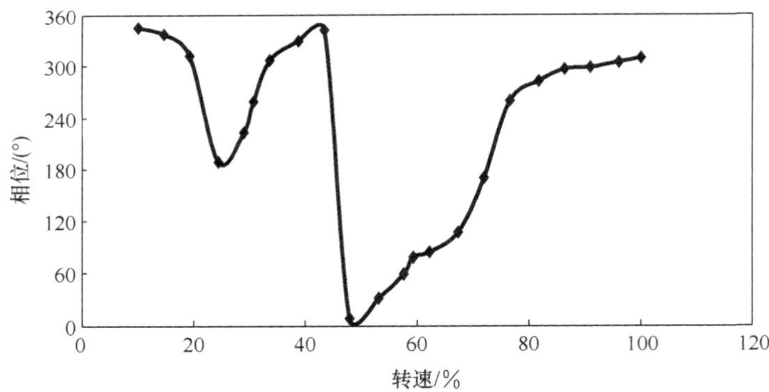

图 9.27　D_4 传感器测得装实心传动轴的动力涡轮转子在10%～100%额定工作转速范围内的相位-转速曲线

表 9.5　装实心传动轴的动力涡轮转子的前两阶临界转速和共振峰值

测点	第一阶		第二阶	
	临界转速/(r/min)	共振峰值/$\times10^{-6}$m	临界转速/(r/min)	共振峰值/$\times10^{-6}$m
D_1	6415	355	12410	353
D_2	6295	540	12290	1090
D_3	6295	747	12290	1000
D_4	6415	378	12410	808
平均值	6355	505	12350	812.75

将表 9.5 中临界转速的平均值与表 9.3 中相应阶临界转速的平均值进行对比可知，试验得到的装实心传动轴的动力涡轮转子的临界转速比装机动力涡轮转子

的相应阶临界转速低，一、二阶临界转速分别低 15.20%和 12.34%，而计算得到的装实心传动轴的动力涡轮转子的一、二阶临界转速分别比装机动力涡轮转子的相应阶临界转速低 16.44%和 14.38%(见表 8.15)，具有良好的一致性。

将装实心传动轴动力涡轮转子临界转速的计算值(见表 8.14)和试验值(平均值)进行对比，可以得到临界转速的计算误差，见表 9.6。

表 9.6 装实心传动轴的动力涡轮转子临界转速计算误差

转子编号	第一阶临界转速			第二阶临界转速		
	试验值/(r/min)	计算值/(r/min)	计算误差/%	试验值/(r/min)	计算值/(r/min)	计算误差/%
试验件转子	6355	6589	3.68	12350	12721	3.00

从表 9.6 可知，装实心传动轴的动力涡轮转子第一阶临界转速的计算误差为 3.68%，第二阶临界转速的计算误差为 3.00%，临界转速的计算结果与试验结果有良好的一致性。

4. 不装测扭基准轴动力涡轮转子的动力特性试验

动力特性试验结果表明，不装测扭基准轴的动力涡轮转子的动力特性与装机动力涡轮转子的动力特性在规律上是一致的，同样存在两阶临界转速，振型也是弯曲振型。表 9.7 是动力涡轮转子在不装测扭基准轴的情况下前两阶临界转速的试验结果。

表 9.7 不装测扭基准轴的动力涡轮转子的前两阶临界转速

测点	第一阶临界转速/(r/min)	第二阶临界转速/(r/min)
D_1	7638	14142
D_2	7708	14507
D_3	7708	14507
D_4	7569	13928
平均值	7656	14271

将表 9.7 中临界转速的平均值与表 9.3 中临界转速的平均值进行对比可知，实际得到的不装测扭基准轴的动力涡轮转子的一、二阶临界转速比装机动力涡轮转子的一、二阶临界转速分别高 2.16%和 1.30%，而计算得到的不装测扭基准轴的动力涡轮转子的一、二阶临界转速比装机动力涡轮转子的一、二阶临界转速分别高 1.67%和 4.28%(见表 8.15)，具有良好的一致性。

将不装测扭基准轴的动力涡轮转子的临界转速的计算值(见表 8.14)和试验值(平均值)进行对比,可以得到临界转速的计算误差,见表 9.8。

表 9.8　不装测扭基准轴的动力涡轮转子临界转速计算误差

转子编号	第一阶临界转速			第二阶临界转速		
	试验值/(r/min)	计算值/(r/min)	计算误差/%	试验值/(r/min)	计算值/(r/min)	计算误差/%
验证机转子	7656	8017	4.72	14271	15493	8.56

从表 9.8 可知,不装测扭基准轴的动力涡轮转子第一阶临界转速的计算误差为 4.72%,第二阶临界转速的计算误差为 8.56%,临界转速的计算结果与试验结果有良好的一致性。

9.2.4　影响动力涡轮转子动力特性的其他因素

1. 弹支刚度的影响

研究弹支刚度对动力涡轮转子动力特性的影响主要是考虑弹支刚度对转子第一阶临界转速的影响,表 9.9 是动力涡轮转子在装三种不同刚度弹性支承(转子的其余零部件均不变,试验条件也不变)的情况下,一阶临界转速的试验结果。

表 9.9　装不同刚度弹性支承的动力涡轮转子的第一阶临界转速

弹支刚度值/(10^6N/m)	第一阶临界转速/(r/min)
4.0	7014
5.63	7467
8.0	7805

从表 9.9 可以看出,弹支刚度增大一倍(从 4×10^6N/m 增大到 8×10^6N/m),第一阶临界转速增大了 11.28%(从 7014r/min 增大到 7805r/min),可见,改变弹支刚度可以对动力涡轮转子第一阶临界转速值进行有限的调整。试验结果表明,弹支刚度的改变对振型几乎没有影响。

2. 供油压力影响

在试验过程中,滑油的主要作用是为轴承提供润滑和为挤压油膜阻尼器提供介质。试验结果表明,供油压力的改变对动力涡轮转子的临界转速和振型的影响甚微,对不平衡响应有一定的影响(主要是油压对挤压油膜阻尼器的阻尼效果有一定影响),但没有实质性的影响。表 9.10 是装机动力涡轮轴组件在改变油压的试

验中由 D_3 传感器测得的一阶不平衡响应(共振峰值)。

表 9.10 供油压力对动力涡轮轴组件一阶不平衡响应的影响

供油压力/MPa	D_3 传感器测得的一阶不平衡响应/10^{-6}m
0.292	208
0.340	229
0.420	200
0.490	236

从表 9.10 可知,供油压力增大 67.8%(从 0.292MPa 增大到 0.490MPa),一阶不平衡响应的变化范围只有 18%(在 $2\times10^{-4}\sim2.36\times10^{-4}$m 变化)。可见,改变供油压力对不平衡响应的影响是十分有限的,因此,试验过程中只需要保证供油压力在一定的范围内就可以了。

9.3 动力涡轮转子超速试验研究

直升机做机动飞行,有时要求动力涡轮转子在 105%的额定工作转速下运行(不是发动机型号规范要求的),因此,在直升机地面联合试车中对发动机动力涡轮转子提出了超速试验(运行到 105%额定工作转速)要求。为确保安全,在旋转试验器上先进行动力涡轮转子超速试验是十分必要的。其主要目的是进行摸底考核,避免发动机在台架试车和/或直升机地面联合试车时由于动力涡轮转子超速而带来的巨大风险。超速试验重在考核从额定工作转速到 105%额定工作转速过程中以及在 105%额定工作转速下稳定运行时,转子振动特性的变化情况,考核转子临界转速设计是否合理,转子的各零部件在 105%额定工作转速下是否有足够的强度储备,是否具有在 105%额定工作转速下长时间安全工作的能力。

本章共完成了两个动力涡轮转子在旋转试验器上 105%额定工作转速的超速试验。基于所得到的研究成果,01 号动力涡轮转子已在发动机台架试车中顺利完成了 105%额定工作转速的超速试验(历时 1h)。

下面对 01 号动力涡轮转子在高速旋转试验器上的超速试验结果进行分析(超速试验共进行两次,每次都在 105%额定工作转速下稳定运行 5min)。动力涡轮转子超速试验的安装及测点位置与动力特性试验相同(见图 9.1)。

9.3.1 支座振动加速度

01 号动力涡轮转子在超速试验中各支座的振动加速度测量值见表 9.11。

表 9.11　超速试验中各支座振动加速度测量值

转速/(r/min)	振动加速度/(m/s²)				备注
	A_1(⊥)	A_2(=)	A_3(⊥)	A_4(=)	
额定工作转速	9	6	7	5	初始运行
额定工作转速	8	6	8	5	第一次超速试验中运行到额定工作转速
105%额定工作转速	10	6	12	5	第一次超速试验中运行到 105%额定工作转速并稳定运行 1min 后
	9	4	10	5	第一次超速试验中运行到 105%额定工作转速并稳定运行 3min 后
	9	4	7	6	第一次超速试验中运行到 105%额定工作转速并稳定运行 5min 后
额定工作转速	8	5	8	5	第二次超速试验过程中运行到额定工作转速
105%额定工作转速	10	5	10	4	第二次超速试验中运行到 105%额定工作转速并稳定运行 1min 后
	10	4	11	5	第二次超速试验中运行到 105%额定工作转速并稳定运行 3min 后
	10	4	10	5	第二次超速试验中运行到 105%额定工作转速并稳定运行 5min 后

9.3.2　转子挠度曲线

D_1、D_2、D_3 和 D_4 传感器测得 01 号动力涡轮转子在初始运行及超速试验中的幅值-转速曲线分别见图 9.28、图 9.29、图 9.30 和图 9.31。

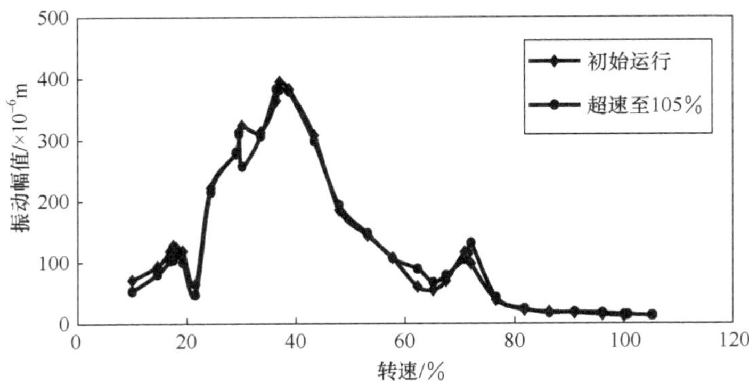

图 9.28　D_1 传感器测得动力涡轮转子在初始运行及超速试验中的幅值-转速曲线

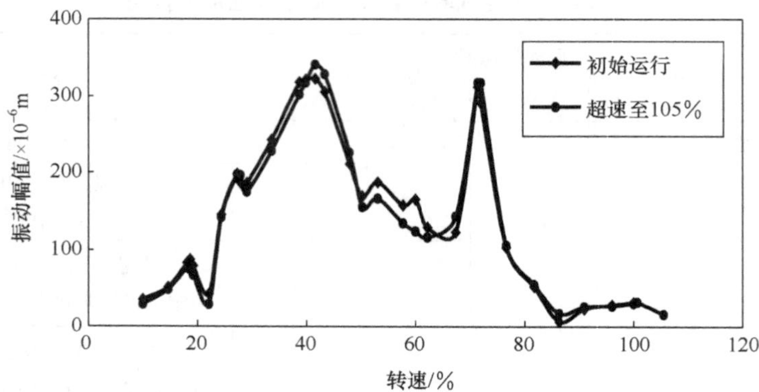

图 9.29 D_2 传感器测得动力涡轮转子在初始运行及超速试验中的幅值-转速曲线

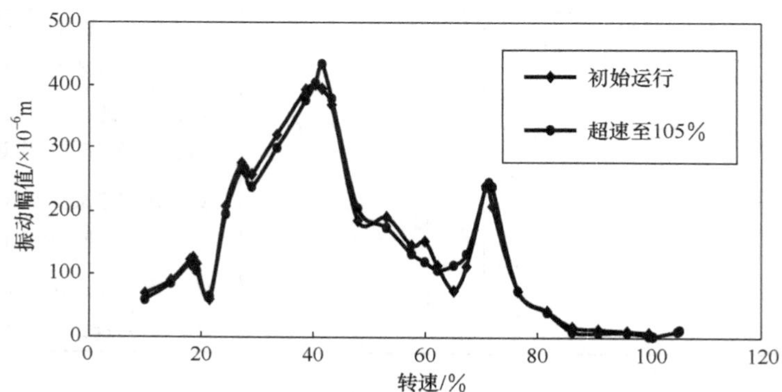

图 9.30 D_3 传感器测得动力涡轮转子在初始运行及超速试验中的幅值-转速曲线

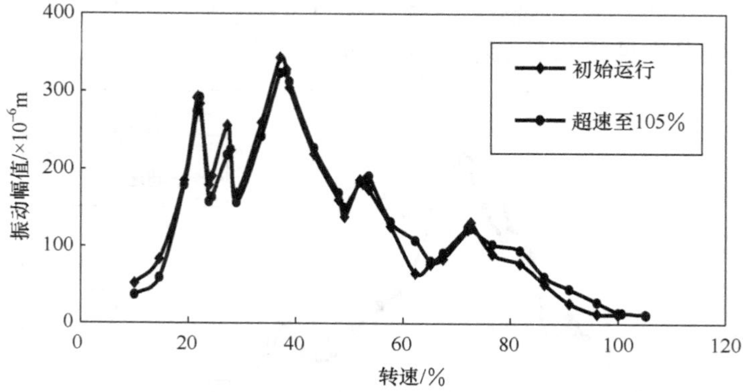

图 9.31 D_4 传感器测得动力涡轮转子在初始运行及超速试验中的幅值-转速曲线

9.3.3　结果分析

从表 9.11 可以看出，动力涡轮转子从额定工作转速到 105%额定工作转速时以及在 105%额定工作转速下稳定运行时，各支座振动加速度值均没有明显的变化。

从图 9.28～图 9.31 可知，动力涡轮转子在初始运行和超速试验中四个测点测得振动幅值-转速曲线的重复性较好。转子从额定工作转速到 105%额定工作转速过程中，转子挠度没有明显的变化，说明转子无论是在额定工作转速附近，还是在 105%额定工作转速附近，均没有临界转速存在。

下面分析动力涡轮转子在 105%额定工作转速下的振动幅值变化情况。第一次超速试验，D_2 和 D_3 传感器测得三个不同时刻的振动幅值见表 9.12，第二次超速试验，D_1 和 D_4 传感器测得三个不同时刻的振动幅值见表 9.13。

表 9.12　D_2 和 D_3 传感器测得 105%额定工作转速下振动幅值变化情况

转速/(r/min)	D_2 传感器测量值		D_3 传感器测量值		备注
	幅值/10^{-6}m	相位/(°)	幅值/10^{-6}m	相位/(°)	
105%额定工作转速	12	11	9	347	稳定运行 1min 后
	16	1	11	341	稳定运行 3min 后
	15	351	10	339	稳定运行 5min 后

表 9.13　D_1 和 D_4 传感器测得 105%额定工作转速下振动幅值变化情况

转速/(r/min)	D_1 传感器测量值		D_4 传感器测量值		备注
	幅值/10^{-6}m	相位/(°)	幅值/10^{-6}m	相位/(°)	
105%额定工作转速	14	243	9	50	稳定运行 1min 后
	11	237	11	69	稳定运行 3min 后
	13	250	8	57	稳定运行 5min 后

从表 9.12 和表 9.13 可知，转子在 105%额定工作转速下稳定运行时，各测点的转子挠度没有明显的变化。

9.3.4　超速试验小结

(1) 超速试验表明，转子从额定工作转速运行至 105%额定工作转速的过程中，转子挠度和各支座振动加速度均没有明显的变化，因此，无论在额定工作转速附近还是在 105%的额定工作转速附近，转子均不存在临界转速问题（与第 8 章的计算结果相符）。从这个角度来看，转子动力特性设计是合理的。

（2）转子在 105%额定工作转速下共稳定运行了 10min。在稳定运行期间，转子挠度和各支座振动加速度都没有明显的变化，也没有出现任何异常情况，说明转子各零部件在 105%额定工作转速下具有足够的强度储备以及长时间安全工作的能力。

9.4 小　结

本章在高速旋转试验器上对动力涡轮转子的动力特性进行了研究，并通过试验研究了弹支刚度、传动轴、测扭基准轴和动力涡轮盘等对转子动力特性的影响，完成了动力涡轮转子 105%额定工作转速的超速试验。相关结论如下：

（1）动力涡轮转子在额定工作转速范围内存在两阶临界转速，振型均为弯曲振型。

（2）动力涡轮转子的第一、二阶临界转速对慢车转速和额定工作转速的裕度均大于 20%，满足设计准则要求，临界转速设计合理。

（3）动力涡轮转子在慢车转速和额定工作转速下的不平衡响应都较小，运行十分平稳，尤其在额定工作转速下更是如此，对动力涡轮转子在慢车转速和额定工作转速下长期安全、可靠工作提供了有效保证。

（4）动力涡轮轴组件在额定工作转速范围内只有一阶临界转速，振型均为弯曲振型，两级动力涡轮盘对动力涡轮转子的动力特性有较大的影响。

（5）弹性支承的刚度对动力涡轮转子的第一阶临界转速有一定影响；测扭基准轴使动力涡轮转子的前两阶临界转速增大；传动轴从空心变为实心，动力涡轮转子的前两阶临界转速均减小。试验结果验证了计算模型的正确性。

（6）动力涡轮转子从额定工作转速运行到 105%额定工作转速以及在 105%额定工作转速下稳定运行中，转子挠度和各支座振动加速度均没有明显的变化。说明转子无论在额定工作转速附近，还是在 105%额定工作转速附近，均不存在临界转速问题。转子各零部件在 105%额定工作转速下具有足够的强度储备以及长时间安全工作的能力。

第 10 章 细长轴转子高速动平衡方法研究

本章以某涡轮轴发动机超两阶弯曲临界转速的动力涡轮转子为例对高速动平衡方法进行研究。由于结构设计的限制，该转子细长传动轴上无法预留加配重的位置，只预留了去材料的三个平衡凸台，要进行平衡操作就必须找到一种改变平衡配重的等效方法。本章提出一种通过精密平衡辅助工装——平衡卡箍来实现细长柔性转子高速动平衡的方法(美国 GE 公司在研制 T700 发动机时曾使用平衡卡箍进行高速动平衡，但没有对卡箍的设计、加工、试验等进行描述)，完成平衡卡箍在两个模拟轴上的考核验证试验，分析平衡卡箍对动力涡轮轴组件及动力涡轮转子动力特性的影响，并对平衡卡箍进行设计优化。

10.1 传动轴组件在低速动平衡机上的振动特性

动力涡轮传动轴是一个空心薄壁结构的细长柔性轴，对不平衡量十分敏感，在低转速下就已经明显地受到振型引起的附加不平衡量的影响。从传动轴组件(传动轴内孔安装测扭基准轴)在 Schenck 公司生产的低速动平衡机上进行低速动平衡试验的结果可以看出，其不平衡量是随转速变化的，见表 10.1(表中，平衡面 1 为法兰盘位置，平衡面 2 为输出端的凸台位置)。

从表 10.1 可知，传动轴组件的不平衡量随转速的变化而不断变化。如当转速从 1029r/min 增大到 5496r/min 时，平衡面 1 的不平衡量增大了 92.31%，相位变化了 174°(几乎反相)，平衡面 2 的不平衡量增大了 13.62%，相位变化了 276°；当转速从 5005r/min 增大到 5496r/min 时，平衡面 1 的不平衡量增大了 193.20%，相位变化了 49°，平衡面 2 的不平衡量减小了 9.82%，相位变化了 326°。可见，即使在低转速范围内，传动轴组件在某一转速下进行了良好的平衡，只要转速稍有变化，平衡就会被破坏。可见，装传动轴组件的动力涡轮转子是一个带细长柔性轴的柔性转子，必须按照柔性转子的平衡理论进行高速动平衡。要对动力涡轮转子进行高速动平衡，就必须准确找出转子上不平衡量的大小和相位，这是进行平衡的前提和关键。而实际结构上又无法在传动轴上预留加试配重和平衡配重的位置，仅预留了三个去材料的平衡凸台。因此，要进行动平衡，就必须先找出平衡凸台处不平衡量的大小和相位。在最初的探索研究中，曾经试图通过在涡轮叶片上绕金属线和在轴上缠胶带的方法对转子进行平衡，但只取得了极有限的平衡效果，不能满足高转速下的平衡要求，其安全性和可靠性难以保证。因此，必须寻找一种改变平衡重量的等效替代方法。本章设计了一组精密平衡辅助工装——平衡卡箍，在平衡过程中将平衡卡箍安装在平衡凸台上，通过卡箍可以精确、高效地找出转子（轴组件）不平衡量的大小和相位，从而方便地完成转子（轴组件）的高速动平衡试验。

表 10.1 低速动平衡机测得的轴组件在不同转速下的不平衡量

转速/(r/min)	平衡面 1 的不平衡量		平衡面 2 的不平衡量	
	大小/10^{-5}kg · m	相位/(°)	大小/10^{-5}kg · m	相位/(°)
1029	2.444	84	0.646	54
1501	1.434	92	1.936	53
2058	1.948	94	1.086	59
2513	1.530	89	1.077	54
2986	1.567	92	1.045	52
3476	1.394	97	1.019	48
4015	1.302	101	0.946	45
4514	0.712	104	0.827	36
5005	1.603	209	0.814	4
5496	4.700	258	0.734	330

10.2 平衡卡箍的设计加工及强度校核

10.2.1 平衡卡箍的设计加工

设计制造高速动平衡用的平衡卡箍需遵循以下原则：

(1) 最小的尺寸和质量；

(2) 精密的制造；

(3) 精确的卡箍预平衡。

根据以上原则，设计了一组（共八个，分别编号为 1、2、3、4、5、6、7、8）精密平衡卡箍（该设计获两项国家专利）。平衡卡箍由带中心轴孔的两个平衡卡环组成，圆周上均布有螺纹孔（共 22 个，按 24 个螺纹孔周向均布，平衡卡箍两半环的配合面考虑到配合精度不留螺纹孔），螺纹孔内根据不平衡量的大小和相位，设置配重螺钉，使其可在一个精确的角向位置加平衡配重。两个平衡卡环的外表面为对称多边形，其外表面的两边各设有一个固紧螺栓孔，用螺栓和螺帽固紧。卡箍在轴上安装应具有一定的紧配合能力，以保证旋转时尤其是在高转速和高振动时配重的确定位置。

平衡卡箍采取周向中心对称设计，选用了密度小、强度高的钛合金材料。为减小质量，卡箍外形尺寸设计相对较小（能够满足实际工程需要并考虑到操作方便和使用安全)，使用精密数控机床加工，以满足设计图纸规定的尺寸和形位公差要求(平衡卡箍加工时，各零件的相对安装位置通过刻在零件上的标记唯一确定，多次拆装也不会发生混淆)。加工完成后，八个平衡卡箍的质量分别见表 10.2。从表 10.2 可以看出，每个平衡卡箍的质量都非常小，均在 132g 左右(称重设备为 MP200B 精密电子天平)。卡箍的平均质量仅为 132.79g，最重的卡箍与最轻的卡箍只相差 1.43g。可见，平衡卡箍不但质量小，而且加工精度也比较高。加工完成后，平衡卡箍还进行了高精度的低速动平衡。尽管平衡卡箍厚度较薄，但还是使用了两个平衡面(两侧面)进行平衡，要求每个平衡面的动平衡精度均达到 5×10^{-7} kg·m(作为工装，平衡卡箍比一般零部件所要求达到的动平衡精度高一个数量级)。低速动平衡结果见表 10.3。从表 10.3 可以看出，低速动平衡后，八个卡箍基本达到了平衡精度要求。

表 10.2　平衡卡箍的质量

卡箍编号	1	2	3	4	5	6	7	8
质量/10^{-3}kg	132.95	132.94	133.33	132.61	131.90	132.36	133.31	132.94

表 10.3　平衡卡箍的低速动平衡结果

卡箍编号	初始不平衡量/10^{-7}kg·m		残余不平衡量/10^{-7}kg·m	
	侧面 1	侧面 2	侧面 1	侧面 2
1	170	140	6	6
2	170	30	6	5
3	120	150	5	5
4	230	140	4	6
5	120	80	4	5
6	50	11	5	5
7	50	90	6	5
8	60	120	6	5

10.2.2　平衡卡箍的强度校核

强度校核由 NASTRAN 程序完成。平衡卡箍安装在传动轴上有一定的过盈量。试验过程中平衡卡箍与轴一起旋转，主要承受与轴装配时的预紧力和由工作转速产生的离心力。用于制造平衡卡箍的钛合金在常温下的材料性能数据见表 10.4。

表 10.4 平衡卡箍材料的性能数据

材料	弹性模量 E/GPa	泊松比 μ	材料密度 ρ /(10^3kg/m^3)	屈服极限 $\sigma_{0.2}$/MPa
钛合金	109	0.3	4.44	825

平衡卡箍的几何形状与载荷均周向对称。采用 PATRAN 程序进行了有限元网格划分,计算模型的单元总数为 1195,节点总数为 2395。采用 NASTRAN 程序对计算模型进行计算。计算时先按离心力和预紧力单独作用分别进行计算,然后将其叠加,得到预紧力和离心力同时作用下的应力。在离心力和预紧力两种载荷作用下,平衡卡箍的最大当量应力 σ_{efmax} 和最小安全系数 n(计算公式见(10-1))见表 10.5。

$$n=\sigma_{0.2}/\sigma_{efmax} \tag{10-1}$$

表 10.5 平衡卡箍的最大当量应力和最小安全系数

最大当量应力 σ_{efmax}/MPa	屈服极限 $\sigma_{0.2}$/MPa	最小安全系数 n
292.69	825	2.82

根据徐灏主编的《机械设计手册》(第 3 卷)[33],安全系数应满足 $n\geqslant1.5$ 的要求,因此,平衡卡箍在实际使用中,具有足够的强度储备,可以用于动力涡轮转子的高速动平衡试验。

10.3 平衡卡箍的考核试验

根据强度校核结果,设计、加工的八个平衡卡箍具有足够的强度储备,从理论上来说可以满足安全性和可靠性的要求。然而,为确保试验设备和动力涡轮转子的安全,平衡卡箍在用于动力涡轮转子高速动平衡试验前,先在模拟轴上进行考核试验。考核试验主要达到以下目的:①平衡卡箍的平衡性能;②平衡卡箍对模拟轴临界转速和振动幅值的影响;③平衡卡箍对已平衡的和没有平衡的轴的振动响应有何影响,在卡箍上加临时配重达到的平衡,与去掉平衡卡箍后进行的永久性校正所达到的平衡是否一致。考核试验分两步进行:首先在模拟轴上进行,然后在动力涡轮模拟实心轴上进行。

10.3.1 在模拟轴上的考核试验

1. 平衡卡箍对模拟轴临界转速和振动幅值的影响

平衡卡箍在模拟轴(轴材料为 40CrA,在进行高速动平衡试验前,已用 Schenck 公司生产的低速动平衡机对模拟轴进行了两平面低速动平衡试验,平衡

精度为 5×10^{-6}kg·m)上的考核试验在临界转速模拟试验器上进行，重点是考核平衡卡箍对模拟轴临界转速以及临界转速下的转子挠度-振动幅值(对支座振动加速度的影响很小，不单独进行分析，以下同)的影响，考核试验中，模拟轴的安装及测试示意图见图 10.1，转子挠度测试仪器为 Schenck 公司生产的 VP-30 多功能振动分析仪。

考核步骤如下：

(1) 模拟轴不装平衡卡箍时，开车到 10000r/min，由位移传感器 $D_1\sim D_4$ 分别记录转子挠度曲线。

(2) 在模拟轴 3 号平衡凸台 0°位置(相对于参考相位零点)装上 1 号平衡卡箍，开车到 10000r/min，由 $D_1\sim D_4$ 分别记录转子挠度曲线。

(3) 1 号平衡卡箍沿模拟轴周向依次偏转 45°、90°、135°、180°、225°、270°和 315°，重复步骤(2)。

(4) 在模拟轴 3 号平衡凸台上依次装上 2～8 号平衡卡箍，重复步骤(2)～(3)。

(5) 在模拟轴 3 号和 4 号平衡凸台装两个平衡卡箍(随机安装)，重复步骤(2)。

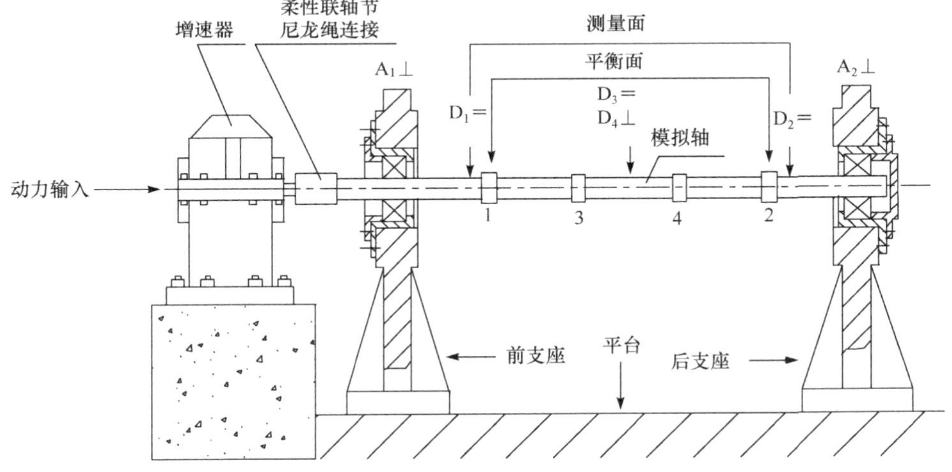

图 10.1　模拟轴的安装及测试示意图

图中，A_1、A_2 为加速度传感器；D_1、D_2、D_3、D_4 为位移传感器；符号“＝”表示水平方向；符号“⊥”表示垂直方向；1、2、3、4 分别代表 1、2、3、4 号平衡凸台。

通过分析以上大量试验数据可以得到，平衡卡箍对模拟轴的临界转速和振动幅值的影响均在 5%左右。

通过试验曲线分析平衡卡箍对模拟轴动力特性的影响。模拟轴在不装平衡卡箍和装两个平衡卡箍(分别装于 3 号和 4 号平衡凸台)时，D_3 传感器测得在 1500～10000r/min 转速范围内的幅值-转速曲线见图 10.2。

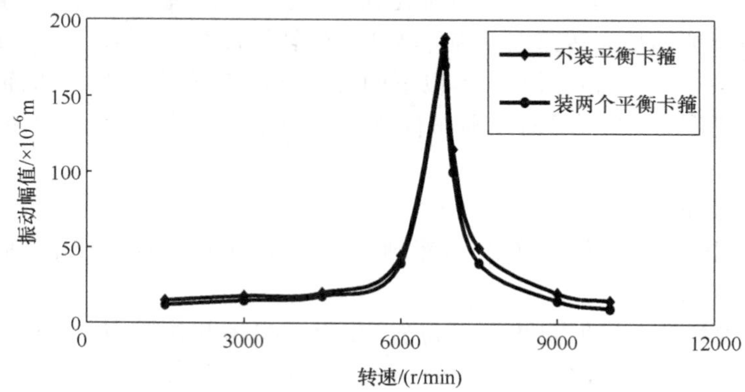

图 10.2　D_3 传感器测得模拟轴不装平衡卡箍和装两个平衡卡箍时在 1500～10000r/min 转速范围的幅值-转速曲线

从图 10.2 可以得到平衡卡箍对模拟轴临界转速和振动幅值的影响，见表 10.6。

表 10.6　平衡卡箍对模拟轴临界转速和振动幅值的影响

模拟轴状态	临界转速/(r/min)	临界转速下 D_3 处的振动幅值/10^{-6}m
不装平衡卡箍	6857	188
装两个平衡卡箍	6825	179
变化率/%	0.47	4.79

从表 10.6 可知，平衡卡箍对模拟轴临界转速和振动幅值的影响均很小(5%以内)，能够满足工程要求。

2. 平衡卡箍的平衡性能

平衡性能考核试验就是使用平衡卡箍能否完成模拟轴的高速动平衡试验。在高速动平衡试验前，先在 3 号和 4 号平衡凸台 0°位置分别装上 1 号和 2 号平衡卡箍，用两平面影响系数法平衡，平衡转速为 7250r/min(高于一阶临界转速)，平衡测试仪器为 VP-30 多功能振动分析仪，试配重和平衡配重均为平衡螺钉(加在平衡卡箍上)，最终平衡时在模拟轴 1 号和 2 号平衡凸台的相应位置打磨去材料，平衡过程数据见表 10.7。高速动平衡前和高速动平衡后，由 D_3 传感器测得在 1500～10000r/min 转速范围内的幅值-转速曲线见图 10.3。

表 10.7　模拟轴高速动平衡试验过程

平衡转速/(r/min)	D_1 测点		D_2 测点		备注
	幅值/10^{-6}m	相位/(°)	幅值/10^{-6}m	相位/(°)	
7250	71	93	70	86	初始运行
	25	282	36	285	在 1 号平衡卡箍 0°加 0.74g 试配重后
	127	17	121	13	在 2 号平衡卡箍 90°加 0.74g 试配重后
	16	44	6	29	VP-30 平衡仪计算出需在 1 号平衡卡箍 316°和 2 号平衡卡箍 37°分别加 0.199g 和 0.311g 的平衡配重。实际在模拟轴 1 号和 2 号平衡凸台对应位置上打磨去材料后

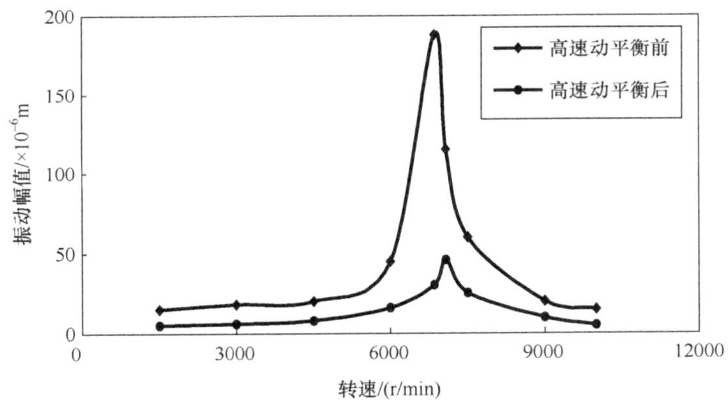

图 10.3　D_3 传感器测得高速动平衡前和高速动平衡后在 1500～10000r/min 转速范围内的幅值-转速曲线

综合表 10.7 和图 10.3，可以得到平衡卡箍对模拟轴的平衡效果，见表 10.8。

表 10.8　平衡卡箍对模拟轴的平衡效果

模拟轴状态	临界转速下振动幅值/10^{-6}m	平衡转速下振动幅值/10^{-6}m	
	D_3 测点	D_1 测点	D_2 测点
高速动平衡前	188	71	70
高速动平衡后	46	16	6
平衡效果/%	75.53	77.46	91.43

表中平衡效果的计算公式为(以下同)：

$$平衡效果=\frac{平衡前振动幅值-平衡后振动幅值}{平衡前振动幅值}\times 100\% \tag{10-2}$$

从表 10.8 可知，平衡卡箍对模拟轴的高速动平衡效果高达 77.46%～91.43%，表明平衡卡箍的平衡性能良好。

10.3.2 动力涡轮模拟实心轴上的考核试验

1. 动力涡轮模拟实心轴的高速动平衡

平衡卡箍在动力涡轮模拟实心轴(轴材料为 GH4169，与发动机动力涡轮传动轴相比，除了轴不是空心以外，材料、外部尺寸和形状与装机件基本相同，只有个别地方略作修改，为了考核平衡卡箍的平衡能力，在进行高速动平衡试验前没有对该模拟实心轴进行低速动平衡试验)上的考核试验同样在临界转速模拟试验器上进行，重点考核卡箍的平衡能力。考核试验中，动力涡轮模拟实心轴的安装及测试示意图见图 10.4。由于加工完成后没有进行低速动平衡，模拟轴的初始不平衡量较大，在高速动平衡前不能安全地越过第一阶弯曲临界转速，用两平面影响系数法平衡，平衡转速为 5800r/min(低于一阶临界转速)。平衡试验前，先在模拟实心轴的 1 号和 2 号平衡凸台 0°位置分别装上 1 号和 2 号平衡卡箍，平衡测试仪器为 VP-30 多功能振动分析仪，试配重和平衡配重均为平衡螺钉(加在平衡卡箍上)，最终平衡时，在模拟轴 1 号和 2 号平衡凸台的相应位置打磨去材料，平衡过程数据见表 10.9。高速动平衡前和高速动平衡后，由 D_3 传感器测得幅值-转速曲线见图 10.5 中的相应曲线。

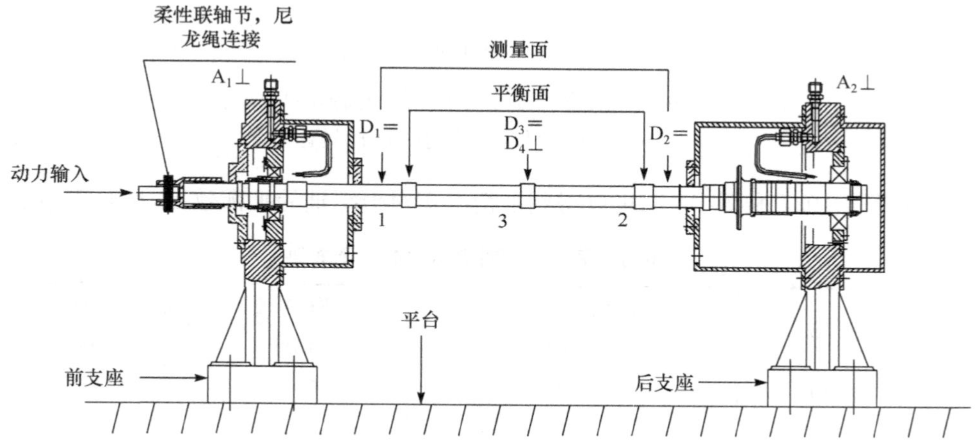

图 10.4 动力涡轮模拟实心轴的安装及测试示意图

图中，A_1、A_2 为加速度传感器；D_1、D_2、D_3、D_4 为位移传感器；符号“＝”表示水平方向；符号“⊥”表示垂直方向；1、2、3 分别代表 1、2、3 号平衡凸台。

表 10.9　动力涡轮模拟实心轴的高速动平衡试验过程

平衡转速/(r/min)	D_1 测点		D_2 测点		备注
	幅值/10^{-6}m	相位/(°)	幅值/10^{-6}m	相位/(°)	
5800	131	44	183	38	初始运行
	115	64	150	57	在 1 号平衡卡箍 45°加 0.44g 试配重
	76	42	106	30	在 2 号平衡卡箍 90°加 0.44g 试配重
	26	229	10	239	VP-30 平衡仪计算出需在 1 号平衡卡箍 146°和 2 号平衡卡箍 5°分别加 1.452g 和 0.800g 的平衡配重。实际在轴的对应位置上打磨去材料后

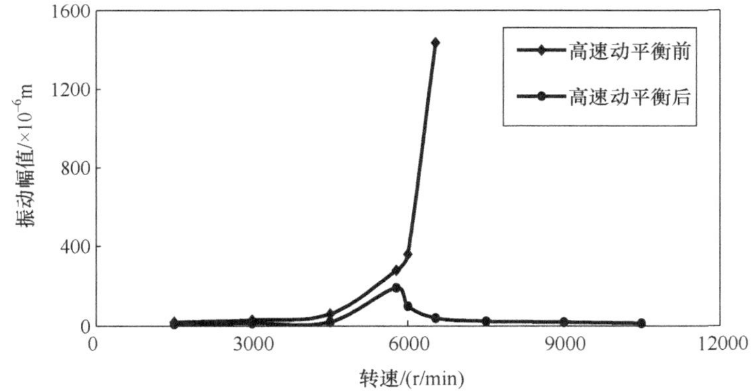

图 10.5　D_3 传感器测得高速动平衡前和高速动平衡后的幅值-转速曲线

由表 10.9 可以得到在平衡转速下卡箍对动力涡轮模拟实心轴的平衡效果，见表 10.10。

表 10.10　在平衡转速下平衡卡箍对动力涡轮模拟实心轴的平衡效果

动力涡轮模拟实心轴状态	平衡转速下的振动幅值/10^{-6}m	
	D_1 测点	D_2 测点
高速动平衡前	131	183
高速动平衡后	26	10
平衡效果/%	80.15	94.54

从表 10.10 可知，在平衡转速下平衡卡箍对动力涡轮模拟实心轴的高速动平衡效果高达 80.15%～94.54%。

对 D_3 传感器测得高速动平衡前和高速动平衡后的最大振动幅值(见图 10.5)进行对比分析，结果见表 10.11。

表 10.11　高速动平衡前、后动力涡轮模拟实心轴最大振动幅值对比分析

状态	D_3 测点	备注
高速动平衡前最大振动幅值/10^{-6}m	1435	在 6530r/min 下
高速动平衡后最大振动幅值/10^{-6}m	192	在 5775r/min(临界转速)下
平衡效果/%	86.62	

从图 10.5 和表 10.11 可知，平衡前的模拟实心轴由于没有进行低速动平衡，具有较大的初始不平衡量，不能安全地越过第一阶弯曲临界转速。平衡后的模拟实心轴不但能十分平稳地越过第一阶弯曲临界转速，而且其最大振动幅值比高速动平衡前下降了 86.62%(若考虑高速动平衡前的振动幅值还在随转速的升高而急剧增大的实际情况，实际的平衡效果还要更好)。

综上所述，平衡卡箍对没有进行低速动平衡的动力涡轮模拟实心轴取得了很好的平衡效果，具有很强的平衡能力，再一次证明了平衡卡箍的平衡性能良好。

2. 平衡卡箍对动力涡轮模拟实心轴临界转速和振动幅值的影响

平衡卡箍对动力涡轮模拟实心轴临界转速和振动幅值的影响考核试验在高速动平衡试验后进行。下面对试验结果进行分析。

动力涡轮模拟实心轴在不装平衡卡箍和装两个平衡卡箍(随机装两个平衡卡箍，分别装在 1 号和 2 号平衡凸台上)的情况下，D_3 传感器测得在 1500～10500 r/min 转速范围内的幅值-转速曲线见图 10.6。

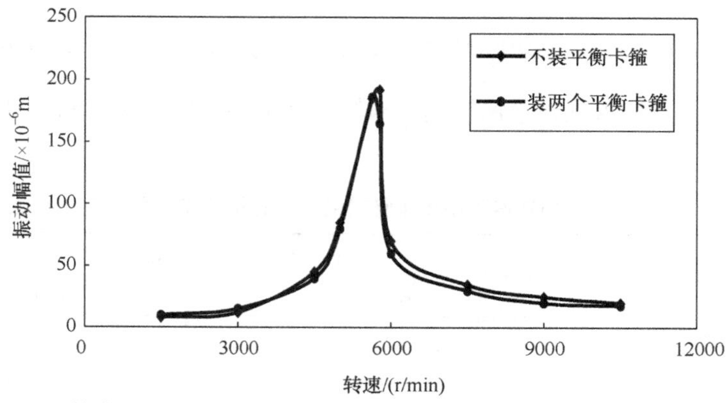

图 10.6　D_3 传感器测得动力涡轮模拟实心轴不装平衡卡箍和装两个平衡卡箍时在 1500～10500r/min 转速范围内的幅值-转速曲线

从图 10.6 可以得到平衡卡箍对动力涡轮模拟实心轴临界转速和振动幅值的影响，见表 10.12。

表 10.12　平衡卡箍对动力涡轮模拟实心轴临界转速和振动幅值的影响

模拟轴状态	临界转速/(r/min)	临界转速下的振动幅值/10^{-6}m
不带平衡卡箍	5775	192
装两个平衡卡箍	5625	186
变化率/%	2.59	3.13

从表 10.12 可知，在动力涡轮模拟实心轴上装两个平衡卡箍时，其第一阶临界转速下降了 2.59%，临界转速下的振动幅值变化了 3.13%，没有对模拟轴的临界转速和振动幅值带来明显的影响，可以满足动力涡轮轴组件和动力涡轮转子高速动平衡的需要。

综上所述，通过模拟轴和动力涡轮模拟实心轴对平衡卡箍的考核试验结果可知，平衡卡箍的使用性能和平衡性能良好，具有很强的平衡能力。对模拟轴的临界转速和振动幅值没有造成明显的影响。在平衡卡箍上加临时试重所取得的平衡效果与在轴上去材料的永久性校正所取得的平衡效果是非常一致的，可以应用于发动机动力涡轮轴组件和动力涡轮转子的高速动平衡试验。

10.4　平衡卡箍对发动机动力涡轮轴组件和转子动力特性的影响

10.4.1　理论分析

为了得到平衡卡箍对发动机动力涡轮轴组件和转子动力特性的影响，在高速动平衡试验前，先进行理论分析。

1. 计算模型

用 SAMCEF/ROTOR 分析软件建立的有限元计算模型分别见图 10.7 和图 10.8，建模细则和图形中的符号说明分别与 8.1.1 第 1 小节和第 2 小节相同，图 10.7 或图 10.8 中表示在 1、2、3 号平衡凸台位置分别安装了一个平衡卡箍，平衡卡箍按集中质量(由于半径很小，不考虑转动惯量)处理，用圆圈表示。

2. 计算原始数据

每安装一个平衡卡箍，在该位置增加 132g 的集中质量，同时附加 5×10^{-7}kg · m 的不平衡量，其余计算原始数据与 8.1.1 第 3 小节和第 1 小节相同。

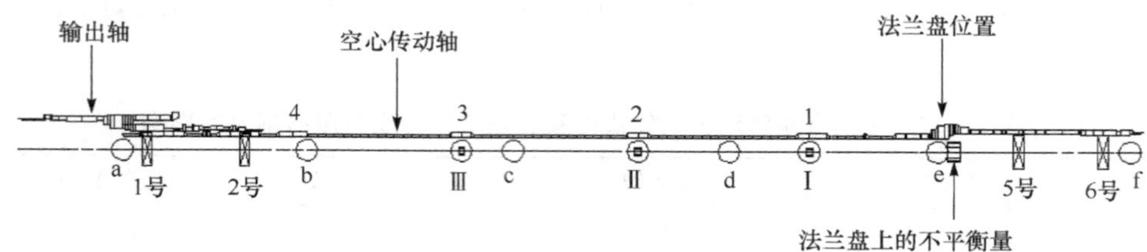

图 10.7　装平衡卡箍时动力涡轮轴组件的计算模型

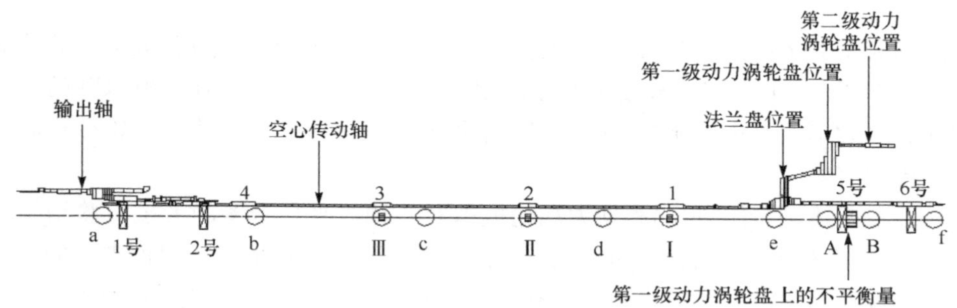

图 10.8　装平衡卡箍时动力涡轮转子的计算模型

3. 计算结果及分析

从计算得到的动力涡轮轴组件和动力涡轮转子的振型图可知，在动力涡轮轴组件或动力涡轮转子的高速动平衡试验过程中只需一个或两个平衡面就可满足要求，因此，在实际使用过程中只需要在传动轴上安装一个或两个平衡卡箍。下面的计算仅以装两个平衡卡箍的情况为例(分别装在 1 号和 3 号平衡凸台上)，很显然，装一个平衡卡箍的情况要优于装两个平衡卡箍的情况(因为平衡卡箍本身有质量和不平衡量)。

计算时 5 号弹支刚度取值均为 5.63×10^6 N/m。

1) 对临界转速的影响

动力涡轮轴组件和动力涡轮转子(在 1 号和 3 号平衡凸台上分别安装一个平衡卡箍)的前三阶临界转速值计算值分别见表 10.13 和表 10.14。

表 10.13　装平衡卡箍时动力涡轮轴组件的临界转速计算值

状态	临界转速/(r/min)		
	一阶	二阶	三阶
装两个平衡卡箍的动力涡轮轴组件	8554	23105	45051

表 10.14　装平衡卡箍时动力涡轮转子的临界转速计算值

状态	临界转速/(r/min)		
	一阶	二阶	三阶
装两个平衡卡箍的动力涡轮转子	7577	13719	38959

将表 10.13 与表 8.14 进行对比可知，动力涡轮轴组件装上两个平衡卡箍后，一、二、三阶临界转速分别下降了 8.44%、8.72%和 0.34%。

将表 10.14 与表 8.5 进行对比可知，动力涡轮转子装上两个平衡卡箍后，一、二、三阶临界转速分别下降了 3.91%、7.66%和 2.38%。

从计算结果可以看出，平衡卡箍对动力涡轮轴组件临界转速的影响要大于对动力涡轮转子临界转速的影响，并且都对第二阶临界转速的影响最明显，但总的来说，并没有对轴组件和转子的临界转速造成明显的影响。

2）对振型的影响

(1) 对动力涡轮轴组件振型的影响。

在 1 号和 3 号平衡凸台上分别装上一个平衡卡箍后，动力涡轮轴组件的前三阶振型图分别见图 10.9、图 10.10 和图 10.11。

图 10.9　装平衡卡箍时动力涡轮轴组件的第一阶振型

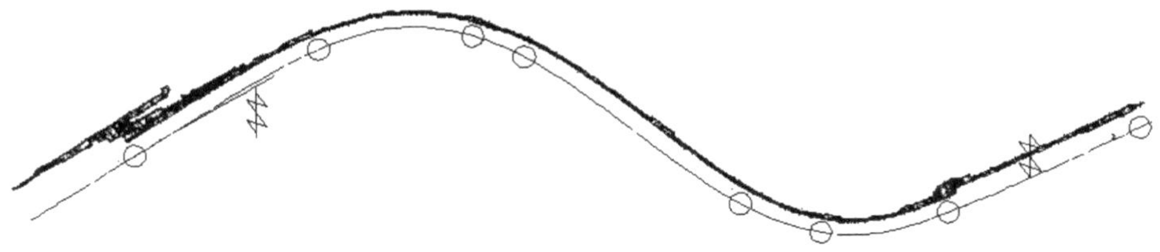

图 10.10　装平衡卡箍时动力涡轮轴组件的第二阶振型

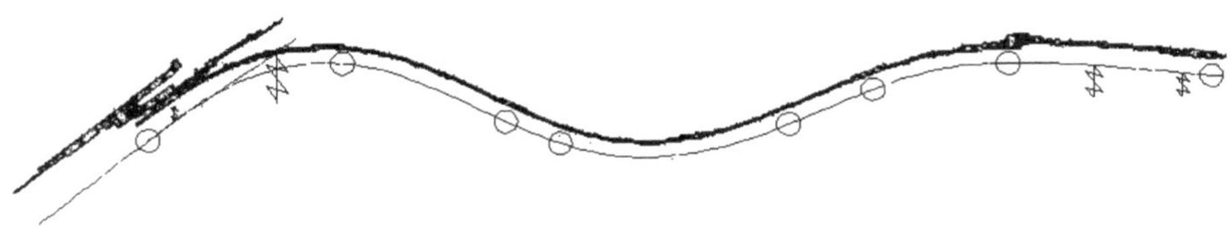

图 10.11　装平衡卡箍时动力涡轮轴组件的第三阶振型

分别对比图 10.9 和图 8.23、图 10.10 和图 8.24、图 10.11 和图 8.25 可知，在动力涡轮轴组件上安装两个平衡卡箍对振型的影响甚微。

(2) 对动力涡轮转子振型的影响。

在 1 号和 3 号平衡凸台上分别装上一个平衡卡箍后，动力涡轮转子的前三阶振型图分别见图 10.12、图 10.13 和图 10.14。

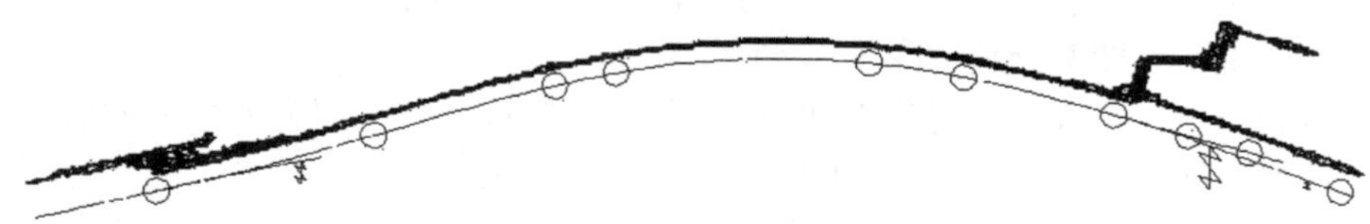

图 10.12 装平衡卡箍时动力涡轮转子的第一阶振型

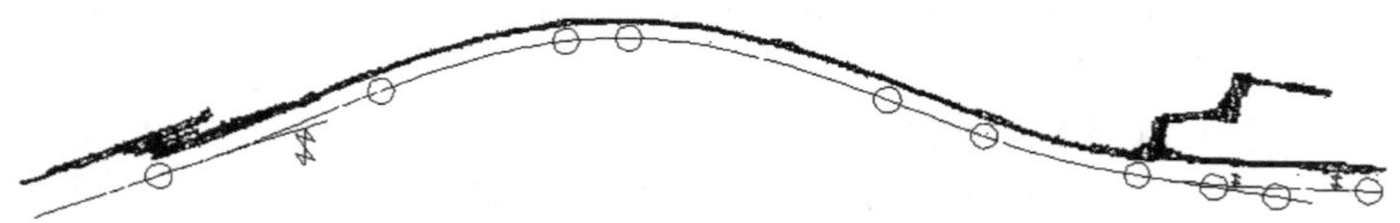

图 10.13 装平衡卡箍时动力涡轮转子的第二阶振型

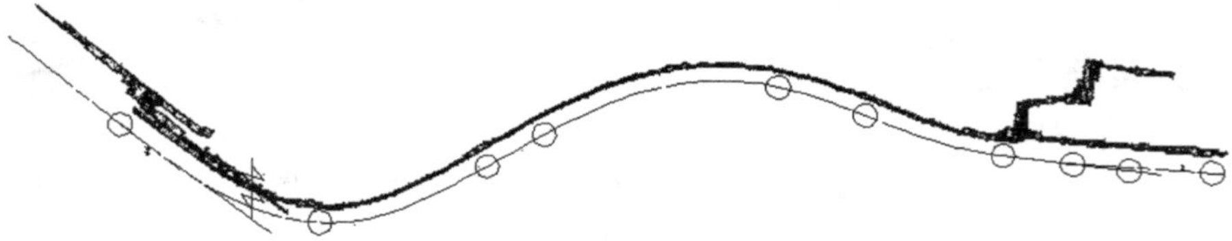

图 10.14 装平衡卡箍时动力涡轮转子的第三阶振型

分别对比图 10.12 和图 8.5、图 10.13 和图 8.6、图 10.14 和图 8.7 可知，动力涡轮转子装上两个平衡卡箍对振型的影响甚微。

3) 对不平衡响应的影响

通过对大量计算结果的对比分析可知，在动力涡轮轴组件或动力涡轮转子上安装平衡卡箍对不平衡响应的影响非常小(事实上，平衡卡箍在使用前已进行了高精度的低速动平衡试验，残余不平衡量已非常小，与动力涡轮轴组件或动力涡轮转子的初始不平衡量相比可以忽略不计)。为了说明平衡卡箍对动力涡轮轴组件和动力涡轮转子不平衡响应的影响，下面针对动力涡轮轴组件和动力涡轮转子，分别选取一种不平衡量分布情况进行分析。

(1) 对动力涡轮轴组件不平衡响应的影响。

同时在 1 号、2 号、3 号平衡凸台和法兰盘位置依次施加 1×10^{-5} kg · m、1×10^{-5} kg · m、1×10^{-5} kg · m 和 5×10^{-5} kg · m 的不平衡量，并且在 1 号和 3 号平

衡凸台上分别装上一个平衡卡箍后，四个特征位置的不平衡响应曲线见图 10.15。

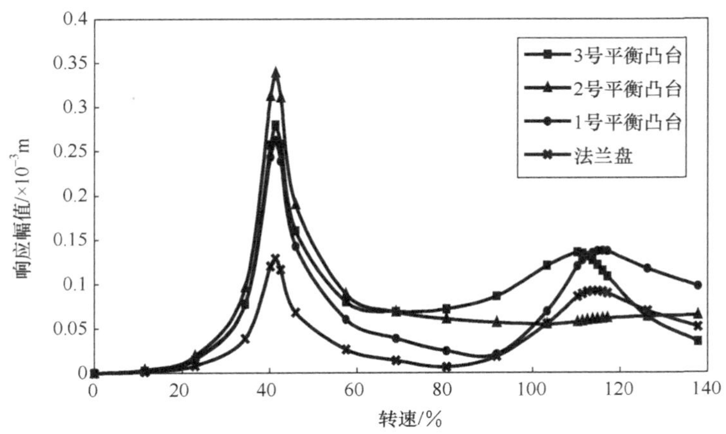

图 10.15　装平衡卡箍时动力涡轮轴组件的不平衡响应曲线

对比图 10.15 和图 8.36 可知，在 1 号和 3 号平衡凸台上分别装上一个平衡卡箍后，动力涡轮轴组件在相同的不平衡量作用下，不平衡响应的数值、不平衡响应曲线的形状没有明显变化，即平衡卡箍对轴组件不平衡响应的影响很小。

(2) 对动力涡轮转子不平衡响应的影响。

同时在 1 号、2 号、3 号平衡凸台和第一级动力涡轮盘位置依次施加 1×10^{-5}kg·m、1×10^{-5}kg·m、1×10^{-5}kg·m 和 4×10^{-4}kg·m 的不平衡量，并且在 1 号和 3 号平衡凸台上分别装上一个平衡卡箍后，在五个特征位置的不平衡响应曲线见图 10.16。

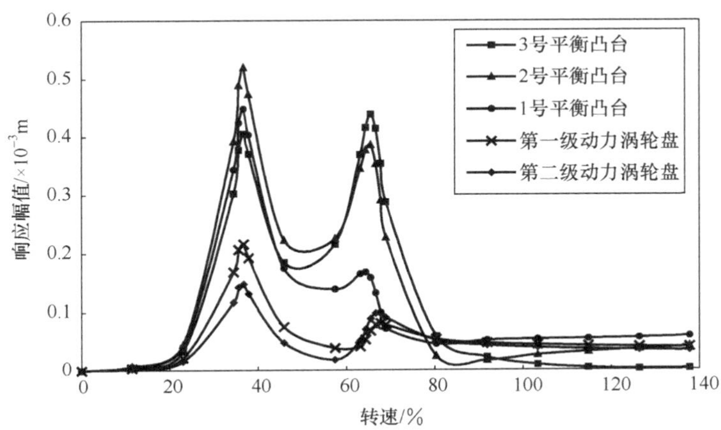

图 10.16　装平衡卡箍时动力涡轮转子的不平衡响应曲线

对比图 10.16 和图 8.12 可知，在 1 号和 3 号平衡凸台上分别装上一个平衡卡箍后，动力涡轮转子在相同的不平衡量作用下，不平衡响应的数值、不平衡响应曲线的形状没有明显变化，即平衡卡箍对转子不平衡响应的影响不大。

综上所述，平衡卡箍对动力涡轮轴组件或动力涡轮转子的临界转速、振型和不平衡响应都不会产生明显的影响。

10.4.2　试验验证

从上述计算结果可知，平衡卡箍对临界转速的影响相对略大一些，对振型和不平衡响应的影响相对较小，因此，下面仅就平衡卡箍对临界转速的影响进行试验验证。

1. *在动力涡轮轴组件上的试验验证*

以动力涡轮轴组件的一次试验结果为例来说明平衡卡箍的影响，动力涡轮轴组件在不装平衡卡箍和装两个平衡卡箍（1 号平衡凸台装 3 号平衡卡箍，3 号平衡凸台装 2 号平衡卡箍）后，由 D_1、D_2 和 D_3 传感器测得的第一阶临界转速值分别见表 10.15。

表 10.15　平衡卡箍对动力涡轮轴组件第一阶临界转速的影响

测点	第一阶临界转速/(r/min)	
	不装平衡卡箍	装两个平衡卡箍
D_1	8633	8544
D_2	8782	8544
D_3	8782	8535
平均值	8742	8541

从表 10.15 可知，动力涡轮轴组件装两个平衡卡箍后，各测点第一阶临界转速（平均值）仅下降了 2.76%，没有对动力涡轮轴组件的临界转速产生明显的影响。

2. *在动力涡轮转子上的试验验证*

以 04 号动力涡轮转子的一次试验结果为例来说明平衡卡箍的影响。动力涡轮转子在不装平衡卡箍和装两个平衡卡箍（1 号平衡凸台装 3 号平衡卡箍，3 号平衡凸台装 2 号平衡卡箍）后，由 D_1、D_2、D_3 和 D_4 传感器测得的第一阶和第二阶临界转速值分别见表 10.16。

表 10.16　平衡卡箍对动力涡轮转子前两阶临界转速的影响

测点	临界转速/(r/min)		临界转速/(r/min)	
	不装平衡卡箍		装两个平衡卡箍	
	第一阶	第二阶	第一阶	第二阶
D_1	7374	14088	7014	13129
D_2	7614	14088	7254	13274
D_3	7614	14088	7254	13274
D_4	7374	14088	7014	13129
平均值	7494	14088	7134	13202

从表 10.16 可知，动力涡轮转子装两个平衡卡箍后，第一阶和第二阶临界转速(平均值)分别下降了 4.80％和 6.29％，同样没有对转子的临界转速产生明显的影响。

10.5　平衡卡箍的设计优化

设计优化采用有限元方法进行，主要在两方面进行优化：①平衡卡箍的材料；②平衡卡箍的质量。

通过对四种初选材料的对比分析发现，原平衡卡箍所选用的材料是比较合适的，因此，没有改变平衡卡箍的材料；为了减轻平衡卡箍的质量，对结构进行了优化，平衡卡箍的厚度减小了 16.67％，配重螺纹孔的直径增大了 33.33％，使平衡卡箍的质量从 132g 减小到 113g(减小 14.39％)，因此，平衡卡箍在使用中对动力涡轮轴组件和动力涡轮转子动力特性的影响更小。此外，由于螺纹孔直径增大，加同样长度的配重螺钉，质量增大了 77.78％，提高了卡箍的平衡能力，对于初始不平衡量较大的动力涡轮轴组件和动力涡轮转子，可以有效地避免在连续 2～3 个相邻的螺纹孔内加平衡配重的情况，对提高平衡精度十分有利。

考虑到动力涡轮转子 105％额定工作转速超速试验的需要，对平衡卡箍在 105％额定工作转速的变形和安全系数也进行了校核。计算结果表明，平衡卡箍即使在 105％额定工作转速下也有足够的强度储备，变形很小，不会影响平衡卡箍在传动轴上的配合紧度(即不会发生周向相对滑动)，使用是安全的。

计算模型的局部网格见图 10.17，当量应力分布图见图 10.18。

按照优化结果，重新设计、加工了一组(八个)平衡卡箍，新的平衡卡箍由于质量更轻，对动力涡轮轴组件和动力涡轮转子动力特性的影响更小，能更好地满足动力涡轮轴组件和动力涡轮转子高速动平衡的需要。

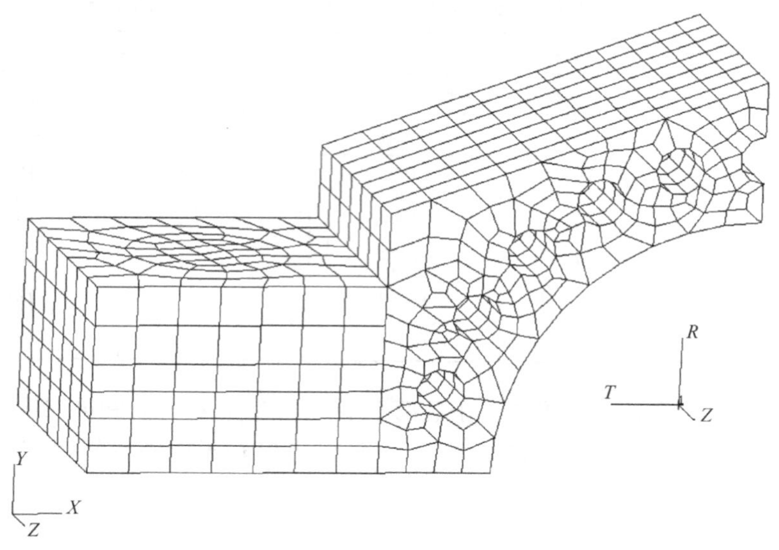

图 10.17　平衡卡箍有限元计算模型的局部网格图

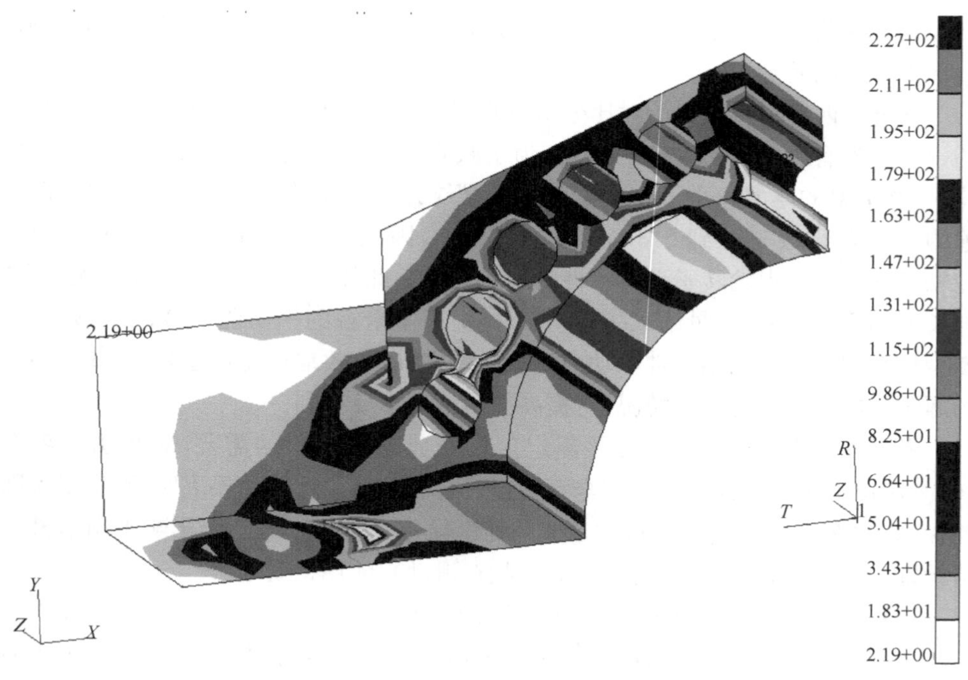

图 10.18　平衡卡箍的当量应力分布图

10.6 小　　结

本章针对动力涡轮转子在进行高速动平衡试验时无法直接在传动轴上加试配重和平衡配重的问题，提出并实施了一种细长柔性转子高速动平衡的工艺方法，即借助精密平衡辅助工装——平衡卡箍来进行高速动平衡试验。其中，提出了平衡卡箍的设计原则，根据设计原则设计、加工了一组平衡卡箍，进行了平衡卡箍的强度校核；完成了平衡卡箍在模拟轴和动力涡轮模拟实心轴上的考核试验；计算分析了平衡卡箍对动力涡轮轴组件和动力涡轮转子动力特性的影响，并进行了试验验证；对平衡卡箍进行了设计优化，取得了较好的效果。本章结论如下：

(1) 平衡卡箍对细长柔性转子的动力特性不会产生明显的影响。使用平衡卡箍实施转子高速动平衡是一种简单实用、安全可靠的平衡技术。

(2) 平衡卡箍的平衡性能良好，对已平衡好的或尚未平衡的转子振动响应不会带来明显的影响；在卡箍上加临时重量达到的平衡，与去掉平衡卡箍而进行永久性校正达到的平衡非常一致。因此，它是一种对细长柔性转子进行高速动平衡的有效方法，对其他细长柔性转子的高速动平衡具有指导意义和工程应用价值。

第 11 章　涡轴发动机动力涡轮转子高速动平衡试验技术研究

航空发动机转子都在高转速下运行，不平衡量引起的振动是发动机振动的重要来源。为减小发动机振动，必须对转子进行平衡。转子平衡就是通过加重、去重或移重来调整转子的质量分布，使转子由于偏心离心力引起的振动减小到允许范围内，以达到发动机平稳运行的目的。平衡在发动机研制中占重要地位。对转子进行严格的平衡，是降低发动机振动、提高使用安全性、可靠性、寿命和效率的最重要措施之一。对柔性转子而言，平衡要达到以下两个目的：①把轴承动反力降低到允许范围内；②把转子动挠度降低到最小限度。工程上要求柔性转子经过动平衡后，使机器在现场装配和安装后转子能满意地运行，即转子能平稳地越过运行范围内的各阶临界转速，并且在工作转速下达到某一平衡精度要求。对于柔性转子而言，原则上都必须进行高速动平衡。现代中、小型航空涡轮轴发动机的转子正朝着高转速、大长径比的方向发展，结构日趋复杂，由此引起的高速柔性转子动平衡问题就成了一大难题。美国在研制涡轴发动机 T700 过程中，为解决动力涡轮转子高速动平衡问题曾进行了多年的攻关研究。可以说，高速动平衡技术已成为现代航空涡轮轴发动机研制过程中的一项核心技术。

国内在某涡轴发动机研制过程中，同样遇到了动力涡轮转子高速动平衡这一技术难题。发动机采用了前输出轴的先进设计思想，导致动力涡轮转子工作转速超过了两阶弯曲临界转速，属典型的柔性转子，高速动平衡是制约型号研制的关键技术之一。在没有攻克这一难关之前，为满足型号研制进度的需要，不得不用实心传动轴临时代替空心传动轴进行发动机台架试车。

本章在高速旋转试验器上对发动机动力涡轮转子的高速动平衡进行研究。高速动平衡使转子的动挠度和轴承的动反力得以显著下降(尤以转子动挠度的下降更为显著)，效果十分理想，攻克了对型号研制有重大影响的关键技术。同时，在研究发动机动力涡轮轴组件、动力涡轮转子以及装实心传动轴动力涡轮转子高速动平衡试验的基础上，对平衡中存在的一些问题进行了分析，并提出了一种测扭基准轴不平衡量的估算方法。

11.1　动力涡轮转子的结构特点及平衡难点

动力涡轮轴组件和动力涡轮转子(包括输出轴组件，不含输出轴组件机匣和动力涡轮轴承座机匣）的结构简图分别见图 8.2 和图 8.3。从图 8.3 可知，动力涡轮转子具有空心、薄壁、大长径比、带弹性支承和挤压油膜阻尼器、内置测扭基准轴、两级动力涡轮盘置于转子一端的结构特点。细长薄壁传动轴从内部穿越燃气发生器转子，通过花键与输出轴相连（见图 8.1），从而把功率输出，其长径比大于 30。采取前输出轴的先进设计思想导致动力涡轮转子工作在两阶弯曲临界转速之上，是高度柔性的转子，其不平衡量引起的振动是发动机振动的重要来源。要减小转子不平衡引起的振动，一方面是改进加工工艺，提高加工精度，减小初始不平衡量；另一方面是对转子进行良好的动平衡。事实上，在现有加工工艺水平的条件下，平衡已成为减小发动机振动的最有效手段。然而，开展超两阶弯曲临界转速发动机转子高速动平衡技术的研究在国内还是首次，其技术难度主要体现在以下几个方面：

（1）振型引起的附加不平衡量较大。

（2）传动轴上没有预留加试配重和平衡配重的位置。

（3）平衡转速高，在高转速下实施平衡操作有一定的风险。

（4）平衡面设置的局限性。

（5）传动轴内外壁同轴度的加工精度难以保证，初始不平衡量难以控制。

（6）平衡过程中，如何有效地去掉传动轴上的不平衡量而又不对轴造成任何形式的破坏。

（7）动力涡轮转子在工作时，随着转速的变化，传动轴和测扭基准轴之间的相对扭角会发生变化，导致传动轴的不平衡量与测扭基准轴的不平衡量之间的相对位置也发生变化。

11.2　动力涡轮转子的高速动平衡技术

目前，柔性转子的平衡理论已趋于成熟。针对实际航空发动机柔性转子，关键是如何创造性地应用平衡理论、平衡仪器以及通过转子少数几个平衡面来获得某一转速范围内良好的平衡效果。动力涡轮转子的高速动平衡试验采用多转速多平面影响系数法，以达到控制转子弯曲和轴承力的目的。

平衡校正量可根据式(11-1)确定：

$$\begin{aligned} &\boldsymbol{U}=-\boldsymbol{A}^{-1}\boldsymbol{X} && (M=N,\ |\boldsymbol{A}|\neq 0) \\ &\boldsymbol{U}=-(\overline{\boldsymbol{A}}^{\mathrm{T}}\boldsymbol{A})^{-1}\overline{\boldsymbol{A}}^{\mathrm{T}}\boldsymbol{X} && (M>N) \end{aligned} \tag{11-1}$$

式中，N 为校正面数；M 为振动总测点数；$\boldsymbol{U}$ 为需加的校正质量；$\boldsymbol{X}$ 为初始振动响应向量；$\boldsymbol{A}$ 为影响系数矩阵；$\overline{\boldsymbol{A}}$ 为 $\boldsymbol{A}$ 的共扼矩阵。

如个别测点的剩余振动值偏大，可加权迭代计算，使测点中的最大剩余振动值下降；如要消除系统的测量误差，可采用在同一平衡面上相差 180°位置加两次试配重的方法计算影响系数。

经过多年的工程实践，动力涡轮转子的高速动平衡技术已趋于成熟，通过不断地探索和总结，应用平衡卡箍工艺方法和“多转速、多平面、分步平衡”的影响系数平衡方法，把平衡理论与实践经验有机地结合起来，平衡效果十分理想。此外，还对动力涡轮转子的平衡特点、平衡要素的确定原则及平衡工艺进行了归纳总结，给出了动力涡轮转子的平衡判定准则——平衡判据，攻克了动力涡轮转子高速动平衡这一制约型号研制的技术难关。

11.2.1 平衡特点

动力涡轮转子工作在两阶弯曲临界转速之上，与其他柔性转子的高速动平衡试验相比，该转子的平衡具有以下明显的特点：

(1) 传动轴是一个空心薄壁结构的细长柔性轴，对不平衡量十分敏感，控制传动轴的不平衡量是平衡的关键。

(2) 传动轴不平衡量的大小和相位可以借助平衡辅助工装——平衡卡箍来精确确定。

(3) 转子工作在两阶弯曲临界转速之上，导致振型引起的附加不平衡量较大，克服振型引起的不平衡是平衡工作的一个重要特点。

(4) 转子在大多数工作情况下要满足平衡精度要求，必须在额定工作转速下进行平衡，平衡转速高。

(5) 平衡只能在规定的四个平衡面(1、2、3 平衡凸台和第一级动力涡轮盘)上进行，而 1、2、3 号平衡凸台的可去材料量十分有限。

(6) 由于挤压油膜阻尼器等引起的非线性因素的影响，造成理论计算的平衡配重和实际需加的平衡配重有一定的差别，需要凭借操作者的经验才可能达到满意的效果。

(7) 传动轴的材料为高温合金(GH4169)，硬度较大，给在轴上打磨去材料带来较大的困难；控制在传动轴上打磨去材料，需要操作者具有娴熟的技术和丰富的实际经验，稍有不慎就可能对轴造成机械损伤，留下安全隐患，甚至带来极为严重的后果。

11.2.2 平衡要素的确定原则

1. 测量面的确定原则

(1) 布置测量传感器的可能性；
(2) 尽可能测得转子的最大挠度；
(3) 测得转子的振型；
(4) 有利于设置平衡面。

在高速动平衡试验中，分别在 1、2、3 号平衡凸台（或附近）布置一个垂直方向（从上向下测量）的电涡流位移传感器，同时在 2 号平衡凸台（或附近）布置一个水平方向（与该位置垂直方向的传感器位于同一截面）的电涡流位移传感器。

2. 平衡面的确定原则

(1) 用最少的平衡面获得最佳的平衡效果；
(2) 有利于去材料，尽量把要去的材料分散到各个平衡面上；
(3) 各平衡面相互独立，尽量减小各平衡面之间的影响。

动力涡轮转子的高速动平衡试验中共使用了四个平衡面（多平面平衡），即第一级动力涡轮盘和传动轴的 1、2、3 号平衡凸台。试验表明，这样选择的平衡面可以满足平衡需要，特别是，选用第一级动力涡轮盘作为平衡面，可以采用在盘的系留螺栓上加垫片的方式达到平衡目的，有利于减少传动轴上的打磨去材料量，对转子进行多次平衡十分有利。

3. 平衡转速的确定原则

(1) 从低转速向高转速逐步进行平衡；
(2) 平衡转速尽可能靠近各阶临界转速；
(3) 在额定工作转速下平衡，确保平衡精度。

在实际平衡工作中，可根据需要，依次在一阶弯曲临界转速附近、二阶弯曲临界转速附近和额定工作转速下分别进行平衡，即多转速分步平衡。

11.2.3　平衡工艺

1. 平衡卡箍的保存和安装工艺

1) 平衡卡箍的保存工艺

平衡卡箍在不使用的情况下必须根据卡箍编号和专用芯棒编号一一对应的原则把卡箍安装在专用芯棒上。两端螺栓要用专用限扭扳手施加规定的扭矩，在施加扭矩过程中要两端均匀对称加扭，以确保平衡卡箍在不使用的情况下不发生变形。

2) 平衡卡箍的安装工艺

在传动轴上安装平衡卡箍之前，要用专用限扭扳手对称均匀地拧出卡箍两端的紧固螺帽，把平衡卡箍从专用芯棒上取下来；按卡箍各零件相对位置（按标记）不变的原则把卡箍安装到传动轴的指定平衡凸台上（根据平衡需要）；用专用限扭扳手在卡箍两端的螺栓上均匀对称地施加规定的扭矩，为确保安全，一定要复查螺栓上所施加的扭矩是否正确。

2. 平衡中的加材料工艺

(1) 在第一级动力涡轮盘的系留螺栓上施加平衡配重时，要检查平衡垫圈材料是否为高温合金(GH4169，与动力涡轮盘的材料相同)，避免加普通材料垫圈后，在发动机工作(高温环境下)时出现烧结现象。

(2) 平衡垫圈的厚度要适当，加上平衡垫圈后要确保系留螺栓伸出自锁螺帽的长度不短于1.5～2个螺距。如一个螺栓位置不能加足够的重量，则要把需加的重量分配到相邻螺栓上。

(3) 平衡垫圈的半径要适当，不能超出系留螺栓所在的平面，即不能搭在动力涡轮盘的锥面上。如果出现这种现象，就要把平衡垫圈按锥面的形状修磨出一个合适的倒角。

(4) 施加在平衡卡箍上的平衡配重选用直径相同的普通螺钉，但要注意螺钉不能太长，原则上不要露出卡箍侧面0.005m，以避免高转速下出现螺钉断裂，发生危险。如果一个螺纹孔所加重量不够，可以在相邻的螺纹孔上加配重。

(5) 为避免出现不安全事故，平衡中实际施加的平衡配重不能照搬理论计算值，要结合经验小心进行，可能需要几次重复操作。

3. 传动轴上的去材料工艺

(1) 在拆下平衡卡箍前，要用金属记号笔在所加平衡配重对面的轴上作好记号，经仔细核对无误后方可拆下平衡卡箍，避免出错而造成不可挽回的损失。采用薄铜片把要去材料平衡凸台两端的轴局部包扎起来(紧靠平衡凸台的轴)，避免在平衡凸台上去材料时损伤传动轴。

(2) 去材料前要仔细检查空气压缩机、空气滤清器和气动手砂轮之间的连接是否可靠，检查无误后方可开启空压机。

(3) 在平衡凸台上打磨去材料时注意力要高度集中，确保在要去材料的位置上打磨；去材料厚度不能大于平衡凸台高出传动轴的高度，以免破坏传动轴的强度；去材料的扇形区角度原则上不能大于45°，以保证去材料位置的精确角向位置；去材料时需要凭借操作者的实际经验，有时可能需要反复进行几次。

4. 称重工艺

(1) 由于传动轴对不平衡量十分敏感，要满足高速动平衡的精度要求，在平衡过程中需要使用精密电子天平(如MP200B，10mg精度)。

(2) 称重前要对电子天平进行自校，确保初始显示值为“0”后才能称重。

(3) 电子天平要定期送计量部门检验。

5. 传感器的安装工艺

传感器的安装工艺见 9.2.1 第 2 小节。

6. 平衡判定准则——平衡判据的确定

通过大量试验数据分析和整机台架试车的实际振动情况，确定了动力涡轮转子的平衡判定准则(平衡判据)，即动力涡轮转子在高速动平衡后应能十分平稳地越过两阶弯曲临界转速(越过临界转速时的转子挠度不大于规定值)，并在额定工作转速下，转子挠度和支座振动加速度满足规定值的平衡精度要求。

平衡判据的给出表明动力涡轮转子的高速动平衡技术已发展成为一项生产平衡工艺，其平衡判定准则对同类转子的高速动平衡具有指导意义和工程应用价值。

11.3　动力涡轮转子的高速动平衡试验

11.3.1　高速动平衡试验步骤

动力涡轮转子高速动平衡试验的试验设备、测试仪器、试验准备与动力涡轮转子的动力特性试验完全相同(见 9.2 节和 9.3 节)，试验件的安装及测试示意图见图 9.1.

1. 动力涡轮轴组件高速动平衡试验步骤

1) 单平面平衡

(1) 按试验器操作规程，检查试验各项准备工作。

(2) 静态下用百分表测量传动轴有关轴向位置的径向跳动量，检查轴的加工、装配及安装质量。

(3) 根据需要在某一适当转速下检测轴在运行过程中的时域波形、轴心轨迹和一维频谱(FFT)图，进一步检查轴组件的装配和安装质量。

(4) 如步骤(2)和(3)的情况良好，则进行下一步操作；否则中止试验，重新进行装配或安装。

(5) 安装状态下，根据需要测量轴组件的固有频率，为选取平衡转速提供依据。

(6) 调节试验段供油压力在 0.20～0.50MPa 范围内。

(7) 初始状态下，选择位移传感器，开车至参数限制值或额定工作转速时停车，记录整个升速过程的有关参数，然后停车。

(8) 改变位移传感器，重复步骤(7)。

(9) 按照使轴位移的幅值和相位变化最小的原则，在 1 号、2 号或 3 号平衡凸台上选装一个平衡卡箍。

(10) 选取一个合适的平衡转速,位移传感器为 D_1、D_2、D_3 或 D_4,开车至该平衡转速,测量该转速下的有关参数,然后停车。

(11) 在平衡卡箍上加一已知大小和相位的试配重,开车至该平衡转速,测量该转速下的有关参数,然后停车。

(12) 去掉平衡卡箍上的试配重,根据平衡仪(VP-30 或 VP-41,以下同)计算出的校正质量,按要求(结合经验)在平衡卡箍上加平衡配重,开车至该平衡转速,记录该转速下的有关参数,然后停车(该步骤根据需要可以多次重复)。

(13) 拆下平衡卡箍,在 1 号、2 号或 3 号平衡凸台的对应位置上打磨去材料。

(14) 如高速动平衡后各测点的转子挠度值(轴位移峰-峰值)和支座振动加速度值满足平衡精度要求,则进行下一步工作,否则再次选取一个平衡转速,重复步骤(9)～(13)。

(15) 根据需要重复开车试验,记录各测点在升速过程中的转子挠度曲线或振动加速度值。

(16) 按试验器操作规程停主机和辅机,试验结束。

2) 双面平衡

(1) 按试验器操作规程,检查试验各项准备工作。

(2) 静态下用百分表测量传动轴有关轴向位置的径向跳动量,检查轴的加工、装配及安装质量。

(3) 根据需要在某一适当转速下检测轴在运行过程中的时域波形、轴心轨迹和一维频谱(FFT)图,进一步检查轴组件的装配和安装质量。

(4) 如步骤(2)和(3)的情况良好,则进行下一步操作,否则中止试验,重新进行装配或安装。

(5) 安装状态下,根据需要测量轴组件的固有频率,为选取平衡转速提供依据。

(6) 调节试验段供油压力在 0.20～0.50MPa 范围内。

(7) 初始状态下,选择位移传感器,开车至参数限制值或额定工作转速时停车,记录整个升速过程的有关参数,然后停车。

(8) 改变位移传感器,重复步骤(7)。

(9) 按照使轴位移的幅值和相位变化最小的原则,在 1 号平衡凸台上选装一个平衡卡箍。

(10) 按照使轴位移的幅值和相位变化最小的原则,在 3 号平衡凸台上选装一个平衡卡箍。

(11) 选取一个合适的平衡转速,位移传感器为 D_1 和 D_2,开车至该平衡转速,测量该转速下的有关参数,然后停车。

(12) 在 1 号平衡凸台的卡箍上加一已知大小和相位的试配重，开车至该平衡转速，测量该转速下的有关参数，然后停车。

(13) 去掉 1 号平衡凸台的卡箍上的试配重，在 3 号平衡凸台的卡箍上加一已知大小和相位的试配重，开车至该平衡转速，测量该转速下的有关参数，然后停车。

(14) 去掉 3 号平衡凸台的卡箍上的试配重，根据平衡仪计算出的校正质量，按要求(结合经验)分别在 1 号和 3 号平衡凸台的卡箍上加平衡配重，开车至该平衡转速，记录该转速下的有关参数，然后停车(该步骤根据需要可以多次重复)。

(15) 拆下平衡卡箍，在 1 号和 3 号平衡凸台的对应位置上打磨去材料。

(16) 如高速动平衡后各测点的转子挠度值(轴位移峰-峰值)和支座振动加速度值满足平衡精度要求，则进行下一步工作；否则再次选取一个平衡转速，重复步骤(9)～(15)。

(17) 根据需要重复开车试验，记录各测点在升速过程中的转子挠度曲线或振动加速度值。

(18) 按试验器操作规程停主机和辅机，试验结束。

2. 动力涡轮转子高速动平衡试验步骤

1) 单面平衡

(1) 按试验器操作规程，检查试验各项准备工作。

(2) 静态下用百分表测量传动轴有关轴向位置的径向跳动量，检查轴的加工、装配及安装质量，测量第一级动力涡轮盘相应位置(见图 9.1)的端面跳动量，检查动力涡轮盘的装配质量。

(3) 根据需要在某一适当转速下检测轴在运行过程中的时域波形、轴心轨迹和一维频谱(FFT)图，进一步检查转子的装配和安装质量。

(4) 如步骤(2)和(3)的情况良好，则进行下一步操作；否则中止试验，重新进行装配或安装。

(5) 安装状态下，根据需要测量转子的固有频率，为选取平衡转速提供依据。

(6) 调节真空箱压力不大于−0.080MPa，调节试验段供油压力在 0.20～0.50MPa 范围内。

(7) 初始状态下，选择位移传感器，开车至参数限制值或额定工作转速时停车，记录整个升速过程的有关参数，然后停车。

(8) 改变位移传感器，重复步骤(7)。

(9) 按照使轴位移的幅值和相位变化最小的原则，在 1 号、2 号或 3 号平衡凸台上选装一个平衡卡箍(如选用在第一级动力涡轮盘的系留螺栓上加平衡垫片，则毋需安装平衡卡箍)。

(10) 选取一个合适的平衡转速，位移传感器为 D_1、D_2、D_3 或 D_4，开车至该平衡转速，测量该转速下的有关参数，然后停车。

(11) 在第一级动力涡轮盘的系留螺栓上或平衡卡箍上加一已知大小和相位的试配重，开车至该平衡转速，测量该转速下的有关参数，然后停车。

(12) 去掉第一级动力涡轮盘的系留螺栓上或平衡凸台的卡箍上的试配重，根据平衡仪计算出的校正质量，按要求(结合经验)在第一级动力涡轮盘的系留螺栓上或平衡卡箍上加平衡配重，开车至该平衡转速，记录该转速下的有关参数，然后停车(该步骤根据需要可以多次重复)。

(13) 拆下平衡卡箍，在 1 号、2 号或 3 号平衡凸台的对应位置上打磨去材料(在使用平衡卡箍进行平衡的前提下)。

(14) 如高速动平衡后各测点的转子挠度值(轴位移峰-峰值)和支座振动加速度值满足平衡精度要求，则进行下一步工作；否则再次选取一个平衡转速，重复步骤(9)～(13)。

(15) 根据需要重复开车试验，记录各测点在升速过程中的转子挠度曲线或振动加速度值。

(16) 按试验器操作规程停主机和辅机，试验结束。

2) 双面平衡

(1) 按试验器操作规程，检查试验各项准备工作。

(2) 静态下用百分表测量传动轴有关轴向位置的径向跳动量，检查轴的加工、装配及安装质量，测量第一级动力涡轮盘相应位置(见图 9.1)的端面跳动量，检查动力涡轮盘的装配质量。

(3) 根据需要在某一适当转速下检测轴在运行过程中的时域波形、轴心轨迹和一维频谱(FFT)图，进一步检查转子的装配和安装质量。

(4) 如步骤(2)和(3)的情况良好，则进行下一步操作；否则中止试验，重新进行装配或安装。

(5) 安装状态下，根据需要测量转子的固有频率，为选取平衡转速提供依据。

(6) 调节真空箱压力不大于−0.080MPa，调节试验段供油压力在 0.20～0.50MPa 范围内。

(7) 初始状态下，选择位移传感器，开车至参数限制值或额定工作转速时停车，记录整个升速过程的有关参数，然后停车。

(8) 改变位移传感器，重复步骤(7)。

(9) 按照使轴位移的幅值和相位变化最小的原则，在 2 号平衡凸台上选装一个平衡卡箍。

(10) 选取一个合适的平衡转速，位移传感器为 D_1 和 D_2，开车至该平衡转速，测量该转速下的有关参数，然后停车。

(11) 在第一级动力涡轮盘的系留螺栓上加一已知大小和相位的试配重(平衡

垫片，需考虑半径的影响)，开车至该平衡转速，测量该转速下的有关参数，然后停车。

(12) 去掉第一级动力涡轮盘系留螺栓上的试配重(平衡垫片)，在 2 号平衡凸台的卡箍上加一已知大小和相位的试配重(平衡螺钉，需考虑半径的影响)，开车至该平衡转速，测量该转速下的有关参数，然后停车。

(13) 去掉卡箍(装在 2 号平衡凸台)上的试配重，根据平衡仪计算出的校正质量，按要求(结合经验)分别在第一级动力涡轮盘的系留螺栓上和 2 号平衡凸台的卡箍上加平衡配重(分别为平衡垫片和平衡螺钉)，开车至该平衡转速，记录该转速下的有关参数，然后停车(该步骤根据需要可以多次重复)。

(14) 拆下平衡卡箍，在 2 号平衡凸台的相应位置上打磨去材料。

(15) 如高速动平衡后各测点的转子挠度值(轴位移峰-峰值)和支座振动加速度满足平衡精度要求，则进行下一步工作；否则再次选取一个平衡转速，重复步骤(9)～(14)。

(16) 根据需要重复开车试验，记录各测点的转子挠度曲线或振动加速度值。

(17) 按试验器操作规程停主机和辅机，试验结束。

进行双面平衡时，也可在 1 号和 3 号平衡凸台上分别安装一个平衡卡箍参照上述平衡步骤进行平衡。

11.3.2　高速动平衡试验

1. 动力涡轮轴组件的高速动平衡试验

在研究过程中，先后完成了六个动力涡轮轴组件的高速动平衡试验。现以 02 号动力涡轮轴组件的高速动平衡为例来说明平衡对减小转子挠度和轴承动反力(用支座的振动加速度来评价)的作用。

1) 平衡过程

由于 02 号动力涡轮轴组件的初始不平衡量较大，导致轴组件运行到靠近额定工作转速时支座的振动加速度较大而且随转速的升高而急剧增大，轴组件无法安全运行到额定工作转速。最初试图通过在 1 号和 3 号平衡凸台上的平衡卡箍来完成轴组件的平衡(测量传感器分别为 D_1 和 D_2 传感器)，进行了 4 轮高速动平衡操作(平衡转速分别为 19000r/min 和额定工作转速)，计算出要在 1 号和 3 号平衡凸台上分别去掉 2.951g 和 3.518g 的材料。显然要在平衡凸台上去掉这么多的材料是不现实的，考虑到轴组件在法兰盘端的初始不平衡量更大一些，因此，先考虑在法兰盘的系留螺栓(用于连接传动轴和第一级动力涡轮盘)上施加平衡配重初步平衡其初始不平衡量。再在 1 号和 3 号平衡凸台上加平衡卡箍作进一步平衡操作。试验证明这一思路是可行的。通过试加平衡配重后，在法兰盘 180°位置的系留螺栓上加了 2.52g 平衡配重(垫片和螺母)，使轴组件平稳地运行到额定工作转速。再在额定工作转速下进行平衡操作，额定工作转速下的平衡情况见表 11.1。

表 11.1　02 号动力涡轮轴组件高速动平衡试验情况

转速/(r/min)	D1 传感器测量值		D2 传感器测量值		备注
	幅值/10^{-6}m	相位/(°)	幅值/10^{-6}m	相位/(°)	
额定工作转速	24	45	221	231	初始状态，即在法兰盘系留螺栓上180°位置加 2.52g 配重并在 1 号平衡凸台 0°装上 1 号平衡卡箍，3 号平衡凸台 0°装上 3 号平衡卡箍后
	87	26	298	221	在 1 号平衡卡箍 120°位置加 0.43g 的试配重(平衡螺钉)后
	197	27	332	232	在 3 号平衡卡箍 315°位置加 0.91g 的试配重(平衡螺钉)后
	38	115	50	306	VP-41 计算出需在 1 号卡箍 355°位置加 1.50g 平衡配重，在 3 号卡箍 8°位置加 1.08g 平衡配重；实际操作：在 1 号卡箍 345°位置加 1.57g 平衡配重，在 3 号卡箍 15°位置加 1.07g 平衡配重后
	15	80	42	231	拆下两卡箍，在 1 号和 3 号平衡凸台的相应位置上打磨去材料后

2）平衡结果

(1) 转子挠度。

D_1、D_2、D_3 和 D_4 传感器测得 02 号动力涡轮轴组件在高速动平衡前和高速动平衡后的幅值-转速曲线分别见图 11.1、图 11.2、图 11.3 和图 11.4。

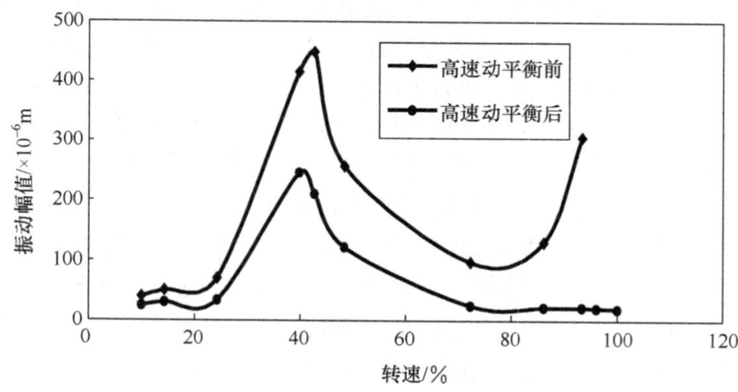

图 11.1　D_1 传感器测得动力涡轮轴组件在高速动平衡前后的幅值-转速曲线

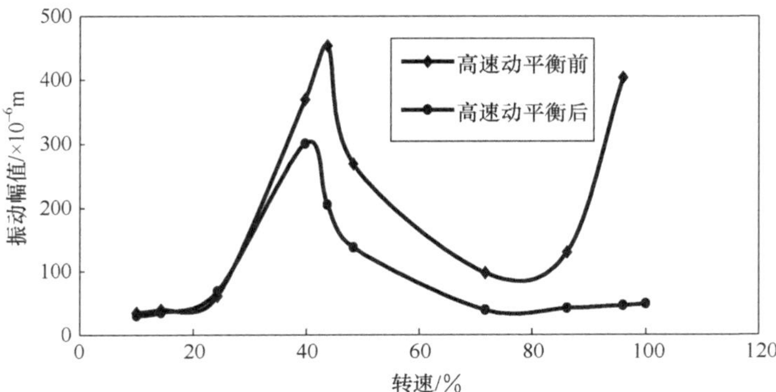

图 11.2　D_2 传感器测得动力涡轮轴组件在高速动平衡前后的幅值-转速曲线

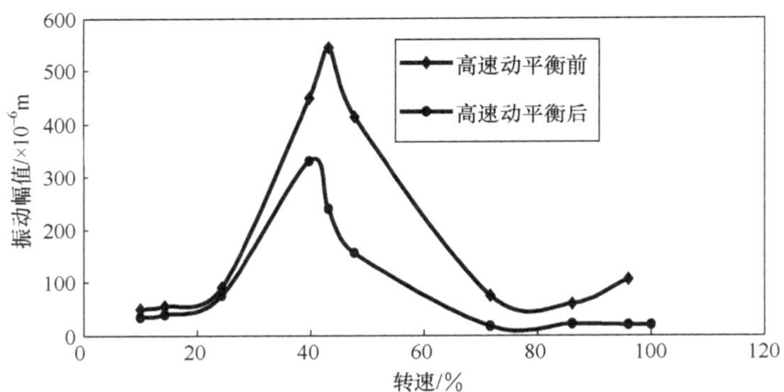

图 11.3　D_3 传感器测得动力涡轮轴组件在高速动平衡前后的幅值-转速曲线

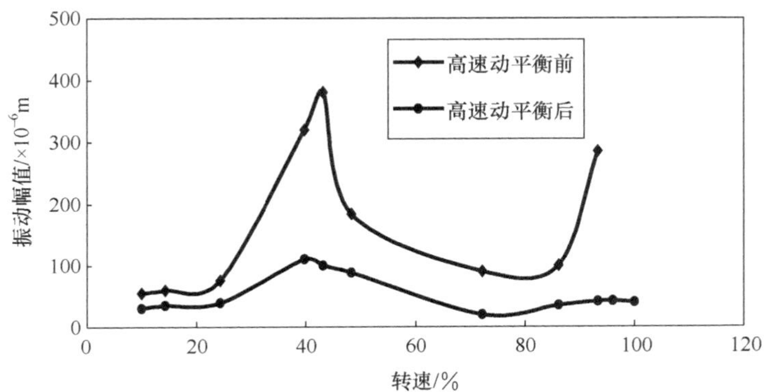

图 11.4　D_4 传感器测得动力涡轮轴组件在高速动平衡前后的幅值-转速曲线

从图 11.1～图 11.4 可知，动力涡轮轴组件在高速动平衡前不能安全地运行到额定工作转速，在接近额定工作转速时，振动幅值随转速的升高而急剧增大。高速动平衡后振动幅值明显下降，高速动平衡效果见表 11.2。

表 11.2　高速动平衡效果(基于转子挠度)

转速	状态	D_1 测点	D_2 测点	D_3 测点	D_4 测点
临界转速	高速动平衡前/10^{-6}m	449	454	544	381
	高速动平衡后/10^{-6}m	246	301	330	110
	平衡效果/%	45.21	33.70	39.34	71.13
额定(或接近额定)工作转速	高速动平衡前/10^{-6}m	306	404	106	285
	高速动平衡后/10^{-6}m	19	49	21	40
	平衡效果/%	93.79	87.87	80.19	85.96

从表 11.2 可知，高速动平衡使临界转速下的振动幅值下降了 33.70%～71.13%，使额定(或接近额定)工作转速的振动幅值下降了 80.19%～93.79%，平衡效果良好。

(2) 支座振动加速度。

高速动平衡前和高速动平衡后，由 A_1、A_2、A_3 和 A_4 传感器(见图 9.1)测得的 02 号动力涡轮轴组件在额定(或接近额定)工作转速时的支座振动加速度值见表 11.3。

从表 11.3 可知，高速动平衡前 A_1 和 A_2 两测点(位于后支座上)在接近额定工作转速时的振动加速度很大，而且随转速的升高而急剧增大，无法安全运行到额定工作转速。高速动平衡使两支座的振动加速度下降了 20.19%～82.56%，后支座的振动加速度更是下降了 80.00%以上。可见，平衡显著改善了轴承的受力状况，明显减小了轴承的动反力。

表 11.3　支座振动加速度测量值

转速/(r/min)	状态	A_1(⊥)	A_2(=)	A_3(⊥)	A_4(=)
19000 额定工作转速	高速动平衡前的支座振动加速度/(m/s^2)	50	86	20	30
	高速动平衡后的支座振动加速度/(m/s^2)	10	15	11	24
	平衡效果/%	80.00	82.56	45.00	20.00

综上所述，高速动平衡后的动力涡轮轴组件满足了平衡精度要求，高速动平衡使转子的动挠度和轴承的动反力得以显著下降，达到了高速动平衡试验的目的。

2. 动力涡轮转子的高速动平衡试验

在研究过程中，完成了数十个发动机动力涡轮转子的高速动平衡试验。新加工转子、转子更换零部件、根据研制需要各转子串装零部件时都需要进行高速动平衡试验，因此，累计进行高速动平衡试验共 200 余次。

现将 01、08、00 号三个动力涡轮转子的高速动平衡试验情况和效果作简要介绍。其中，01 号动力涡轮转子在高速动平衡前不能安全越过第一阶弯曲临界转速；08 号动力涡轮转子在高速动平衡前能平稳越过第一阶弯曲临界转速，但不能安全越过第二阶弯曲临界转速；00 号动力涡轮转子在高速动平衡前能平稳越过第一阶和第二阶弯曲临界转速，但在越过第二阶临界转速时的转子挠度以及在额定工作转速下的转子挠度不满足平衡判定准则（平衡判据）的要求。因此，都必须进行高速动平衡试验。

由于动力涡轮转子是一个带细长柔性轴的柔性转子，极易发生弯曲变形，控制转子挠度是平衡的关键。为避免重复，本章重点对三个动力涡轮转子在高速动平衡前和高速动平衡后的转子挠度进行对比分析，而就平衡过程和支座振动加速度仅就 01 号动力涡轮转子进行简单分析。

1）01 号动力涡轮转子

平衡转速依次为 7000r/min 和额定工作转速，平衡面为第一级涡轮盘和 1 号平衡凸台。

（1）平衡过程。

该转子的初始不平衡量较大，首先选择在第一级动力涡轮盘的系留螺栓上加平衡垫片。当平衡转速为 7000r/min 时，只需在动力涡轮盘 72°位置的系留螺栓上加 0.48g 的平衡配重就可以使转子平稳运行到额定工作转速。接着在额定工作转速下进行单平面的高速动平衡，满足平衡精度要求。额定工作转速下的平衡情况见表 11.4。

表 11.4　01 号动力涡轮转子高速动平衡试验情况

转速/(r/min)	D_2 传感器测量值		备注
	幅值/10^{-6}m	相位/(°)	
额定工作转速	97	353	初始状态，即在动力涡轮盘 72°位置的系留螺栓上加 0.48g 平衡配重并在 1 号平衡凸台装上 4 号平衡卡箍后
	109	26	在 4 号平衡卡箍 120°位置加 0.43g 的试配重（平衡螺钉）后
	41	325	拆下平衡卡箍，根据 VP-41 平衡仪计算结果直接在 1 号平衡凸台的相应位置上打磨去材料后

（2）平衡效果。

① 转子挠度。

D_1、D_2、D_3 和 D_4 传感器测得 01 号动力涡轮转子在高速动平衡前和高速动平衡后的幅值-转速曲线分别见图 11.5、图 11.6、图 11.7 和图 11.8。

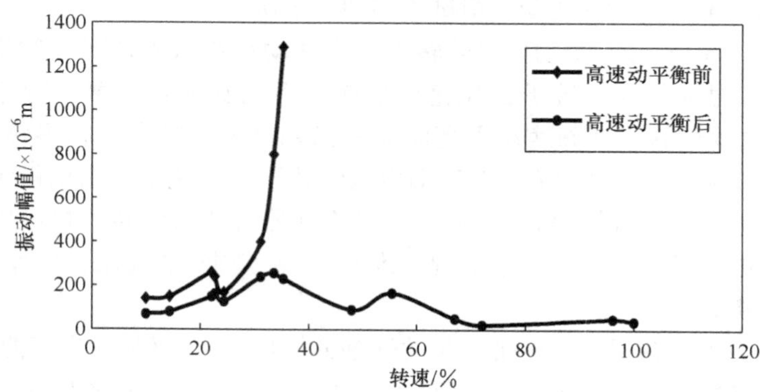

图 11.5　D_1 传感器测得 01 号动力涡轮转子在高速动平衡前和高速动平衡后的幅值-转速曲线

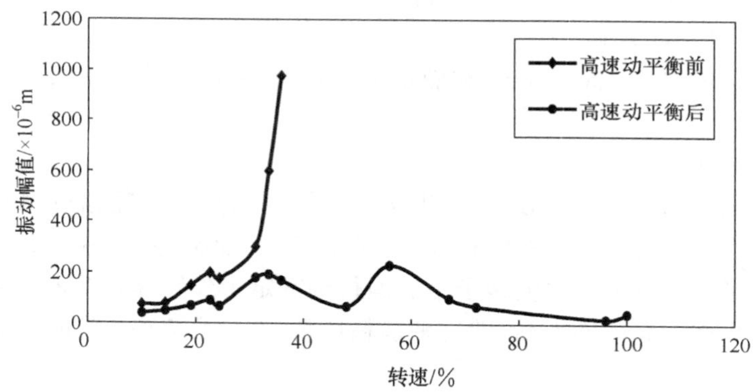

图 11.6　D_2 传感器测得 01 号动力涡轮转子在高速动平衡前和高速动平衡后的幅值-转速曲线

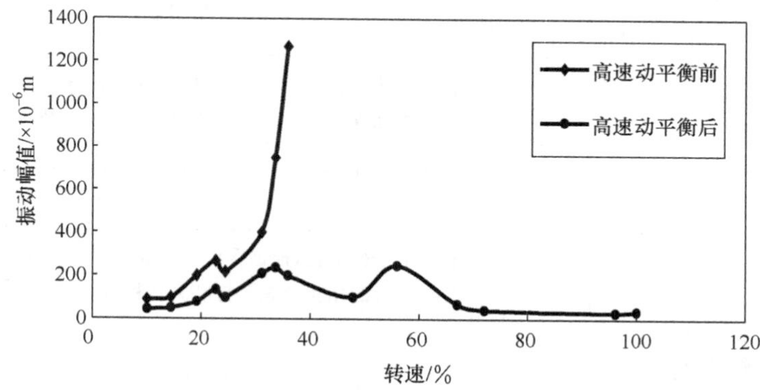

图 11.7　D_3 传感器测得 01 号动力涡轮转子在高速动平衡前和高速动平衡后的幅值-转速曲线

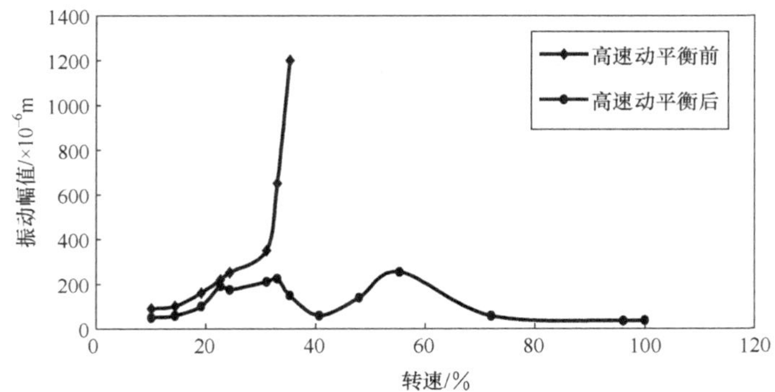

图 11.8　D_4 传感器测得 01 号动力涡轮转子在高速动平衡前和高速动平衡后的幅值-转速曲线

从图 11.5～图 11.8 可知，01 号动力涡轮转子在高速动平衡前由于挠度过大只能运行到 7494r/min，不能安全地越过第一阶弯曲临界转速，不可能运行到额定工作转速，转子挠度随转速的升高而急剧增大。经过高速动平衡后，转子非常平稳地越过两阶弯曲临界转速。在额定工作转速下四个测点全部满足平衡精度要求(轴位移峰-峰值均不大于 4.2×10^{-5}m)。

由最大振动幅值下降值来看高速动平衡效果，见表 11.5。

表 11.5　01 号动力涡轮转子高速动平衡效果(基于转子挠度)

状态	D_1 测点	D_2 测点	D_3 测点	D_4 测点
高速动平衡前最大振动幅值/10^{-6}m	1290	978	1270	1200
高速动平衡后最大振动幅值/10^{-6}m	257	229	247	254
平衡效果/%	80.08	76.58	80.55	78.83

从表 11.5 可知，高速动平衡使各测点的最大振动幅值下降了 76.58%～80.55%，如考虑到高速动平衡前的转子挠度还在随转速的升高而急剧增大的事实，振动幅值的下降幅度还要更大。

② 支座振动加速度。

高速动平衡前和高速动平衡后由 A_1、A_2、A_3 和 A_4 传感器测得 01 号动力涡轮转子的支座振动加速度值见表 11.6。

表 11.6　01 号动力涡轮转子支座振动加速度测量值

转速/(r/min)	状态	A_1(⊥)	A_2(=)	A_3(⊥)	A_4(=)
7490	高速动平衡前的支座振动加速度/(m/s^2)	6	16	2	4
	高速动平衡后的支座振动加速度/(m/s^2)	2	5	1	3
	平衡效果/%	66.67	68.75	50.00	25.00
额定工作转速	高速动平衡前的支座振动加速度/(m/s^2)	由于转子挠度过大而不能安全运行到额定工作转速，没有实际测量值			
	高速动平衡后的支座振动加速度/(m/s^2)	3	10	8	12

从表 11.6 可知，高速动平衡使 7490r/min 转速下各测点的支座振动加速度值下降了 25.00%～68.75%，显著减小了轴承的动反力；在额定工作转速下的支座振动加速度也较小，满足了平衡精度要求。

2）08 号动力涡轮转子

08 号动力涡轮转子是一个全新加工的转子，这是首次进行高速动平衡试验。平衡转速依次为 11000r/min、11500r/min、12500r/min 和额定工作转速，平衡面为第一级动力涡轮盘和 1、2、3 号平衡凸台。

D_1、D_2、D_3 和 D_4 传感器测得 08 号动力涡轮转子在高速动平衡前和高速动平衡后的幅值-转速曲线分别见图 11.9、图 11.10、图 11.11 和图 11.12。

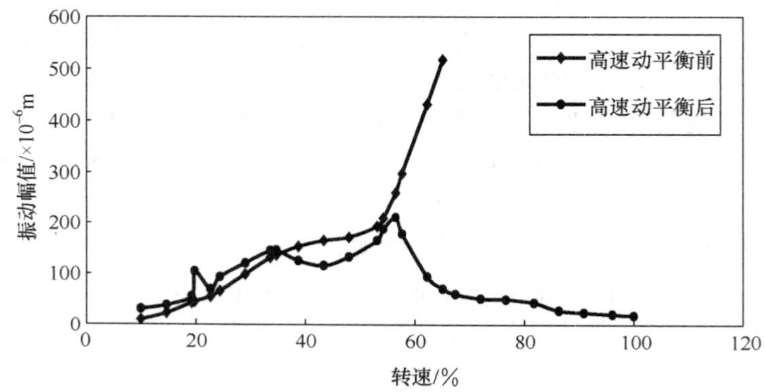

图 11.9　D_1 传感器测得 08 号动力涡轮转子在高速动平衡前和高速动平衡后的幅值-转速曲线

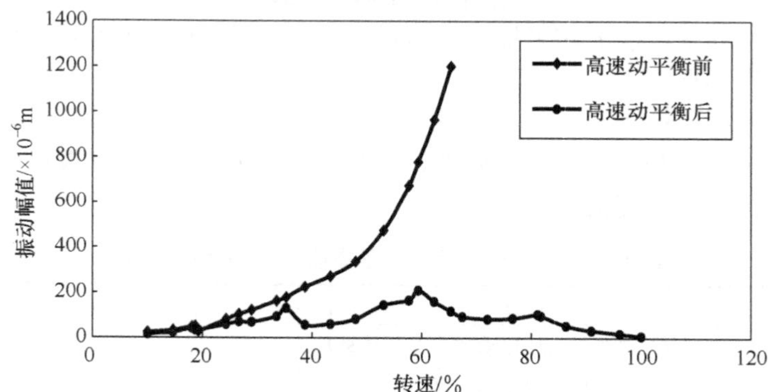

图 11.10　D_2 传感器测得 08 号动力涡轮转子在高速动平衡前和高速动平衡后的幅值-转速曲线

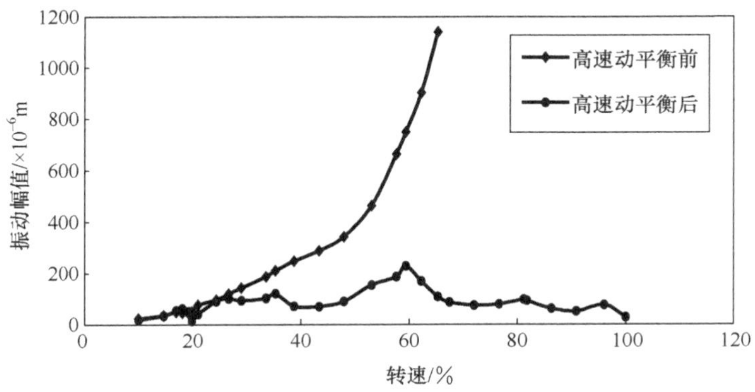

图 11.11　D_3 传感器测得 08 号动力涡轮转子在高速动平衡前和高速动平衡后的幅值-转速曲线

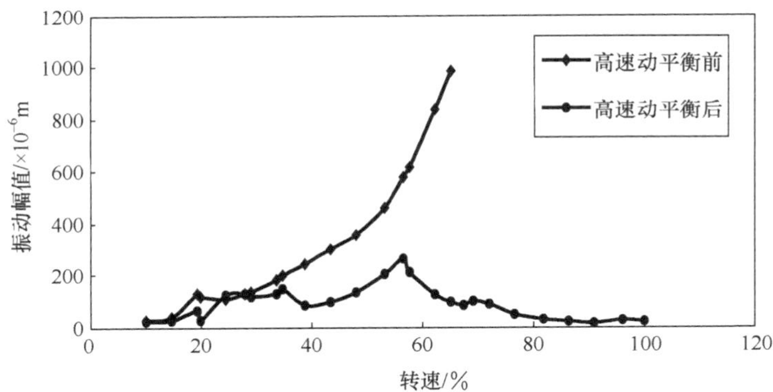

图 11.12　D_4 传感器测得 08 号动力涡轮转子在高速动平衡前和高速动平衡后的幅值-转速曲线

从图 11.9～图 11.12 可知，08 号动力涡轮转子在高速动平衡前由于挠度过大只能运行到 13649r/min，不能安全地越过第二阶弯曲临界转速，也不可能运行到额定工作转速，转子挠度随转速的升高而急剧增大。经过高速动平衡后，转子能十分平稳地越过两阶弯曲临界转速，在额定工作转速下四个测点全部满足平衡精度要求（轴位移峰-峰值均不大于 2.8×10^{-5}m）。

由最大振动幅值下降幅度来看高速动平衡效果，见表 11.7。

表 11.7　08 号动力涡轮转子高速动平衡效果（基于转子挠度）

状态	D_1 测点	D_2 测点	D_3 测点	D_4 测点
高速动平衡前最大振动幅值/10^{-6}m	517	1200	1140	986
高速动平衡后最大振动幅值/10^{-6}m	212	212	230	264
平衡效果/%	58.99	82.33	79.82	73.23

从表 11.7 可知，高速动平衡使各测点的最大振动幅值下降了 58.99%～82.33%，如考虑到高速动平衡前的转子挠度还在随转速的升高而急剧增大的事实，振动幅值的下降幅度还要更大。

3）00 号动力涡轮转子

00 号动力涡轮转子在此次高速动平衡试验前已进行过良好的高速动平衡试验，由于长时间的整机台架试车并经过分解、检查和重新装配，平衡状态发生了变化，但转子还能安全地运行到额定工作转速。平衡转速依次为 13000r/min 和额定工作转速，平衡面为第一级动力涡轮盘和 1、2 号平衡凸台。

D_1、D_2、D_3 和 D_4 传感器测得 00 号动力涡轮转子在高速动平衡前和高速动平衡后的幅值-转速曲线分别见图 11.13、图 11.14、图 11.15 和图 11.16。

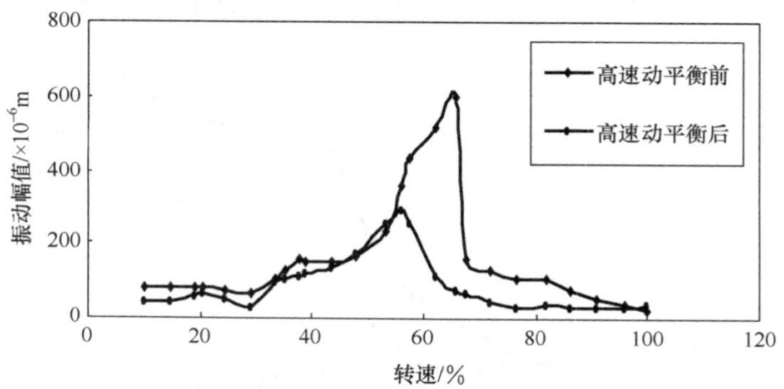

图 11.13　D_1 传感器测得 00 号动力涡轮转子在高速动平衡前后的幅值-转速曲线

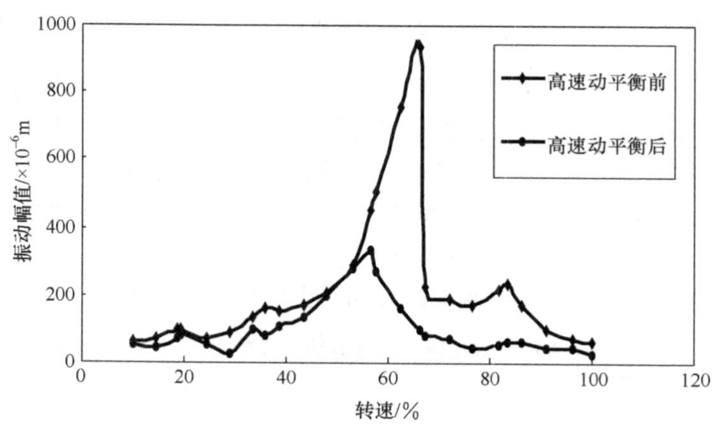

图 11.14　D_2 传感器测得 00 号动力涡轮转子在高速动平衡前后的幅值-转速曲线

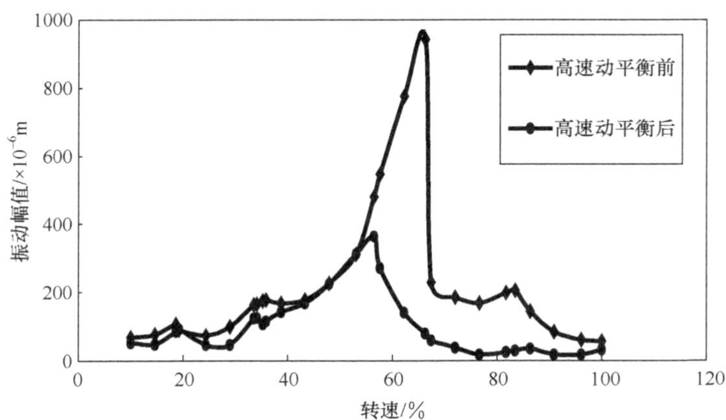

图 11.15　D_3 传感器测得 00 号动力涡轮转子在高速动平衡前后的幅值-转速曲线

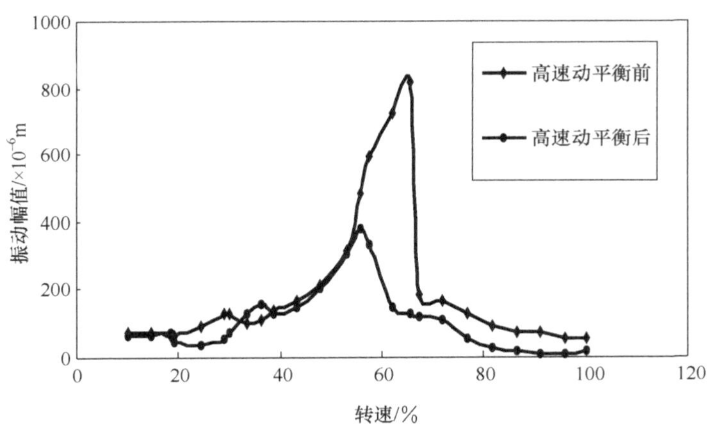

图 11.16　D_4 传感器测得 00 号动力涡轮转子在高速动平衡前后的幅值-转速曲线

从图 11.13～图 11.16 可知，转子在高速动平衡前可以安全运行到额定工作转速，但转子在越过第二阶临界转速时的挠度较大，并且在额定工作转速下的转子挠度也不满足平衡精度要求。经过高速动平衡后，转子能平稳地越过两阶弯曲临界转速，在额定工作转速下四个测点全部满足平衡精度要求(轴位移峰-峰值均不大于 3.7×10^{-5}m)。

由最大振动幅值下降值来看高速动平衡效果，见表 11.8。

表 11.8 00 号动力涡轮转子高速动平衡效果(基于转子挠度)

状态	D_1 测点	D_2 测点	D_3 测点	D_4 测点
高速动平衡前最大振动幅值/10^{-6}m	597	934	942	812
高速动平衡后最大振动幅值/10^{-6}m	291	337	363	376
平衡效果/%	51.26	63.92	61.46	53.69

从表 11.8 可知,高速动平衡使各测点的最大振动幅值下降了51.26%~63.92%。

从三个动力涡轮转子的高速动平衡试验结果可以看出,高速动平衡对减小转子挠度和轴承的外传力有明显效果,尤其对控制转子挠度的效果更为显著,并且不论平衡前的转子处于何种状态,都能达到良好的平衡,表明所提出的动力涡轮转子的高速动平衡方法和工艺是能满足工程要求的。此外,欲达到平衡精度的要求,一般都需要在传动轴上去材料。可见,对装空心传动轴的动力涡轮转子来说,控制传动轴上的不平衡量是平衡的关键。

11.3.3 装实心转动轴动力涡轮转子的高速动平衡试验

在没有攻克装空心传动轴动力涡轮转子的高速动平衡技术前,为确保型号研制进度的需要,发动机在台架试车中,临时用实心传动轴代替空心传动轴(由于实心轴不能装测扭基准轴,不能直接测量发动机的功率),实心传动轴的材料、外形、外部尺寸和公差、加工工艺要求等均与空心传动轴一样。现介绍装实心传动轴动力涡轮转子的一次高速动平衡试验结果。其平衡转速为 11000r/min,平衡面为第一级动力涡轮盘。

D_1、D_2、D_3 和 D_4 传感器测得装实心传动轴的动力涡轮转子在高速动平衡前和高速动平衡后的幅值-转速曲线分别见图 11.17、图 11.18、图 11.19 和图 11.20。

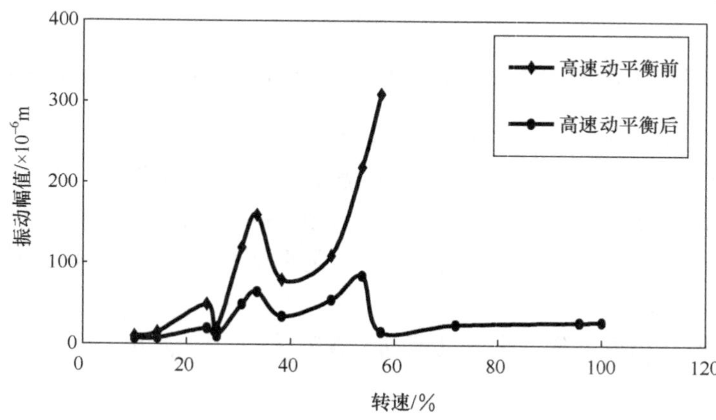

图 11.17 D_1 测得装实心传动轴的动力涡轮转子高速动平衡前后幅值-转速曲线

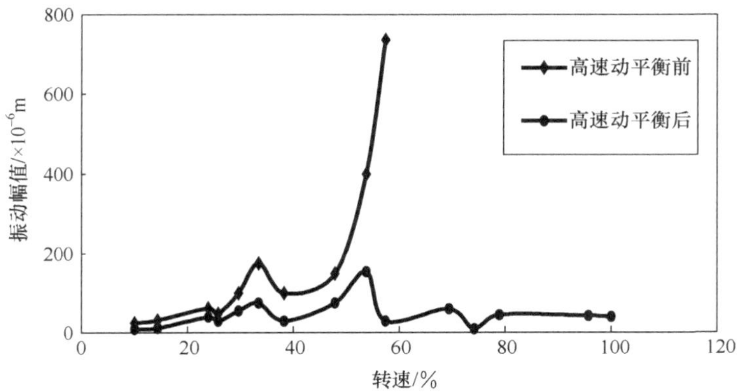

图 11.18　D_2 测得装实心传动轴的动力涡轮转子高速动平衡前后幅值-转速曲线

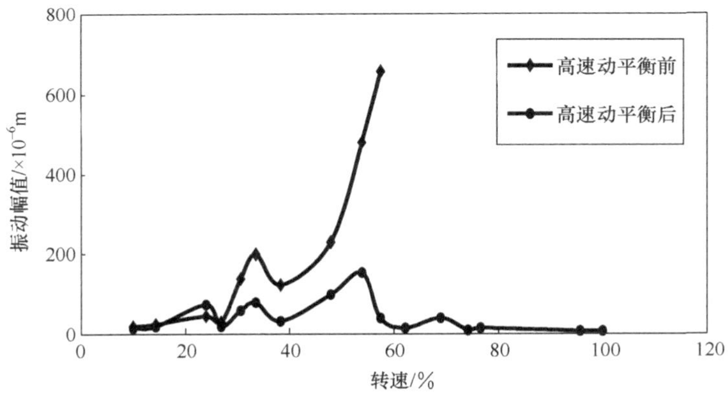

图 11.19　D_3 测得装实心传动轴的动力涡轮转子高速动平衡前幅值-转速曲线

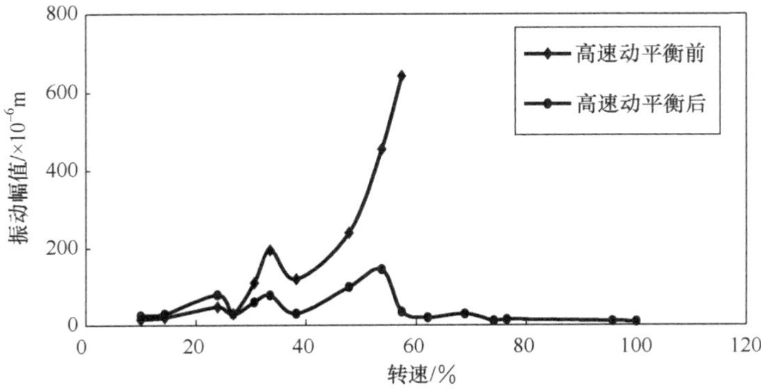

图 11.20　D_4 测得装实心传动轴的动力涡轮转子高速动平衡前后幅值-转速曲线

从图 11.17～图 11.20 可知，装实心传动轴的动力涡轮转子在高速动平衡前由于挠度过大只能运行到 12000r/min，不能安全地越过第二阶弯曲临界转速，更不可能运行到额定工作转速，转子挠度随转速的升高而急剧增大。经过高速动平衡后，转子能平稳地越过两阶弯曲临界转速，在额定工作转速下四个测点全部满足平衡精度要求（轴位移峰-峰值均不大于 4.0×10^{-5}m）。

由最大振动幅值下降值来看高速动平衡效果，见表 11.9。

表 11.9 装实心传动轴的动力涡轮转子高速动平衡效果（基于转子挠度）

状态	D_1 测点	D_2 测点	D_3 测点	D_4 测点
高速动平衡前最大振动幅值/10^{-6}m	310	736	658	642
高速动平衡后最大振动幅值/10^{-6}m	85	154	155	145
平衡效果/%	72.58	79.08	76.44	77.41

从表 11.9 可知，高速动平衡使各测点的最大振动幅值下降了 72.58%～79.08%。

综上所述，对装实心传动轴的动力涡轮转子的高速动平衡试验取得了良好的平衡效果，并且没有在传动轴上去材料（只在第一级动力涡轮盘上加平衡垫片）就达到了平衡精度要求。可见，平衡装实心传动轴的动力涡轮转子要比平衡装空心传动轴的动力涡轮转子容易得多。

11.3.4 有关高速动平衡试验几个重要问题的分析

（1）实际发动机动力涡轮转子与装实心传动轴的动力涡轮转子高速动平衡试验对比分析。

对比 08 号动力涡轮转子与装实心传动轴的动力涡轮转子的高速动平衡试验不难发现，两个动力涡轮转子在高速动平衡前的状态相似，都不能安全越过第二阶弯曲临界转速，但要达到同一平衡精度要求；08 号动力涡轮转子要在四个平衡转速下进行平衡，并且需要使用四个平衡面才能达到目的，而装实心传动轴的动力涡轮转子只在一个平衡转速下进行平衡，并且只使用第一级动力涡轮盘一个平衡面（不需要在传动轴上进行平衡操作）就可达到目的。可见，平衡实际发动机动力涡轮转子要比平衡装实心传动轴的动力涡轮转子的难度大得多。这是因为空心传动轴的加工难度大（对长径比大于 30 的深孔加工，壁厚差难以控制在精度范围内），导致空心传动轴存在由于加工误差引起的初始不平衡量，并且装在传动轴内孔中的测扭基准轴也有不平衡量，因此空心传动轴组件的初始不平衡量比较大。而实心传动轴的加工就容易得多，传动轴上的初始不平衡量相对也要小得多；同时，从第 8 章和前述的分析可知，即使初始不平衡量完全相同，装空心传动轴的动力涡轮转子的二阶不平衡响应也远大于装实心传动轴的情况。因此，要达到相同的平衡精度，就要求空心传动轴上的残余不平衡量远小于实心传动轴上的残余不平衡量。

可见，平衡实际发动机动力涡轮转子要比平衡装实心传动轴的动力涡轮转子困难得多，通常都必须在传动轴上去材料。

（2）取消动力涡轮轴组件的高速动平衡试验，直接对动力涡轮转子进行高速动平衡试验。

最初的设计要求：动力涡轮转子的高速动平衡试验分两个阶段进行，先进行动力涡轮轴组件的高速动平衡，再进行动力涡轮转子的高速动平衡。从平衡研究的角度来说，分别对动力涡轮轴组件和动力涡轮转子进行高速动平衡研究是有其学术意义的，表示所建立的平衡方法和平衡工艺不但适合于平衡不装盘的细长柔性轴，而且可以平衡带细长柔性轴的柔性转子，适应性较强，平衡效果都十分理想。但从工程角度来看，先平衡好动力涡轮轴组件，再平衡动力涡轮转子是不合适的。因为动力涡轮轴组件和动力涡轮转子的动力特性有很大区别，轴组件在额定工作转速范围内只有一阶临界转速，额定工作转速靠近第二阶临界转速，而动力涡轮转子在额定工作转速范围内存在两阶临界转速，额定工作转速对第二阶临界转速的裕度较大，因此，即使轴组件达到了很高的平衡精度要求，装上两级动力涡轮盘后，动力特性发生了很大的变化，对转子的平衡不会带来很大好处，但造成的损失却是巨大的。首先，在动力涡轮轴组件和动力涡轮转子的两次平衡过程中都需要在传动轴的平衡凸台上去材料，甚至有可能两次平衡在同一凸台上去材料的位置几乎是反相的，造成传动轴的平衡凸台上很有限的可去材料量在一、两次的平衡过程中就被去掉，对动力涡轮转子的多次平衡极为不利，而且会很大程度上缩短传动轴的使用寿命。同时，传动轴的加工成本高、加工难度大，先平衡轴组件、再平衡转子就会增加型号研制的成本。如果由于传动轴上没材料可去而无法再次进行平衡，又没有传动轴可以更换的话，必将延误型号研制进度，造成重大损失。其次，先平衡轴组件、再平衡转子需要两次分解、装配、运输和安装，不但浪费时间，而且浪费人力和财力。此外，转子的很多零部件是过盈配合，多次分解和装配很容易造成零件表面的损伤，缩短零部件的使用寿命，增加研制成本，并带来潜在的安全隐患。因此，从工程角度来说，先平衡轴组件、再平衡转子的平衡方案是不合适的，这一平衡方案只是在最初加工的几个动力涡轮转子上使用。随着对平衡认识的提高，平衡技术的成熟，作者提出了取消动力涡轮轴组件的高速动平衡试验、直接对动力涡轮转子进行高速动平衡试验的平衡方案，得到了设计部门的采纳，对设计进行了修改。型号研制的实践表明，改进后的平衡方案是一种可行的、有效的动力涡轮转子高速动平衡方案。该方案的提出和实施对型号研制作出了积极贡献。

（3）规范传动轴组件和两级动力涡轮盘组件的低速动平衡试验

最初的设计要求：在进行动力涡轮转子的装配前，必须分别对传动轴组件（传动轴内装测扭基准轴）和两级动力涡轮盘组件（组合在一起的两级动力涡轮盘）分别进行低速动平衡试验。这就意味着：不管是加工完成后第一次进行装配的全新转子，还是已进行过高速动平衡试验并经过台架试车后，进行分解检查再重新进行装配的转子，都必须在装配前进行低速动平衡试验。经过长期的工程实践和试验验证，作者提出需对低速动平衡试验进行规范，即：①对于新加工的动力涡轮转子，都要对传动轴组件和两级动力涡轮盘组件分别进行低速动平衡试验（两平面平衡，平衡精度为 5×10^{-6} kg · m），低速动平衡的目的是消除初始不平衡量，减小高速动平衡的难度，要求在进行传动轴组件的低速动平衡试验时，选定的两个平衡面位于传动轴两端，不允许在高速动平衡专用的平衡凸台上去材料；在进行两级动力涡轮盘组件的低速动平衡试验时，要求尽可能在规定的位置上去材料平衡，把第一级动力涡轮盘系留螺栓上加平衡垫片的位置留给高速动平衡用。②对于已进行过高速动平衡试验的动力涡轮转子，即使对转子的零部件进行了分解检查，只要没有更换转子的主要零部件（如动力涡轮盘、测扭基准轴等），也不再对传动轴组件和两级动力涡轮盘组件进行低速动平衡试验。因为分解检查后再重新装配，一般不会对转子的平衡状态造成明显的破坏，再次完成高速动平衡试验的难度不大，稍作调整就可以满足平衡精度要求，如果重新进行低速动平衡就破坏了转子原有的高速动平衡状态，且增加了工作量，再次进行高速动平衡试验的难度就会较大，而且一般都需在传动轴上去掉相对较多的材料，缩短传动轴的使用寿命，增加研制成本，并影响型号研制的进度。该建议已被设计部门采纳并对技术要求进行了修改。

11.4　扭测基准轴不平衡量的估算方法

动力涡轮转子是一个典型的带柔性轴的柔性转子，平衡技术的关键是控制转子的挠度，因此，控制轴上的不平衡量就显得十分重要。轴上的不平衡量既有来自传动轴的不平衡量，又有来自安装在传动轴内孔中的测扭基准轴的不平衡量。由于结构（薄壁结构，很容易发生变形）等因素，测扭基准轴的不平衡量不可能通过低速动平衡机测得。为了估算测扭基准轴的不平衡量，本章提出了一种通过对转子进行高速动平衡对比试验，估算测扭基准轴的不平衡量（估算的不平衡量既包括测扭基准轴本身的不平衡量，也包括由振型引起的附加不平衡量）的方法。

11.4.1　通过高速动平衡试验估算测扭基准轴的不平衡量

动力涡轮转子在试验中的安装及测试示意图见图 9.1。

对不装测扭基准轴和装测扭基准轴的动力涡轮转子分别进行了高速动平衡试验。

首先对不装测扭基准轴的动力涡轮转子（状态 1）进行高速动平衡试验，然后，对装测扭基准轴的动力涡轮转子（状态 2～状态 4）进行高速动平衡试验。四种状态的平衡均在转子的第二阶临界转速前进行，每次平衡均以转子能平稳地越过第二阶临界转速为目标。第一级动力涡轮盘上所加平衡配重(平衡垫圈,材料与动力涡轮盘相同)的半径(系留螺栓上)为 0.0775m,平衡卡箍(装在 2 号平衡凸台上)上所加平衡配重的半径为 0.020m。

为较精确地估算测扭基准轴的不平衡量,试验中,要求做到以下几点:

(1) 在每次分解和装配过程中,转子上各零件及相对安装位置均保持不变。

(2) 转子上参考相位角起始点位置(反光带位置)始终保持不变(通过用金属记号笔作记号保证),试验过程中转子的旋转方向不变。

(3) 每次平衡均使用 1 号平衡卡箍,且 1 号平衡卡箍每次都装在 2 号平衡凸台上,平衡卡箍和传动轴之间的相对位置(通过用金属记号笔作记号保证)和安装紧度(通过限扭扳手保证)保持不变。

四种状态的动力涡轮转子在高速动平衡试验后分别在第一级动力涡轮盘上和 1 号平衡卡箍上所加的平衡配重的大小和方位(平衡卡箍上的配重为矢量合成后的值)见表 11.10。

表 11.10　平衡配重

转子状态		高速动平衡后所加配重质量的大小和相位		备注
		盘上配重质量(大小/相位)	平衡卡箍上配重质量(大小/相位)	
不装测扭基准轴	状态 1	2.17g/18°	0.548g/118°	两平面平衡
装上原装机测扭基准轴	状态 2	2.17g/18°	1.433g/128°	单平面平衡
	状态 3	2.17g/18°	1.33g/120°	单平面平衡
	状态 4	2.00g/18°	1.30g/135°	两平面平衡

表 11.10 中,状态 1 为不装测扭基准轴的转子;状态 2 为装测扭基准轴的转子,在高速动平衡前不拆下状态 1 平衡时在盘上和平衡卡箍上所加的全部平衡配重;状态 3 为装测扭基准轴的转子,在高速动平衡前只保留状态 1 平衡时在盘上所加的平衡配重而拆下状态 1 和状态 2 平衡时在平衡卡箍上所加的全部平衡配重;状态 4 为装测扭基准轴的转子,在高速动平衡前拆下状态 1 平衡时在盘上所加的平衡配重和状态 3 平衡时在平衡卡箍上所加的全部平衡配重。

通过上述四种状态的高速动平衡试验,可以估算测扭基准轴的不平衡量:

(1) 如忽略转子在不同状态下高速动平衡试验所取得的平衡效果的差异,即认为四种状态所取得的平衡效果是完全一样的,则通过表 11.10 就可以估算出测扭基准轴的不平衡量(状态 2、3、4 平衡时加在平衡卡箍上的平衡配重分别与状态 1 平衡时加在平衡卡箍上的平衡配重作矢量减法运算):

① 比较状态 1 和状态 2,计算出测扭基准轴不平衡量的大小和角向位置为 1.796×10^{-5}kg·m/314°(相当于需在平衡卡箍 134°位置加 0.898g 的平衡配重,

半径为 0.020m)。

② 比较状态 1 和状态 3,计算出测扭基准轴不平衡量的大小和角向位置为 1.564×10^{-5} kg · m/301°(相当于需在平衡卡箍 121°位置加 0.782g 的平衡配重,半径为 0.020m)。

③ 比较状态 1 和状态 4(忽略两种状态平衡时在第一级动力涡轮盘上所加平衡配重的差异),计算出测扭基准轴不平衡量的大小和角向位置为 1.584×10^{-5} kg · m/327°(相当于需在平衡卡箍 147°位置加 0.792g 的平衡配重,半径为 0.020m)。

可见,测扭基准轴本身存在一定的不平衡量,由考核试验结果可以估算出测扭基准轴不平衡量的大小在 1.564×10^{-5}～1.796×10^{-5} kg · m 范围内,角向位置在 301°～327°范围内。

(2) 如忽略表 11.10 中四种状态下加在平衡卡箍上的平衡配重的相位差异,则可以认为装测扭基准轴的动力涡轮转子反映在轴上的不平衡量是不装测扭基准轴的动力涡轮转子反映在轴上的不平衡量的 2.37～2.62 倍(状态 2、3、4 平衡时加在平衡卡箍上的平衡配重的大小分别除以状态 1 平衡时加在平衡卡箍上的平衡配重的大小)。

11.4.2 分析与建议

(1) 通过对不装测扭基准轴和装测扭基准轴的动力涡轮转子四种状态的高速动平衡试验,得到了测扭基准轴不平衡量的估算值。测扭基准轴的不平衡量集中反映在轴上,而对动力涡轮盘上的不平衡量影响不大。从去材料的角度考虑(因为传动轴平衡凸台上的可去材料量十分有限),可能影响到高速动平衡的效果或者导致不能对转子进行多次高速动平衡试验,因此,控制测扭基准轴的不平衡量对转子的高速动平衡试验是十分必要的。

(2) 不管是装还是不装测扭基准轴,所提出的高速动平衡方法都能对动力涡轮转子进行良好的平衡。

(3) 从结构设计上,尽可能增加传动轴平衡凸台上允许的去材料量,以满足多次高速动平衡试验去材料的需要是完全必要的。

(4) 由于测扭基准轴的不平衡量集中反映在传动轴上,可以在安装测扭基准轴之前,分别找出传动轴和测扭基准轴的重点位置,安装时使传动轴和测扭基准轴的重点位置反相,对减小轴上的初始不平衡量是有利的。

(5) 进一步改进测扭基准轴的加工工艺,提高其制造精度,减小初始不平衡量是十分必要的。

11.5　影响动力涡轮转子平衡状态的因素研究

本节对影响动力涡轮转子平衡状态的两个因素——花键配合位置和支座不对中开展研究，在考核校验前，首先对输出轴组件和转子与支座相连的铰接段进行改进设计，确保完成调心后的支座在安装输出轴组件和转子的过程中不需要移动支座，从而不改变支座的对中状态。

11.5.1　考核过程

(1) 试验前完成前、后支座轴向位置的计算，并把支座移到试验平台的相应位置上。

(2) 用激光对中仪和专用调心工装完成前支座相对于中间支座（连接增速器和输出轴组件）、后支座相对于前支座的调心工作（调心结果见表 11.11），在试验平台上固定好前、后支座。

表 11.11　支座调心结果

	上下/mm	左右/mm
前支座相对于中间支座	—|\— ϕ0.00/100; —||— −0.01	—|\— ϕ0.01/100; 0.01
前支座相对于中间支座 （重复测量）	—|\— ϕ0.01/100; —||— 0.02	—|\— ϕ0.03/100; —||— 0.01
后支座相对于前支座	—|\— ϕ0.01/100; —||— −0.03	—|\— ϕ0.01/100; —||— −0.01
后支座相对于前支座 （重复测量）	—|\— ϕ0.01/100; —||— 0.02	—|\— ϕ0.01/100; —||— 0.01

从表 11.11 可知，调心后前支座相对于中间支座、后支座相对于前支座均满足调心精度（上下和左右的开口误差均不大于 ϕ0.05mm/100mm，上下和左右的平移误差均不大于 0.05mm）要求。在后续的全部试验中前支座均不再移动。

(3) 把装机配套使用的输出轴组件和动力涡轮转子在支座上安装好，安装过程中不需要移动前、后支座，通过转接段（输出轴组件和动力涡轮转子分别与一个转接段固定在一起）在支座上的前后移动使输出轴组件与中间支座、动力涡轮转子与输出轴组件分别连接起来，转接段与支座之间通过圆柱面定心。

(4) 按照平衡判定准则(平衡判据)要求完成动力涡轮转子的高速动平衡试验,并在输出轴组件和动力涡轮转子花键配合的对应位置上作标记,并把高速动平衡后的转子状态作为本节研究的初始状态。

(5) 完成三次传动轴花键与输出轴花键配合状态的考核试验。即不移动支座,脱开传动轴与输出轴之间的花键连接,然后使传动轴花键与输出轴花键的相对配合角度分别变化约 90°、180°、270°,然后安装好转子进行试验。

(6) 完成四次后支座平移考核试验。即依次使后支座平移垫高 0.10mm、0.50mm、0.70mm、1.00mm(如图 11.21 所示)后进行试验,并且每次在后支座垫高后,同样使用激光对中仪完成调心,确保上下的开口误差和左右的开口和平移误差均满足调心精度要求,只是两支座的高度不同。

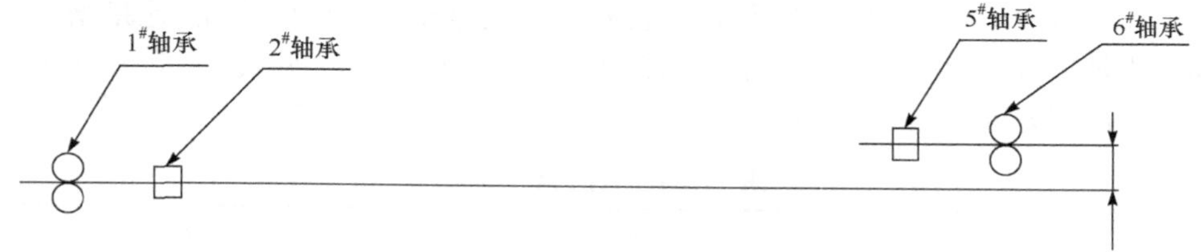

图 11.21　后支座平移示意图

(7) 完成两次后支座前倾考核试验。即依次使后支座的后端垫高 0.05mm、0.10mm(如图 11.22 所示)后进行试验,并且每次在后支座垫高后,同样使用激光对中仪完成调心,确保左右的开口和平移误差满足调心精度要求。

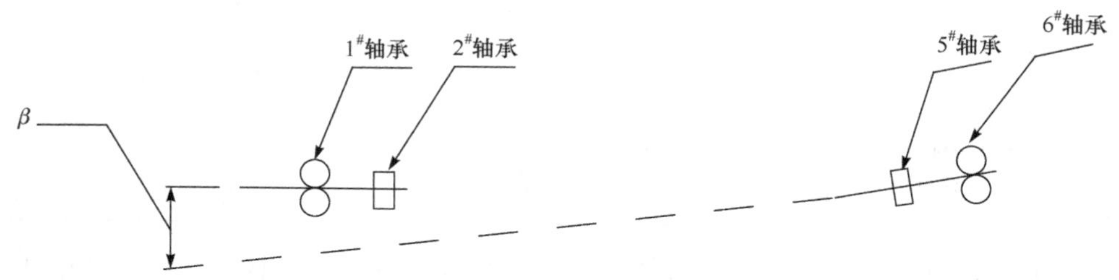

图 11.22　后支座前倾示意图

(8) 完成两次后支座后仰考核试验。即依次使后支座的前端垫高 0.05mm、0.10mm(如图 11.23 所示)后进行试验,并且每次在后支座垫高后,同样使用激光对中仪完成调心,确保左右的开口和平移误差满足调心精度要求。

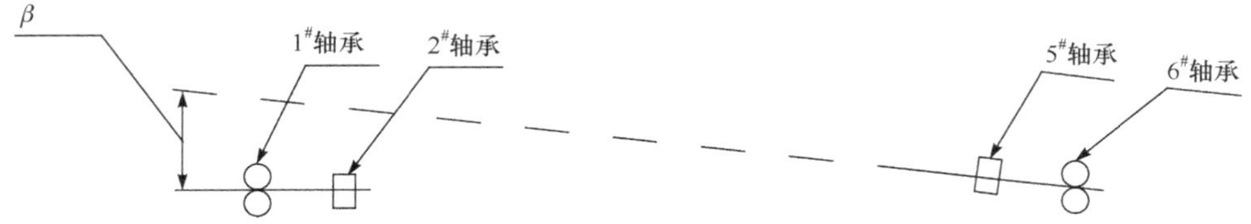

图 11.23　后支座后仰示意图

11.5.2　试验结果

在不同状态下，通过 $D_1 \sim D_4$ 电涡流位移传感器测得动力涡轮转子振动幅值(轴位移峰-峰值，转子挠度的两倍)随转速的变化曲线，然后读出各测点在临界转速下和额定工作转速下的振动幅值(注：初始状态即高速动平衡后的转子状态，限于篇幅，本节不给出各种状态下转子振动幅值随转速的变化曲线)。

1. 花键配合状态考核试验结果

动力涡轮转子在花键配合状态考核试验中，由 $D_1 \sim D_4$ 传感器测得的临界转速和额定工作转速下的振动幅值(三次改变花键的配合状态)，分别见表 11.12 和表 11.13。

表 11.12　临界转速下的振动幅值(改变花键配合状态)

状态	D_1 传感器 /10^{-6}m	D_2 传感器 /10^{-6}m	D_3 传感器 /10^{-6}m	D_4 传感器 /10^{-6}m
初始状态	122	242	216	170
传动轴花键和输出轴花键的相对周向位置变化约 90°后	84	387	253	284
传动轴花键和输出轴花键的相对周向位置变化约 180°后	123	365	233	347
传动轴花键和输出轴花键的相对周向位置变化约 270°后	125	267	170	238

表 11.13　额定工作转速下的振动幅值(改变花键配合状态)

状态	D_1 传感器 /10^{-6}m	D_2 传感器 /10^{-6}m	D_3 传感器 /10^{-6}m	D_4 传感器 /10^{-6}m
初始状态	45	19	21	20
传动轴花键和输出轴花键的相对周向位置变化约 90°后	33	13	16	12

续表

状态	D_1 传感器 $/10^{-6}$m	D_2 传感器 $/10^{-6}$m	D_3 传感器 $/10^{-6}$m	D_4 传感器 $/10^{-6}$m
传动轴花键和输出轴花键的相对周向位置变化约 180°后	38	2.4	23	21
传动轴花键和输出轴花键的相对周向位置变化约 270°后	31	14	21	14

2. 后支座平移考核试验结果

动力涡轮转子在后支座平移考核试验中(花键配合恢复到初始状态),由 D_1～D_4 传感器测得的临界转速和额定工作转速下的振动幅值(共四次垫高后支座),分别见表 11.14 和表 11.15。

表 11.14　临界转速下的振动幅值(后支座平移)

状态	D_1 传感器 $/10^{-6}$m	D_2 传感器 $/10^{-6}$m	D_3 传感器 $/10^{-6}$m	D_4 传感器 $/10^{-6}$m
初始状态	122	242	216	170
后支座平移垫高 1×10^{-4}m	144	462	306	412
后支座平移垫高 5×10^{-4}m	101	498	324	94
后支座平移垫高 7×10^{-4}m	116	227	194	107
后支座平移垫高 1×10^{-3}m	81	430	281	133

表 11.15　额定工作转速下的振动幅值(后支座平移)

状态	D_1 传感器 $/10^{-6}$m	D_2 传感器 $/10^{-6}$m	D_3 传感器 $/10^{-6}$m	D_4 传感器 $/10^{-6}$m
初始状态	45	19	21	20
后支座平移垫高 1×10^{-4}m	29	17	16	10
后支座平移垫高 5×10^{-4}m	29	14	16	17
后支座平移垫高 7×10^{-4}m	32	16	20	18
后支座平移垫高 1×10^{-3}m	38	12	19	16

3. 后支座前倾或后仰考核试验结果

动力涡轮转子在后支座前倾或后仰考核试验中(花键配合恢复到初始状态),由 D_1～D_4 传感器测得的临界转速和额定工作转速下的振动幅值(共四次改变状态)，分别见表 11.16 和表 11.17。

表 11.16　临界转速下的振动幅值(后支座前倾或后仰)

状态	D_1 传感器 /10^{-6}m	D_2 传感器 /10^{-6}m	D_3 传感器 /10^{-6}m	D_4 传感器 /10^{-6}m
初始状态	122	242	216	170
前倾，后支座后部垫高 5×10^{-5}m	178	301	194	347
前倾，后支座后部垫高 1×10^{-4}m	174	282	185	302
后仰，后支座前部垫高 5×10^{-5}m	105	435	291	358
后仰，后支座前部垫高 1×10^{-4}m	108	450	301	362

表 11.17　额定工作转速下的振动幅值(后支座前倾或后仰)

状态	D_1 传感器 /10^{-6}m	D_2 传感器 /10^{-6}m	D_3 传感器 /10^{-6}m	D_4 传感器 /10^{-6}m
初始状态	45	19	21	20
前倾，后支座后部垫高 5×10^{-5}m	31	4.9	20	5.7
前倾，后支座后部垫高 1×10^{-4}m	28	9.6	21	3.5
后仰，后支座前部垫高 5×10^{-5}m	22	10	21	11
后仰，后支座前部垫高 1×10^{-4}m	24	6.8	21	16

11.5.3　试验结果分析

1. 花键配合状态考核试验结果分析

以各传感器在初始状态下测得的振动幅值为基准，对表 11.12 和表 11.13 中的数据进行归一化处理，分别见表 11.18 和表 11.19。

表 11.18　临界转速下归一化的振动幅值(改变花键配合状态)

状态	D_1 传感器	D_2 传感器	D_3 传感器	D_4 传感器
初始状态	1	1	1	1
传动轴花键和输出轴花键的相对周向位置变化约 90°后	0.689	1.599	1.171	1.671
传动轴花键和输出轴花键的相对周向位置变化约 180°后	1.008	1.508	1.079	2.041
传动轴花键和输出轴花键的相对周向位置变化约 270°后	1.025	1.103	0.787	1.400

表 11.19 额定工作转速下归一化的振动幅值(改变花键配合状态)

状态	D_1 传感器	D_2 传感器	D_3 传感器	D_4 传感器
初始状态	1	1	1	1
传动轴花键和输出轴花键的相对周向位置变化约 90°后	0.733	0.684	0.762	0.600
传动轴花键和输出轴花键的相对周向位置变化约 180°后	0.844	0.126	1.095	1.050
传动轴花键和输出轴花键的相对周向位置变化约 270°后	0.689	0.737	1.00	0.700

在传动轴花键和输出轴花键相对周向位置分别变化约 90°、180°和 270°的情况下,临界转速下转子振动幅值的最大变化分别为 67.1%、104.1%和 40.0%,额定工作转速下转子振动幅值的最大变化分别为 40.0%、87.4%和 31.1%。可见,在目前加工精度条件下,各齿还不能达到完全互换的目的,改变花键的配合状态(改变配合齿),对转子的平衡状态有较大影响。

2. 后支座平移考核试验结果分析

以各传感器在初始状态下测得的振动幅值为基准,对表 11.14 和表 11.15中的数据进行归一化处理,分别见表 11.20 和表 11.21。

表 11.20 临界转速下归一化的振动幅值(后支座平移)

状态	D_1 传感器	D_2 传感器	D_3 传感器	D_4 传感器
初始状态	1	1	1	1
后支座平移垫高 1×10^{-4}m	1.180	1.909	1.417	2.424
后支座平移垫高 5×10^{-4}m	0.828	2.058	1.500	0.553
后支座平移垫高 7×10^{-4}m	0.951	0.938	0.898	0.629
后支座平移垫高 1×10^{-3}m	0.664	1.777	1.301	0.782

表 11.21 额定工作转速下归一化的振动幅值(后支座平移)

状态	D_1 传感器	D_2 传感器	D_3 传感器	D_4 传感器
初始状态	1	1	1	1
后支座平移垫高 1×10^{-4}m	0.644	0.895	0.762	0.500
后支座平移垫高 5×10^{-4}m	0.644	0.737	0.762	0.850
后支座平移垫高 7×10^{-4}m	0.711	0.842	0.952	0.900
后支座平移垫高 1×10^{-3}m	0.844	0.632	0.905	0.800

后支座分别平移垫高 1×10^{-4} m、5×10^{-4} m、7×10^{-4} m 和 1×10^{-3} m，临界转速下转子振动幅值的最大变化分别为 142.4%、105.8%、37.1%、和 77.7%，额定工作转速下转子振动幅值的最大变化分别为 50.0%、35.6%、28.9%和 36.8%。可见，后支座平移（两支座不同心）同样对转子的平衡状态有较大影响。

3. 后支座前倾或后仰考核试验结果分析

以各传感器在初始状态下测得的振动幅值为基准，对表 11.16 和表 11.17 中的数据进行归一化处理，分别见表 11.22 和表 11.23。

表 11.22　临界转速下的振动幅值（后支座前倾或后仰）

状态	D_1 传感器	D_2 传感器	D_3 传感器	D_4 传感器
初始状态	1	1	1	1
前倾，即后支座的后部垫高 5×10^{-5} m	1.459	1.244	0.898	2.041
前倾，即后支座的后部垫高 1×10^{-4} m	1.426	1.165	0.856	1.776
后仰，即后支座的前部垫高 5×10^{-5} m	0.861	1.798	1.347	2.106
后仰，即后支座的前部垫高 1×10^{-4} m	0.885	1.860	1.394	2.129

表 11.23　额定工作转速下的振动幅值（后支座前倾或后仰）

状态	D_1 传感器	D_2 传感器	D_3 传感器	D_4 传感器
初始状态	1	1	1	1
前倾，即后支座的后部垫高 5×10^{-5} m	0.689	0.258	0.952	0.285
前倾，即后支座的后部垫高 1×10^{-4} m	0.622	0.505	1.000	0.175
后仰，即后支座的前部垫高 5×10^{-5} m	0.489	0.526	1.000	0.524
后仰，即后支座的前部垫高 1×10^{-4} m	0.533	0.358	1.000	0.800

后支座前倾或后仰，临界转速下转子振动幅值的最大变化分别为 104.1%、77.6%、110.6%和 112.9%，额定工作转速下的转子振动幅值最大变化分别为 74.2%、82.5%、51.1%和 64.2%。可见，后支座的前倾或后仰（两支座不同心）同样对转子的平衡状态有较大影响。

本节以完成高速动平衡试验后的某涡轴发动机动力涡轮转子为研究对象，针对影响动力涡轮转子平衡状态的两个因素（传动轴和输出轴之间的花键配合、支承输出轴组件和动力涡轮转子的两个支座之间的不对中）开展了系统的试验研究，可得到如下结论：

(1) 在目前加工精度条件下，改变花键的配合齿，对转子的平衡状态有较大影响，即传动轴和输出轴花键各齿的配合还不能达到完全互换的目的。因此，在进行高速动平衡试验时，应尽量使用装机配套的输出轴组件和动力涡轮转子，确保装机使用时不改变花键的配合状态。

(2) 支座不同心对转子的平衡状态有较大影响。要使动力涡轮转子在装机使用时不明显破坏已达到的平衡精度(在高速旋转试验器上按平衡判据完成高速动平衡试验后所达到的平衡精度),有必要保证输出轴组件和动力涡轮转子在发动机上良好定位并有较高的对中精度。

(3) 各种状态下的考核试验,动力涡轮转子均可以平稳越过临界转速并在额定工作转速下平稳运行,即转子的平衡状态没有实质性的破坏,只要花键的加工精度、输出轴组和转子的对中精度满足要求,那么平衡后的动力涡轮转子可以按装配工艺要求装机使用。

11.6 小　　结

本章在高速旋转试验器上对动力涡轮转子的高速动平衡试验进行了研究,运用"多转速、多平面、分步平衡"的高速动平衡方法以及平衡辅助工装——平衡卡箍的平衡工艺,完成了动力涡轮轴组件、动力涡轮转子和装实心传动轴动力涡轮转子的高速动平衡试验。在大量试验的基础上,规范了确定平衡要素(测量面、平衡面、平衡转速)的原则,制定了平衡工艺和平衡步骤,给出了动力涡轮转子的平衡判定准则,并提出了测扭基准轴不平衡量的估算方法,对影响动力涡轮转子平衡状态的因素进行了研究。主要结论如下:

(1) 提出的"多转速、多平面、分步平衡"的影响系数平衡方法能满足动力涡轮转子高速动平衡的要求,平衡效果良好。

(2) 动力涡轮转子高速动平衡试验都是借助平衡卡箍完成的。研究表明,平衡卡箍的使用性能和平衡性能良好,是进行动力涡轮转子高速动平衡试验有效的平衡工装。基于平衡卡箍的高速动平衡技术能满足细长柔性转子的高速动平衡,具有重要的工程应用价值。

(3) 在大量试验研究的基础上,提出了确定动力涡轮转子平衡要素(测量面、平衡面、平衡转速)的原则,规范了平衡工艺和平衡步骤,给出了平衡判定准则——平衡判据,发展了柔性转子高速动平衡技术,对细长柔性转子的高速动平衡试验具有指导意义和参考价值。

(4) 提出了一种通过高速动平衡试验来估算测扭基准轴不平衡量的方法,方法简单、实用,有一定的推广价值。

(5) 要达到同一平衡精度,实际发动机(即装空心传动轴)动力涡轮转子高速动平衡试验的难度远比装实心传动轴动力涡轮转子高速动平衡试验的难度大。一般而言,装空心传动轴动力涡轮转子的平衡必须在传动轴上去材料,而装实心传动轴的动力涡轮转子则有可能仅需在动力涡轮盘上加配重进行平衡。

（6）基于本书的研究成果对正在研制的发动机设计技术要求进行了修改，即取消了动力涡轮轴组件的高速动平衡而直接对动力涡轮转子进行高速动平衡，并且规范了传动轴组件和两级动力涡轮盘组件的低速动平衡，对延长传动轴的使用寿命，降低研制成本，加快型号研制进度有重要意义，工程应用价值显著。

（7）改变传动轴花键和输出轴花键的配合状态，或者输出轴组件和动力涡轮转子安装支座的同心度恶化，对动力涡轮转子的平衡状态有较大影响，但不会对转子的平衡状态造成实质性的破坏。

第12章　转子高速动平衡技术在涡轴发动机整机减振中的应用

转动件的动不平衡是影响发动机振动超限的主要原因之一，因此，平衡在发动机研制中占有极为重要的地位。

本章主要研究柔性转子的高速动平衡技术在涡轴发动机整机减振中的作用。01号发动机在一次台架试车中，由于动力涡轮转子的平衡状态被破坏，整机振动很大（频繁超过限制值），试车难以继续进行，发动机被迫下台。该动力涡轮转子此前已进行过良好的高速动平衡，在发动机长时间试车和多次分解、装配后，平衡状态被破坏，经对动力涡轮转子重新进行高速动平衡（没有对发动机进行其他处理），发动机在后续的台架试车中振动特性良好（远低于振动限制值），顺利地完成了发动机长试任务。本章的研究结果表明，柔性转子的高速动平衡技术在涡轴发动机整机减振中起着十分重要的作用。

12.1　动力涡轮转子平衡破坏后的整机振动情况

01号发动机在台架试车中的安装及振动测试示意图见图12.1。图中符号表示测量位置，即T45为动力涡轮机匣径向45°处，T135为动力涡轮机匣径向135°处，Fz为附件机匣垂直方向，F_Y为附件机匣水平方向，Pz为压气机机匣垂直方向，P_Y为压气机机匣水平方向。

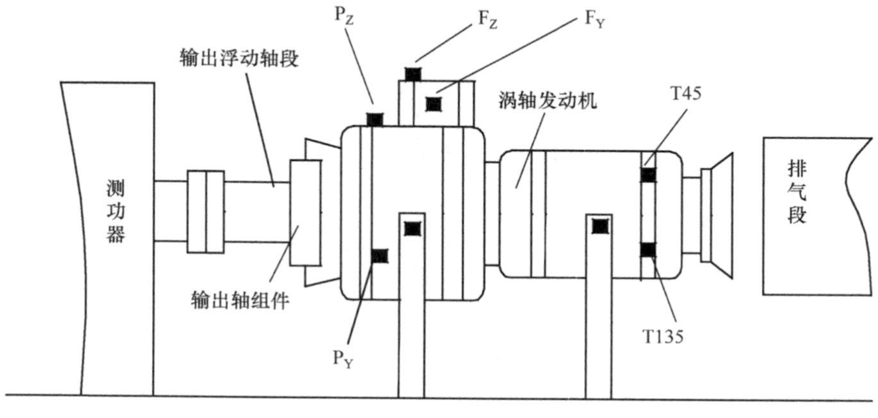

图12.1　涡轴发动机在整机台架试车中的安装及振动测试示意图

在试车过程中，除图 12.1 所示的振动监测外，还对压气机前端鼠笼式弹性支承水平方向和垂直方向的应变进行了监测。

12.1.1　振动和频谱分析

1. 振动

动力涡轮转子的平衡状态被破坏后，涡轴发动机在台架试车三次推转速过程中由于动力涡轮转子基频和燃气发生器转子基频引起的各测点振动值见表 12.1。

表 12.1　转子平衡破坏后涡轴发动机各测点的振动速度值(基频)

N_p/N_g /(r/min)	振动分量	振动速度测量值/(10^{-3}m/s)					
		T45	T135	F_Y	F_Z	P_Y	P_Z
0.73 额定/慢车	动力涡轮转子基频	5.88	3.14	3.81	2.19	2.74	4.78
	燃气发生器转子基频	1.35	3.61	0.80	0.50	2.10	0.25
0.99 额定/ 0.91 额定	动力涡轮转子基频	19.2	16.8	30.3	44.7	39.6	52.2
	燃气发生器转子基频	9.00	2.30	2.40	4.80	15.3	10.4
慢车/慢车	动力涡轮转子基频	12.4	17.0	6.86	2.27	5.55	3.10
	燃气发生器转子基频	1.30	4.20	1.13	0.42	1.31	0.56
0.98 额定/ 0.91 额定	动力涡轮转子基频	8.16	17.2	22.9	33.0	44.9	39.5
	燃气发生器转子基频	4.03	2.60	1.50	2.60	4.50	4.10
0.70 额定/慢车	动力涡轮转子基频	10.4	4.96	6.75	3.74	5.12	6.85
	燃气发生器转子基频	0.65	2.70	0.86	0.35	1.31	0.64
0.95 额定/ 0.88 额定	动力涡轮转子基频	15.4	17.4	30.3	45.4	50.8	44.3
	燃气发生器转子基频	13.0	4.10	2.60	5.10	10.4	10.1

注：N_p 表示动力涡轮转子转速，N_g 表示燃气发生器转子转速，慢车表示慢车转速，额定表示额定工作转速，以下同。

发动机在台架试车过程中，由于振动值超限而无法推转速到额定工作转速。从表 12.1 可知：①在同一个 N_p/N_g 状态下(特别是大状态下)，动力涡轮转子基频分量比燃气发生器转子的基频分量要大得多，这是导致整机振动过大的主要原因；②随着转速的升高，动力涡轮转子基频分量比燃气发生器转子基频分量的增长速度要快得多。

2. 频谱分析

表 12.1 中，在第一次推转速的过程中，当 N_p/N_g 为 0.99 额定/0.91 额定时，六个测点的振动频谱见图 12.2。

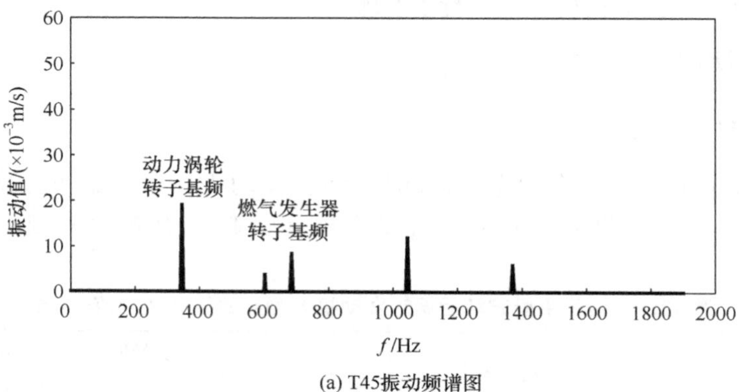

(a) T45振动频谱图

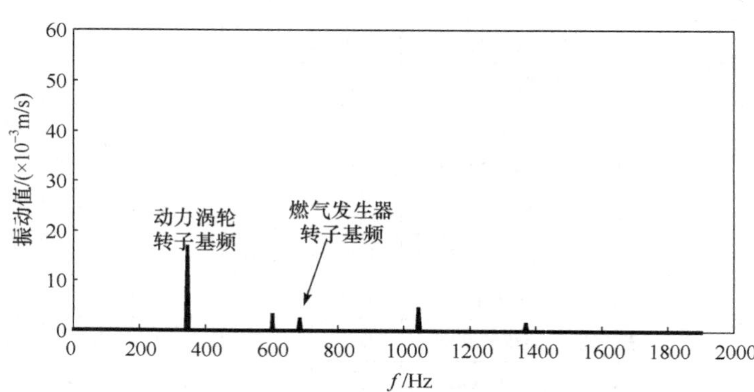

(b) T135振动频谱图

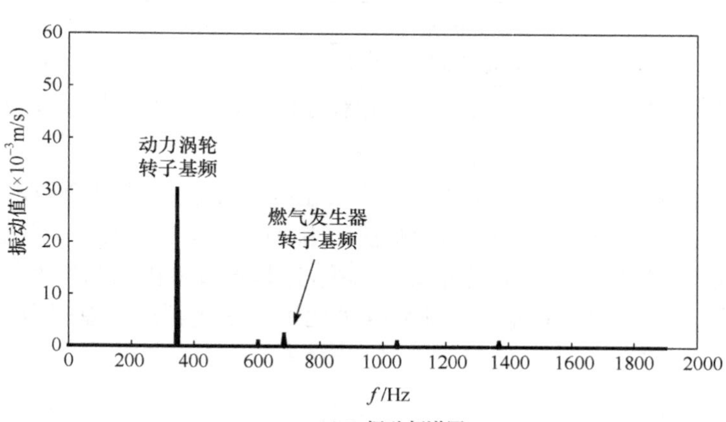

(c) F_Y振动频谱图

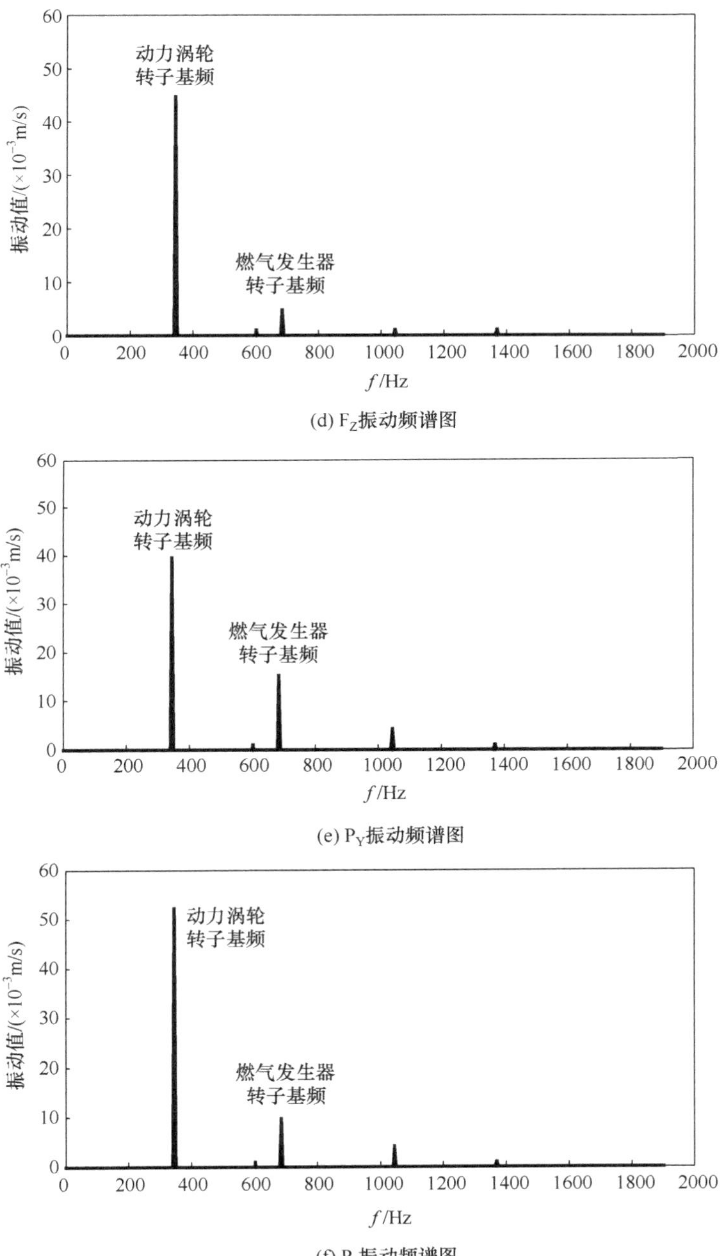

(d) F_Z振动频谱图

(e) P_Y振动频谱图

(f) P_z振动频谱图

图 12.2　平衡破坏后各测点振动频谱图(N_p/N_g:0.99 额定/0.91 额定)

从图 12.2 可知，动力涡轮转子的基频分量在各测点振动中占主导地位（尤其对 F_Y、F_Z、P_Y、P_Z 更是如此，见各谱图中的最高谱线），而燃气发生器转子的基频分量不大，所有倍频分量均不明显。结果表明，动力涡轮转子本身具有的较大不平衡量是导致发动机台架试车过程中振动超限的主要原因。

12.1.2 压气机转子前弹支应变

1. 压气机转子前弹支应变值

转子平衡破坏后，涡轴发动机在台架试车两次推转速过程中，压气机转子前弹支应变测量值（有效值）见表 12.2。

表 12.2 平衡破坏后压气机转子前弹支应变测量值

N_p/N_g/(r/min)	弹支应变/με	
	垂直方向	水平方向
0.99 额定/0.81 额定	234.2	151.5
0.95 额定/0.83 额定	192.2	125.4

从表 12.2 可知，压气机转子的前弹支应变随动力涡轮转子转速的升高而明显增大。

2. 弹支应变的波形图和频谱图

表 12.2 中，当 N_p/N_g 为 0.95 额定/ 0.83 额定时，水平方向弹支应变的波形图和频谱图分别见图 12.3 和图 12.4。

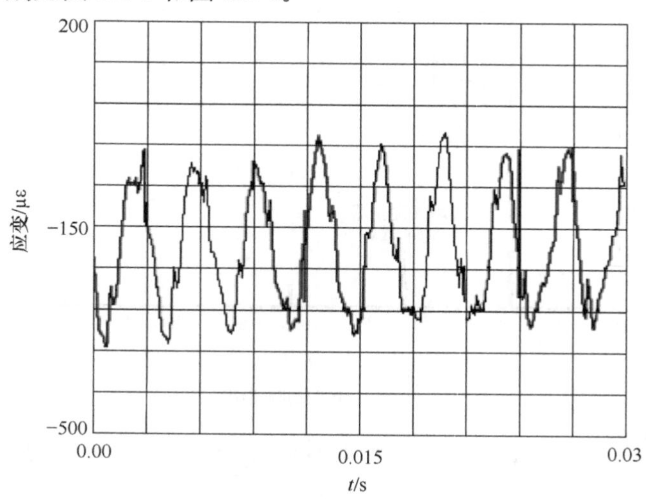

图 12.3 水平方向弹支应变波形图

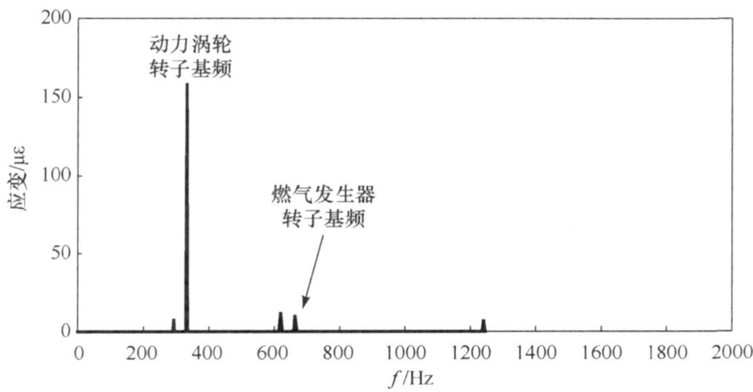

图 12.4　水平方向弹支应变频谱图

从图 12.3 和图 12.4 可知，压气机转子前弹支应变主要是由动力涡轮转子的基频分量(图 12.4 中的最高谱线)引起的，其余分量都很小。

由以上分析可知，发动机台架试车振动超限的主要原因是动力涡轮转子的平衡状态被破坏。因此，为确保安全，在发动机后续试验前，必须对动力涡轮转子重新进行高速动平衡试验。

12.2　动力涡轮转子重新高速动平衡试验

在高速动平衡试验中，动力涡轮转子的安装及测试示意图见图 9.1，安装在高速旋转试验器真空箱中的实物照片见图 12.5。

图 12.5　在旋转试验器上动力涡轮转子的实物照片

采用“多转速、多平面、分步平衡”的影响系数平衡法和平衡卡箍的工艺方法完成了 01 号动力涡轮转子的高速动平衡试验。平衡转速依次选在 12000r/min、13500r/min 和额定工作转速，使用的平衡修正面共四个，即 1、2、3 号平衡凸台和第一级动力涡轮盘(最终平衡时在 1、2、3 号平衡凸台上打磨去材料，在第一级动力涡轮盘的系留螺栓上加平衡垫片)。

D_1、D_2、D_3 和 D_4 传感器测得 01 号动力涡轮转子平衡破坏后和重新高速动平衡后的幅值-转速曲线分别见图 12.6、图 12.7、图 12.8 和图 12.9。

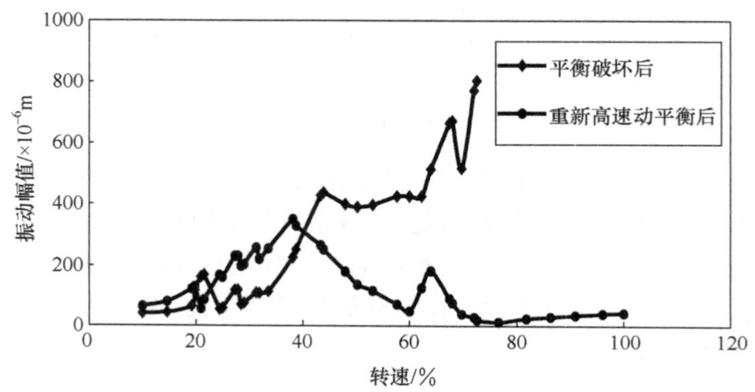

图 12.6　D_1 传感器测得平衡破坏后及重新高速动平衡后的幅值-转速曲线

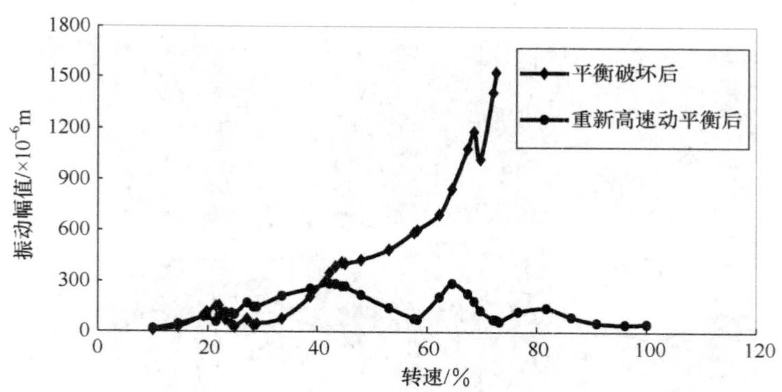

图 12.7　D_2 传感器测得平衡破坏后及重新高速动平衡后的幅值-转速曲线

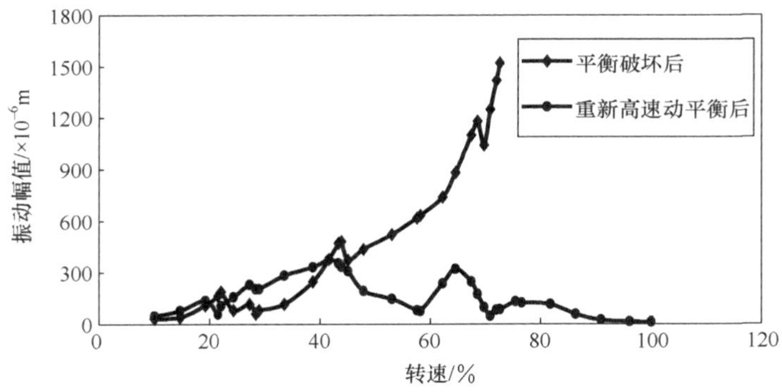

图 12.8　D_3 传感器测得平衡破坏后及重新高速动平衡后的幅值-转速曲线

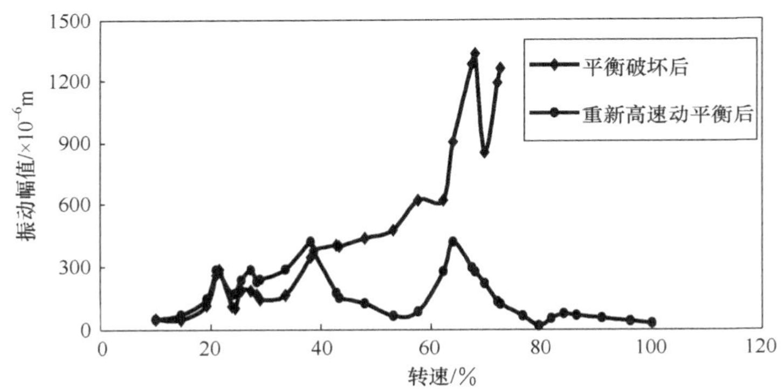

图 12.9　D_4 传感器测得平衡破坏后及重新高速动平衡后的幅值-转速曲线

通过图 12.6～图 12.9，从转子挠度下降值来看高速动平衡效果，见表 12.3。

表 12.3　动力涡轮转子高速动平衡效果（基于转子挠度）

状态	D_1 测点	D_2 测点	D_3 测点	D_4 测点
平衡破坏后最大振动幅值/$\times 10^{-6}$m	804	1530	1520	1330
重新高速动平衡后最大振动幅值/$\times 10^{-6}$m	351	286	373	421
平衡效果/%	56.34	81.31	75.46	68.35

从表 12.3 可知，转子各测点最大振动幅值的下降幅度高达 56.34%～81.31%。如考虑到平衡破坏后的转子不能安全越过第二阶弯曲临界转速、振动幅值随转速升高而急剧增大的实际情况，转子的实际平衡效果还要更高。

再分析支座上的振动加速度，从转子外传力角度来考察高速动平衡效果，见表 12.4。

表 12.4　动力涡轮转子高速动平衡效果(基于支座振动加速度)

转速/(r/min)	状态	振动加速度			
		A_1(⊥)	A_2(=)	A_3(⊥)	A_4(=)
14800	平衡破坏后/(m/s²)	28	30	12	8
	重新高速动平衡后/(m/s²)	8	15	8	4
	平衡效果/%	71.43	50.00	33.33	50.00
额定工作转速	平衡破坏后/(m/s²)	由于挠度过大而不能安全运行到额定工作转速			
	重新高速动平衡后/(m/s²)	6	12	8	6

从表 12.4 可知,在 14800r/min 转速下,高速动平衡使支座各测点的振动加速度值下降了 33.33%～71.43%。考虑到支座的参振质量较大,高速动平衡使转子的外传力得以显著下降,大大改善了轴承的工作条件(轴承所受的动载荷)。此外,重新平衡后在额定工作转速下支座各测点的振动加速度值也很小,外传力降到一个较低的水平。

通过上述分析,可得到以下结论:

(1) 平衡破坏后的动力涡轮转子不能安全地越过第二阶弯曲临界转速,说明转子的不平衡量较大,这与整机振动的分析结果相吻合。

(2) 动力涡轮转子重新平衡后,效果显著,转子表现出良好的振动特性,达到了降低柔性转子动挠度和轴承动反力的目的。

12.3　转子重新高速动平衡后的整机振动情况

12.3.1　振动和频谱分析

1. 振动

动力涡轮转子重新高速动平衡后,01 号发动机在台架试车四次推转速过程中,由动力涡轮转子基频和燃气发生器转子基频引起的各测点的振动值见表 12.5。

表 12.5　转子重新高速动平衡后涡轴发动机各测点的振动速度值(基频)

N_p/N_g /(r/min)	振动分量	振动速度测量值/(10^{-3}m/s)					
		T45	T135	F_Y	F_Z	P_Y	P_Z
慢车/慢车	动力涡轮转子基频	12.0	15.7	7.76	0.71	3.10	1.56
	燃气发生器转子基频	2.28	3.32	0.63	0.71	0.74	0.50

续表

N_p/N_g /(r/min)	振动分量	振动速度测量值/(10^{-3}m/s)					
		T45	T135	F_Y	F_Z	P_Y	P_Z
额定/额定	动力涡轮转子基频	6.55	5.57	20.3	17.9	11.1	12.4
	燃气发生器转子基频	3.85	2.70	1.23	1.16	4.08	4.78
11000/慢车	动力涡轮转子基频	19.1	8.27	16.1	3.87	1.64	4.65
	燃气发生器转子基频	2.97	3.87	0.65	0.77	0.75	0.80
额定/额定	动力涡轮转子基频	6.90	5.98	20.2	17.7	11.7	11.4
	燃气发生器转子基频	4.66	3.35	1.13	1.43	4.50	5.76
11100/慢车	动力涡轮转子基频	18.3	9.68	15.6	4.39	1.23	4.91
	燃气发生器转子基频	3.46	4.70	0.63	0.76	0.61	0.83
额定/额定	动力涡轮转子基频	7.56	7.05	24.7	22.3	14.1	12.9
	燃气发生器转子基频	3.59	3.16	1.35	1.51	4.84	5.56
11200/慢车	动力涡轮转子基频	15.1	13.2	13.3	5.00	0.50	4.84
	燃气发生器转子基频	3.60	5.17	0.74	0.85	0.78	0.90
额定/额定	动力涡轮转子基频	6.91	6.86	24.3	22.2	14.3	13.4
	燃气发生器转子基频	3.61	2.69	1.21	1.27	3.95	5.0

比较表 12.1 和表 12.5 可以看出，在发动机的大状态(额定或接近额定工作转速)下，重新高速动平衡后的动力涡轮转子基频振动分量得到大幅度降低，下降幅度(平衡前和平衡后均使用第一次推转速的数据)见表 12.6。

表 12.6　动力涡轮转子基频振动下降幅度(在额定或接近额定工作转速下)

引起振动的原因	状态	振动测点					
		T45	T135	F_Y	F_Z	P_Y	P_Z
动力涡轮转子基频分量	平衡破坏后/(10^{-3}m/s)	19.2	16.8	30.3	44.7	39.6	52.2
	重新高速动平衡后/(10^{-3}m/s)	6.55	5.57	20.3	17.9	11.1	12.4
	下降幅度/%	65.89	66.85	33.00	60.00	72.00	76.25

从表 12.6 可知，在发动机大状态下，重新高速动平衡后的动力涡轮转子的基频振动分量比平衡前下降了 33.00%～76.25%。

2. 频谱分析

表 12.5 中，在第一次推转速的过程中，当 N_p/N_g 为 0.99 额定/0.91 额定时，六个测点的振动频谱图见图 12.10。

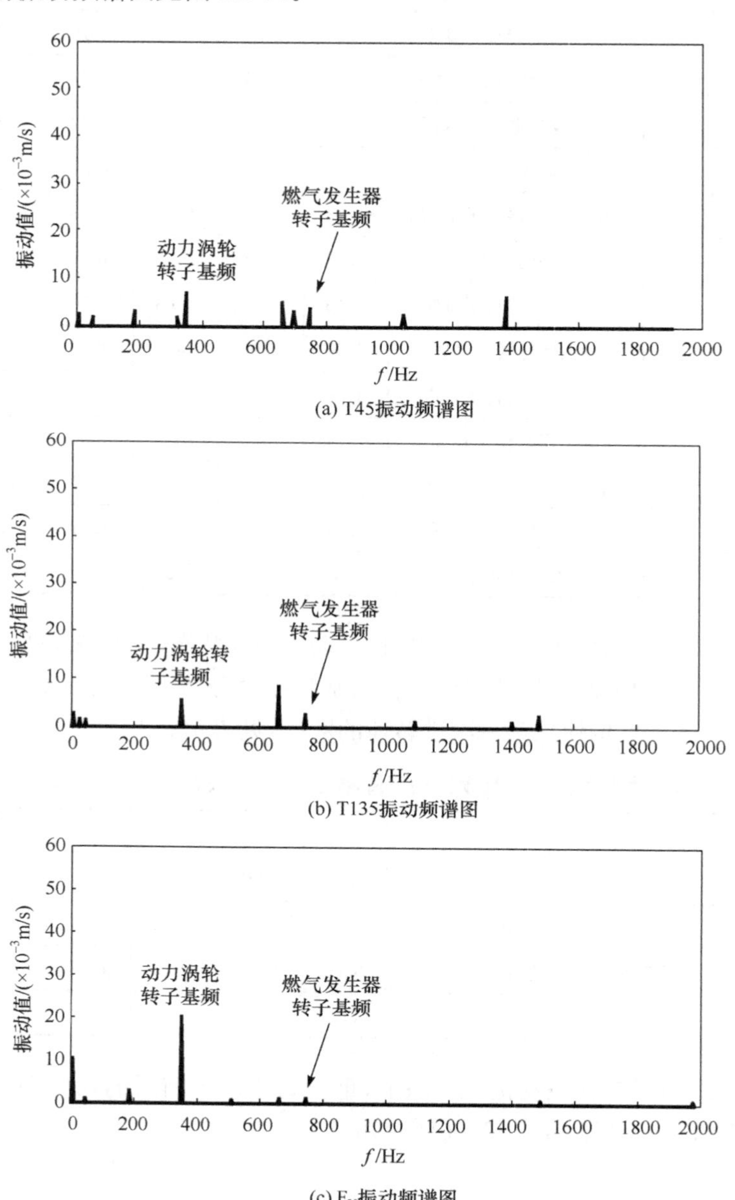

(a) T45振动频谱图

(b) T135振动频谱图

(c) F_Y振动频谱图

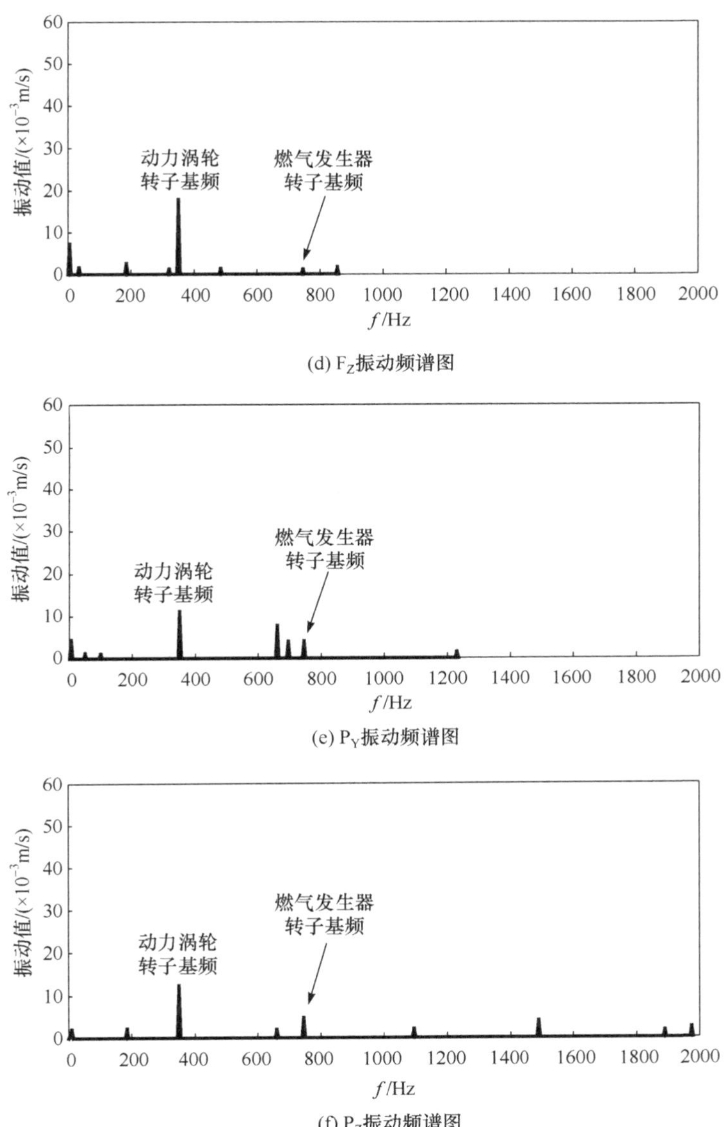

(d) F_Z振动频谱图

(e) P_Y振动频谱图

(f) P_Z振动频谱图

图 12.10　转子重新高速动平衡后各测点振动频谱图(N_p/N_g:额定/额定)

对比图 12.2 和图 12.10 中对应频谱图可知,动力涡轮转子的基频分量在所有测点均有显著下降,说明高速动平衡明显改善了发动机的整机振动特性。

12.3.2 压气机转子前弹支应变

转子重新高速动平衡后，发动机在台架试车两次推转速过程中压气机转子前弹支应变测量值（有效值）见表 12.7。

表 12.7 转子重新高速动平衡后压气机转子前弹支应变测量值

N_p/N_g/(r/min)	弹支应变/$\mu\varepsilon$	
	垂直方向	水平方向
慢车/慢车	75.1	42.0
额定/额定	105.1	57.1
慢车/慢车	66.1	33.0
额定/额定	96.1	54.1

比较表 12.2 和表 12.7 可得压气机转子前弹支应变（取最大值）的下降幅度，见表 12.8。

表 12.8 平衡破坏后和重新高速动平衡后压气机转子前弹支应变测量值对比分析

状态	弹支应变	
	垂直方向	水平方向
平衡破坏后/$\mu\varepsilon$	234.2	151.5
重新高速动平衡后/$\mu\varepsilon$	105.1	57.1
下降幅度/%	55.12	62.31

从表 12.8 可知，与平衡前相比，压气机转子前端弹支垂直方向和水平方向的最大弹支应变（有效值）分别下降了 55.12%和 62.31%，说明平衡显著改善了轴承的工作条件、大大减小了转子的外传力，这与发动机整机振动大幅度降低是一致的。

综上所述，动力涡轮转子的平衡被破坏后，01 号发动机在台架试车中振动很大（频繁超过限制值），发动机不能安全推转速到额定工作转速，无法进行大状态下的试验；对动力涡轮转子重新进行高速动平衡后，发动机在台架试车中的振动特性良好，顺利地完成了发动机长试任务。这次振动排故，除了对动力涡轮转子重新进行高速动平衡试验外，没有更换任何零部件，也没有对燃气发生器进行分解（由于高速动平衡的需要，对动力涡轮单元体进行了分解和重新装配）。可见，柔性转子的高速动平衡技术在涡轴发动机整机减振中起着重要的作用。

12.4 小　　结

本章对动力涡轮转子的高速动平衡技术在涡轴发动机整机减振中的作用进行了研究，分析了高速动平衡前和高速动平衡后发动机的振动情况，并讨论了动力涡轮转子的高速动平衡效果，结论如下：

(1) 涡轴发动机的整机振动情况与动力涡轮转子的平衡状况密切相关：转子的平衡状态好，整机振动就小；转子的平衡状态差，整机振动就大。

(2) 动力涡轮转子的高速动平衡效果良好，对减小涡轴发动机整机振动有显著效果；柔性转子高速动平衡技术对涡轴发动机研制具有十分重要的意义。

第 13 章　涡轴发动机动力涡轮单元体高速动平衡试验研究

某涡轴发动机动力涡轮转子是一个带细长柔性轴的柔性转子，工作在两阶弯曲临界转速之上，装机使用前必须完成高速动平衡试验。然而，动力涡轮转子在完成高速动平衡试验后并不能直接装机使用，因为平衡时只带转动部件和轴承座，不包含机匣、导叶等静止部件，平衡后必须对转子进行分解，然后装配成动力涡轮单元体，再装机使用。这就不可避免地带来一些新的问题：首先，转子平衡后经分解和重新装配必然带来附加不平衡——装配不平衡，对平衡精度带来不利的影响，如分解和装配质量较差，就有可能对平衡精度造成严重破坏；其次，分解和重新装配不但需要时间，增加工作量，而且发动机的零部件装配大多是过盈配合，多次装拆容易造成零部件的损伤，降低加工和配合精度，降低零部件寿命，增加研制成本。

本章在完成三个动力涡轮转子(转子除传动轴组件不同外，其余均相同，其中，材料分别为 40CrNiMoA 和 GH4169 的实心传动轴各一根，GH4169 的空心传动轴一根)的高速动平衡及装配不平衡考核共九次试验的基础上，针对动力涡轮转子高速动平衡存在的问题，提出动力涡轮单元体的高速动平衡试验方案并付诸实施，成功地完成两个动力涡轮单元体的高速动平衡试验，效果良好。平衡后的单元体直接装机使用并在发动机台架试车中表现出良好的振动特性。用动力涡轮单元体的高速动平衡取代动力涡轮转子的高速动平衡是工程应用平衡技术的新发展，具有广阔的应用前景，对涡轴发动机的研制和发展将起到重要的推动作用。

13.1　高速动平衡及装配不平衡考核试验

试验用的动力涡轮转子为研究专用的试验件(不装发动机)，对装每一种传动轴的动力涡轮转子均进行三次试验(一次高速动平衡试验，两次装配不平衡考核试验)，对于装不同传动轴的转子来说，除更换传动轴/传动轴组件(如是空心传动轴，其内孔还装有测扭基准轴)外，其余零件不作任何改变，装配也完全按发动机转子的技术要求进行。对于装配不平衡考核试验，除对转子进行分解和重新装配外，不更换任何零件，装配同样按发动机转子的技术要求进行。无论对装实心还是空心传动轴的动力涡轮转子，在整个试验过程中，动力涡轮转子的安装及测试示意图均见图 9.1。

应用第 11 章提出的“多转速、多平面、分步平衡”的影响系数法和第 10 章提出的平衡卡箍的工艺方法，完成了装三种不同传动轴的动力涡轮转子的高速动平衡试验，均达到了平衡判定准则——平衡判据的要求。其中，装 40CrNiMoA 实心传动轴动力涡轮转子的平衡转速分别为 11500r/min 和额定工作转速，装 GH4169 实心传动轴动力涡轮转子的平衡转速为 11500r/min，装 GH4169 空心传动轴动力涡轮转子的平衡转速分别为 11500r/min、12000r/min、12500r/min、13000r/min 和额定工作转速。为避免重复，本章仅给出试验结果并进行分析。

13.1.1　高速动平衡及装配不平衡考核试验结果

D_1、D_2、D_3 和 D_4 传感器测得装三种不同传动轴的动力涡轮转子在高速动平衡前（初始状态）、高速动平衡后、第一次分解和重新装配后、第二次分解和重新装配后的幅值-转速曲线分别，见图 13.1～图 13.12。

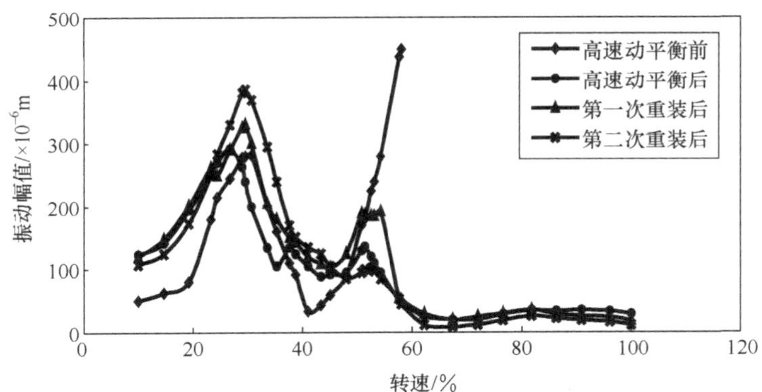

图 13.1　D_1 传感器测得四种不同状态下的幅值-转速曲线（装 40CrNiMoA 实心传动轴）

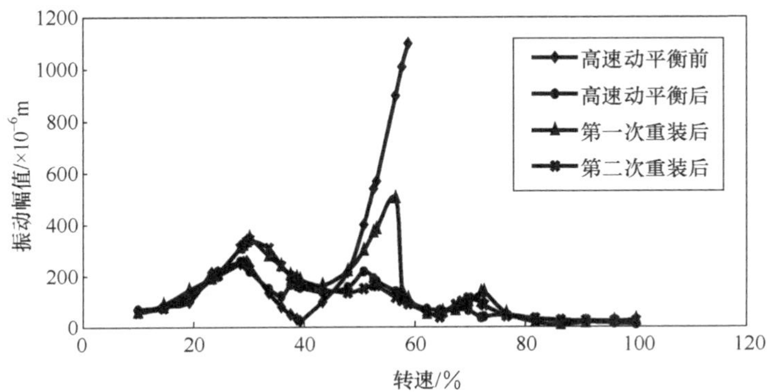

图 13.2　D_2 传感器测得四种不同状态下的幅值-转速曲线（装 40CrNiMoA 实心传动轴）

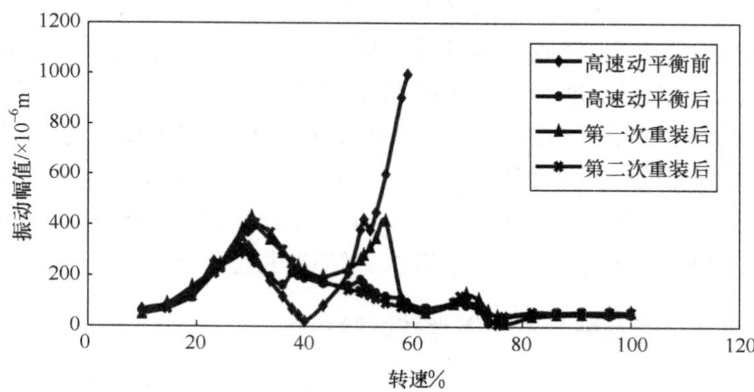

图 13.3　D_3 传感器测得四种不同状态下的幅值-转速曲线(装 40CrNiMoA 实心传动轴)

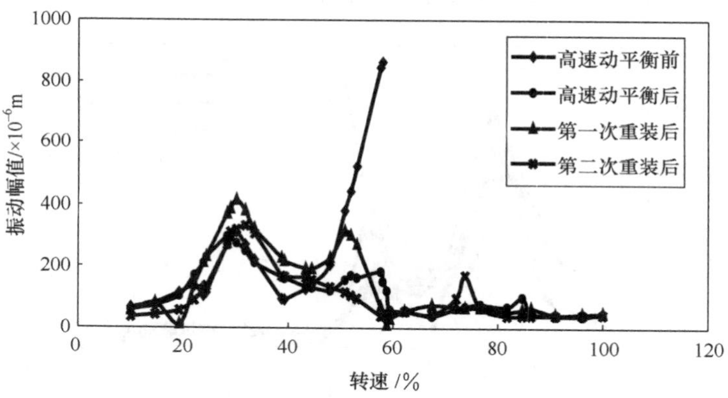

图 13.4　D_4 传感器测得四种不同状态下的幅值-转速曲线(装 40CrNiMoA 实心传动轴)

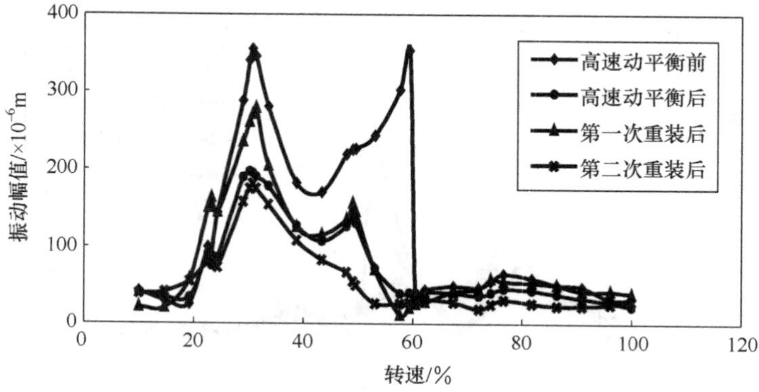

图 13.5　D_1 传感器测得四种不同状态下幅值-转速曲线(装 GH4169 实心传动轴)

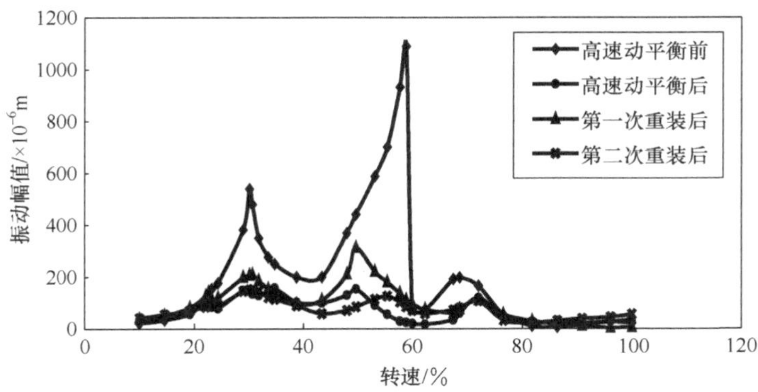

图 13.6　D_2 传感器测得四种不同状态下幅值-转速曲线(装 GH4169 实心传动轴)

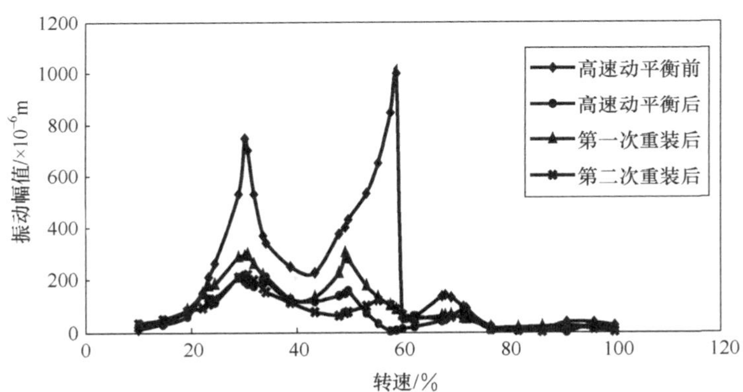

图 13.7　D_3 传感器测得四种不同状态的幅值-转速曲线(装 GH4169 实心传动轴)

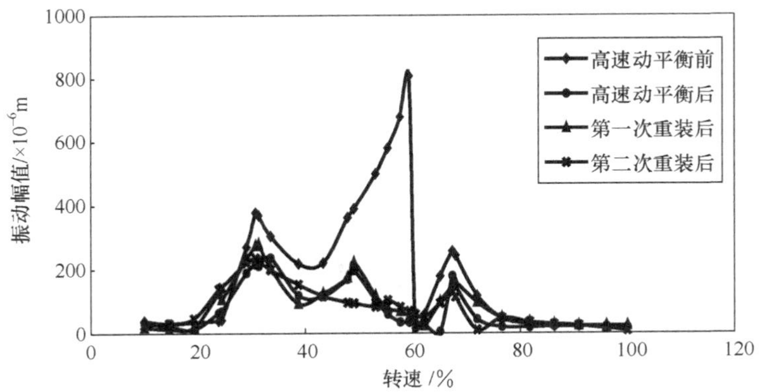

图 13.8　D_4 传感器测得四种不同状态下幅值-转速曲线(装 GH4169 实心传动轴)

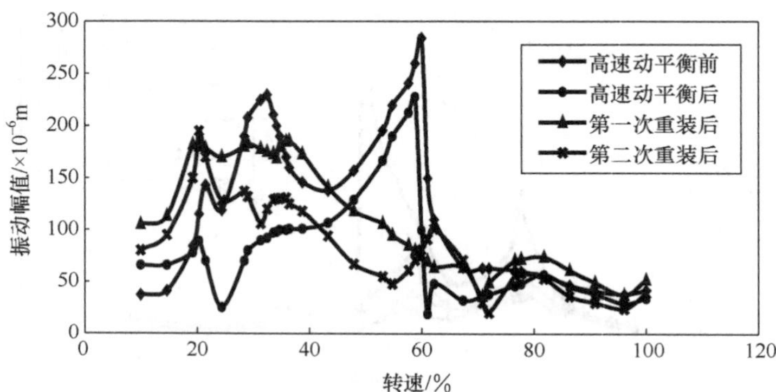

图 13.9　D_1 传感器测得四种不同状态下的幅值-转速曲线(装 GH4169 空心传动轴)

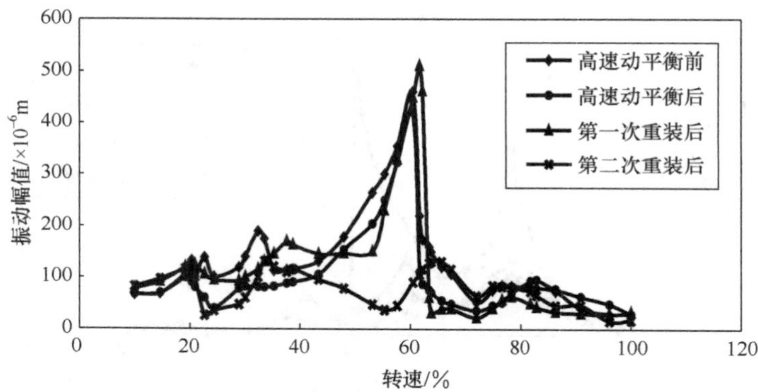

图 13.10　D_2 传感器测得四种不同状态下的幅值-转速曲线(装 GH4169 空心传动轴)

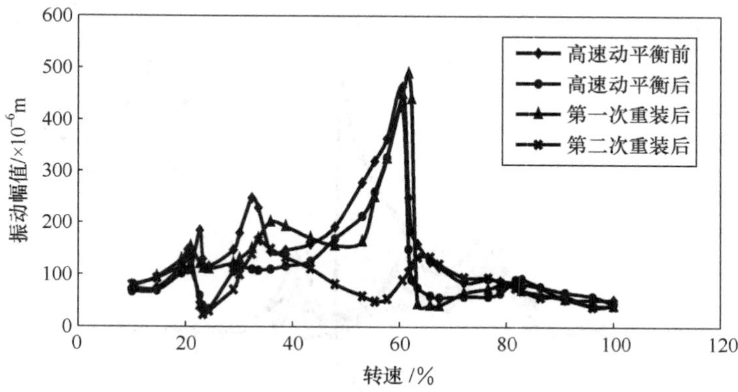

图 13.11　D_3 传感器测得四种不同状态下的幅值-转速曲线(装 GH4169 空心传动轴)

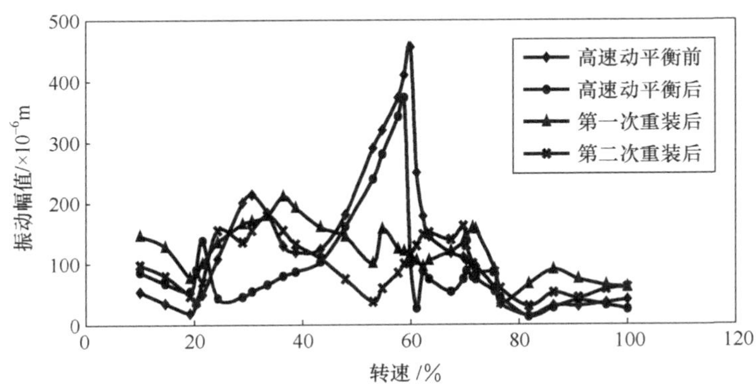

图 13.12　D_4 传感器测得四种不同状态下的幅值-转速曲线(装 GH4169 空心传动轴)

13.1.2　特征转速下的挠度值对比分析

通过 D_1～D_4 传感器的测量结果,对特征转速(临界转速和额定工作转速)下的转子振动幅值进行对比分析,动力涡轮转子在装 40CrNiMoA 实心传动轴、GH4169 实心传动轴和 GH4169 空心传动轴这三种状态下的对比分析结果分别见表 13.1、表 13.2 和表 13.3。

表 13.1　装 40CrNiMoA 实心传动轴的动力涡轮转子

<table>
<tr><th>序号</th><th>状态</th><th>D_1 测点</th><th>D_2 测点</th><th>D_3 测点</th><th>D_4 测点</th><th>备注</th></tr>
<tr><td rowspan="3">1</td><td rowspan="3">振动幅值/10^{-6}m
(初始状态,即高速动平衡前)</td><td>282</td><td>260</td><td>313</td><td>311</td><td>一阶临界转速下</td></tr>
<tr><td colspan="4">未知,转子不能越过第二阶临界转速</td><td>二阶临界转速下</td></tr>
<tr><td colspan="4">未知,转子没有运行到额定工作转速</td><td>额定工作转速下</td></tr>
<tr><td rowspan="6">2</td><td rowspan="3">振动幅值/10^{-6}m
(高速动平衡后)</td><td>292</td><td>257</td><td>309</td><td>298</td><td>一阶临界转速下</td></tr>
<tr><td>136</td><td>217</td><td>184</td><td>170</td><td>二阶临界转速下</td></tr>
<tr><td>29</td><td>11</td><td>47</td><td>46</td><td>额定工作转速下</td></tr>
<tr><td rowspan="3">振幅变化率/%</td><td>3.55</td><td>1.15</td><td>1.28</td><td>4.18</td><td>一阶临界转速下
与初始状态对比</td></tr>
<tr><td>—</td><td>—</td><td>—</td><td>—</td><td>二阶临界转速下
与初始状态对比</td></tr>
<tr><td>—</td><td>—</td><td>—</td><td>—</td><td>额定工作转速下
与初始状态对比</td></tr>
<tr><td rowspan="3">3</td><td rowspan="3">振动幅值/10^{-6}m
(第一次重装后)</td><td>331</td><td>350</td><td>429</td><td>413</td><td>一阶临界转速下</td></tr>
<tr><td>189</td><td>503</td><td>413</td><td>314</td><td>二阶临界转速下</td></tr>
<tr><td>18</td><td>28</td><td>56</td><td>48</td><td>额定工作转速下</td></tr>
</table>

续表

序号	状态	D_1 测点	D_2 测点	D_3 测点	D_4 测点	备注
	振幅变化率/%	13.36	36.19	38.83	38.59	一阶临界转速下与高速动平衡后对比
		38.97	131.80	124.46	84.71	二阶临界转速下与高速动平衡后对比
		37.93	154.55	19.15	4.35	额定工作转速下与高速动平衡后对比
4	振动幅值/10^{-6}m（第二次重装后）	387	342	405	332	一阶临界转速下
		102	164	不明显	不明显	二阶临界转速下
		11	23	56	43	额定工作转速下
	振幅变化率/%	32.53	33.07	31.07	11.41	一阶临界转速下与高速动平衡后对比
		25.00	24.42	—	—	二阶临界转速下与高速动平衡后对比
		62.07	109.09	19.15	6.52	额定工作转速下与高速动平衡后对比

表 13.2 装 GH4169 实心传动轴的动力涡轮转子

序号	状态	D_1 测点	D_2 测点	D_3 测点	D_4 测点	备注
1	振动幅值/10^{-6}m（初始状态，即高速动平衡前）	355	540	747	378	一阶临界转速下
		353	1090	1000	808	二阶临界转速下
		32	22	28	16	额定工作转速下
2	振动幅值/10^{-6}m（高速动平衡后）	197	149	210	217	一阶临界转速下
		138	153	159	198	二阶临界转速下
		22	33	15	19	额定工作转速下
	振幅变化率/%	44.51	72.41	71.89	42.59	一阶临界转速下与初始状态对比
		60.91	85.96	84.10	75.50	二阶临界转速下与初始状态对比
		31.25	50.00	46.43	18.75	额定工作转速下与初始状态对比

续表

序号	状态	D_1 测点	D_2 测点	D_3 测点	D_4 测点	备注
3	振动幅值/10^{-6}m（第一次重装后）	278	208	298	281	一阶临界转速下
		156	311	302	223	二阶临界转速下
		39	5.8	17	24	额定工作转速下
	振幅变化率/%	41.12	39.60	41.90	29.49	一阶临界转速下与高速动平衡后对比
		13.04	103.27	89.94	12.63	二阶临界转速下与高速动平衡后对比
		77.27	82.42	13.33	26.32	额定工作转速下与高速动平衡后对比
4	振动幅值/10^{-6}m（第二次重装后）	181	152	219	237	一阶临界转速下
		不明显	126	124	104	二阶临界转速下
		30	55	4.0	8.2	额定工作转速下
	振幅变化率/%	8.12	2.01	4.29	9.22	一阶临界转速下与高速动平衡后对比
		—	17.65	22.01	47.47	二阶临界转速下与高速动平衡后对比
		36.36	66.67	73.33	56.84	额定工作转速下与高速动平衡后对比

表 13.3　装 GH4169 空心传动轴的动力涡轮转子

序号	状态	D_1 测点	D_2 测点	D_3 测点	D_4 测点	备注
1	振动幅值/10^{-6}m（初始状态，即高速动平衡前）	230	190	248	214	一阶临界转速下
		284	461	464	456	二阶临界转速下
		42	30	52	41	额定工作转速下
2	振动幅值/10^{-6}m（高速动平衡后）	100	82	115	不明显	一阶临界转速下
		228	421	423	373	二阶临界转速下
		34	29	44	25	额定工作转速下
	振幅变化率/%	56.52	56.84	53.63	—	一阶临界转速下与初始状态对比
		19.72	8.68	8.84	18.20	二阶临界转速下与初始状态对比
		19.05	3.33	15.38	39.02	额定工作转速下与初始状态对比

续表

序号	状态	D_1 测点	D_2 测点	D_3 测点	D_4 测点	备注
3	振动幅值/10^{-6}m（第一次重装后）	186	170	202	211	一阶临界转速下
		不明显	511	490	157	二阶临界转速下
		52	32	40	61	额定工作转速下
	振幅变化率/%	86.00	107.32	75.65	—	一阶临界转速下与高速动平衡后对比
		—	21.38	15.84	57.91	二阶临界转速下与高速动平衡后对比
		52.94	10.34	9.09	144.00	额定工作转速下与高速动平衡后对比
4	振动幅值/10^{-6}m（第二次重装后）	131	131	166	180	一阶临界转速下
		101	131	135	151	二阶临界转速下
		39	17	40	61	额定工作转速下
	振幅变化率/%	31.00	59.76	44.35	—	一阶临界转速下与高速动平衡后对比
		55.70	68.88	68.09	59.52	二阶临界转速下与高速动平衡后对比
		14.71	41.38	9.09	144.00	额定工作转速下与高速动平衡后对比

从表 13.1～表 13.3 可知：①高速动平衡对减小转子挠度效果显著；②分解和重新装配将带来附加不平衡，从而引起转子振动幅值的变化（变化是随机的，既可能增大，也可能减小，分解和重新装配引起的特征转速下转子振动幅值的变化范围见表 13.4），有时变化量比较大，但转子没有发生不能安全越过临界转速的情况，在额定工作转速下大多数测点的转子挠度都在平衡精度范围内。

表 13.4 分解和重新装配引起的转子振动幅值变化范围

转子状态	振动幅值变化范围/%	
	临界转速下	额定工作转速下
装 40CrNiMoA 实心传动轴的动力涡轮转子	11.41～131.80	4.35～154.55
装 GH4169 实心传动轴的动力涡轮转子	2.01～103.27	13.33～82.42
装 GH4169 空心传动轴的动力涡轮转子	15.84～107.32	10.34～144.00

13.1.3　临界转速分析

通过 $D_1 \sim D_4$ 传感器的测量结果可以得到装三种不同传动轴的动力涡轮转子的前两阶临界转速,结果见表 13.5。表 13.6 列出了前两阶临界转速对慢车转速和额定工作转速的裕度。

表 13.5　装不同传动轴的动力涡轮转子前两阶临界转速测量值

动力涡轮转子状态	临界转速/(r/min)	
	一阶	二阶
装 40CrNiMoA 实心传动轴的动力涡轮转子	5575～6654	10491～11810
装 GH4169 实心传动轴的动力涡轮转子	6055～7134	10132～12410
装 GH4169 空心传动轴的动力涡轮转子	6295～7853	12290～13848

表 13.6　装不同传动轴的动力涡轮转子前两阶临界转速裕度

动力涡轮转子状态	临界转速裕度/%		
	一阶	二阶	
	对慢车转速	对慢车转速	额定工作转速
装 40CrNiMoA 实心传动轴动力涡轮转子	约 30～45	约 5～20	约 40～50
装 GH4169 实心传动轴动力涡轮转子	约 25～40	约 1～25	约 40～50
装 GH4169 空心传动轴动力涡轮转子	约 20～35	约 20～40	约 30～40

从表 13.5 可知,装 GH4169 实心传动轴动力涡轮转子的临界转速总体来说比装 40CrNiMoA 实心传动轴的相应阶临界转速要高,而装 GH4169 空心传动轴的动力涡轮转子的临界转速明显高于装两种不同材料实心传动轴的相应阶临界转速。这说明:①GH4169 实心传动轴的弯曲刚度要大于 40CrNiMoA 实心传动轴的弯曲刚度;②实心传动轴的质量增加对转子临界转速的影响要大于刚度增大对转子临界转速的影响。

从表 13.6 可知,装空心传动轴的动力涡轮转子对慢车转速和额定工作转速的裕度要优于装实心传动轴的情况,其裕度均在 20%以上;而在研的涡轴发动机采用的正是装空心传动轴的动力涡轮转子。可见,装机动力涡轮转子的临界转速设计合理。

13.1.4　高速动平衡及装配不平衡考核试验小结

通过对装三个不同传动轴的动力涡轮转子共九次高速动平衡及装配不平衡考核试验研究,可以得到如下结论:

(1) 不管是装实心还是空心传动轴,动力涡轮转子在额定工作转速范围内均存在两阶弯曲临界转速,并且装空心传动轴的动力涡轮转子的临界转速设计优于装实心传动轴的情况,而发动机转子正是采用空心结构。因此,发动机动力涡轮转子的临界转速设计合理。

(2) 不管是装实心传动轴还是装空心传动轴,高速动平衡都能使转子挠度得到大幅度减小,平衡效果显著,说明所提出的柔性转子的高速动平衡方法和工艺适用于细长柔性转子的高速动平衡。

(3) 转子分解和重新装配将使转子的平衡状态发生变化,从而引起转子振动幅值(挠度)变化。变化是随机的,既可能使振幅变大,也可能使振幅变小,并且这种变化有时还是显著的。总的来看,分解和重新装配将使平衡状态恶化,对发动机的整机减振带来不利影响。

(4) 分解和重新装配后的转子并没有发生不能平稳越过临界转速的情况,而且大部分测点在额定工作转速下的转子挠度还在平衡精度范围内。可见,只要保证现有的高速动平衡精度和装配质量,分解和重新装配不会对转子的平衡状态造成实质性的破坏,即高速动平衡后的转子经分解和重新装配后,可以装机继续使用,即使多次分解和重新装配也是如此。

13.2　动力涡轮单元体的高速动平衡试验

从 13.1 节可知,装三个不同传动轴的动力涡轮转子,在完成各自的高速动平衡试验后又分别进行了两次分解和复装,再进行开车检验。根据表 13.4 的结果,分解和装配将带来附加不平衡——装配不平衡,从而引起转子挠度的变化,在临界转速下,转子各测点振动幅值的变化范围为 2.01%～131.80%;在额定工作转速下,转子各测点振动幅值的变化范围为 4.35%～154.55%,并且变化是随机的;另一方面,分解和重新装配不但需要时间,增加工作量,而且发动机零部件装配大多是过盈配合,多次装拆容易造成零部件的损伤,降低加工和配合精度,降低零部件寿命,增加研制成本。要避免分解和装配带来的不利影响,只有对动力涡轮单元体进行高速动平衡。

13.2.1　动力涡轮单元体的结构及其在试验中的安装与测试示意图

发动机动力涡轮单元体的高速动平衡试验同样在卧式高速旋转试验器(与进行动力涡轮转子高速动平衡的试验器相同)上进行,单元体的结构及其在高速动平衡试验中的安装与测试示意图如图 13.13 所示。

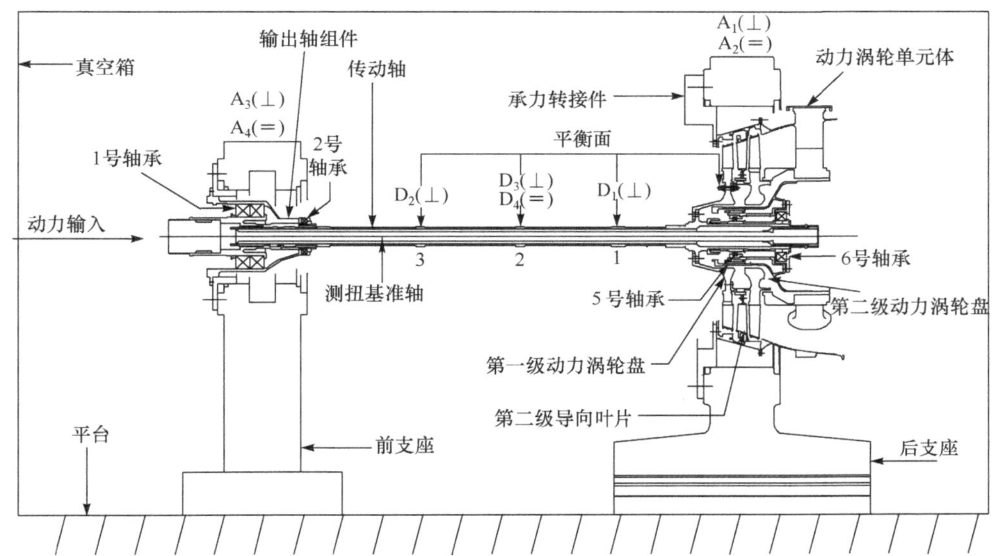

图 13.13　动力涡轮单元体的结构及在试验中的安装与测试示意图

图中，符号“⊥”表示垂直方向，符号“＝”表示水平方向；$D_1 \sim D_4$ 为电涡流位移传感器，$A_1 \sim A_4$ 为加速度传感器；1、2、3 分别代表传动轴上的 1、2、3 号平衡凸台。试验时，动力涡轮输出轴组件和动力涡轮单元体均置于真空箱中。动力涡轮单元体在实际工作时，传动轴通过花键与输出轴组件相连，传动轴内安装测扭基准轴，两级动力涡轮盘通过系留螺栓固定在一起，再通过第一级动力涡轮盘的系留螺栓与传动轴上的法兰盘固定在一起，两级动力涡轮盘之间有第二级导向叶片，单元体由 1 号、2 号、5 号和 6 号轴承（与发动机中的轴承编号一致）支承，其中 1 号和 2 号轴承装在输出轴组件内，5 号和 6 号轴承装在动力涡轮轴承座内，2 号和 5 号轴承位置有挤压油膜阻尼器，5 号轴承位置还有鼠笼式弹性支承。

试验时输出轴组件固定在前支座上，动力涡轮单元体通过承力转接件固定在后支座上。试验过程中测量传动轴的挠度（$D_1 \sim D_4$ 电涡流位移传感器）和支座的振动加速度（$A_1 \sim A_4$ 加速度传感器），单元体的转速由 P－84 型光电传感器测得，挠度测试仪器为德国 Schenck 公司生产的 VP-41 多功能振动分析仪（可测量挠度的幅值和相位、波特图、并进行影响系数法计算等），加速度测试仪器为 YE5940 振动测量仪。

13.2.2　动力涡轮单元体的动力特性计算

在进行动力涡轮单元体的高速动平衡试验前，对单元体的动力特性进行了计算，下面对单元体的前三阶临界转速及相应的振型进行简要讨论。

1. 计算模型

用 SAMCEF/ROTOR 大型分析软件建立动力涡轮单元体的有限元计算模型，在建立计算模型时转动部分采用梁单元，机匣部分采用壳单元，支承部分采用弹簧单元，建立的计算模型见图 13.14。

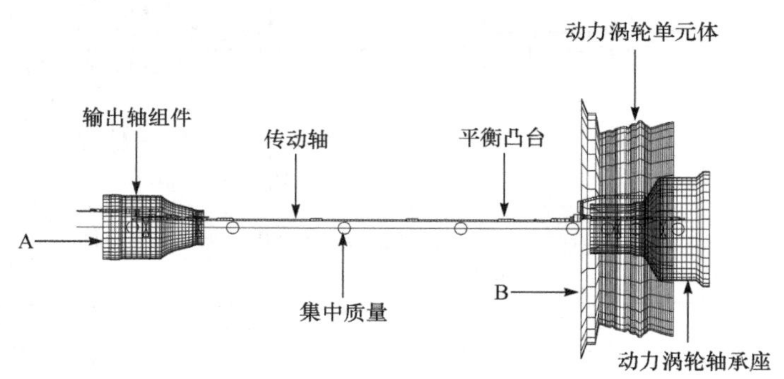

图 13.14 动力涡轮单元体计算模型

建模原则与动力涡轮转子动力特性计算时的建模原则基本一致(见 8.1.1 节)，建模时分别在输出轴组件机匣 A 和动力涡轮机匣 B 两个端面上施加固定约束。

2. 计算原始数据

大部分计算原始数据与计算动力涡轮转子动力特性的原始数据相同(见 8.1.1 第 3 小节)，这里仅补充三个主要构件的材料性能数据，见表 13.7。5 号弹支刚度取值分别为 4.0×10^6 N/m、7.25×10^6 N/m 和 9.0×10^6 N/m。

表 13.7 材料性能

零件名称	弹性模量/GPa	剪切模量/GPa	密度/(kg/m³)
输出轴组件机匣	206	81.7	7750
动力涡轮机匣	215	84	8210
动力涡轮轴承座	190	72	7930

3. 计算结果

1) 临界转速

计算得到动力涡轮单元体的前三阶临界转速见表 13.8。

表 13.8　动力涡轮单元体的临界转速

5 号弹支刚度/(10^6N/m)	临界转速/(r/min)		
	一阶	二阶	三阶
4.0	6172	12448	37291
7.25	7064	12562	37295
9.0	7442	12623	37297

由表 13.8 可知，5 号弹支刚度从 4.0×10^6N/m 增大到 9.0×10^6N/m，单元体的前三阶临界转速分别增大了 20.58%、1.41%和 0.02%。可见，5 号弹支刚度的变化只对单元体的一阶临界转速影响较大，对二阶影响很小，对三阶几乎没影响。因此，在实际工作中，只能通过 5 号弹支来调整单元体的一阶临界转速。此外，从表 13.8 还可以看出，5 号弹支刚度的取值从 4.0×10^6N/m 变化到 9.0×10^6N/m，单元体的一阶临界转速对慢车转速的裕度、二阶临界转速对慢车转速和额定工作转速的裕度、三阶临界转速对额定工作转速的裕度均大于 20%，单元体的临界转速设计合理；另一方面，由于单元体的额定工作转速远离第三阶临界转速，在额定工作转速下单元体主要受到二阶模态的影响，几乎不受三阶模态的影响。上述结论均与动力涡轮转子的计算结论是一致的。

2）振型

计算得到的动力涡轮单元体的前三阶振型图分别见图 13.15、图 13.16 和图 13.17。

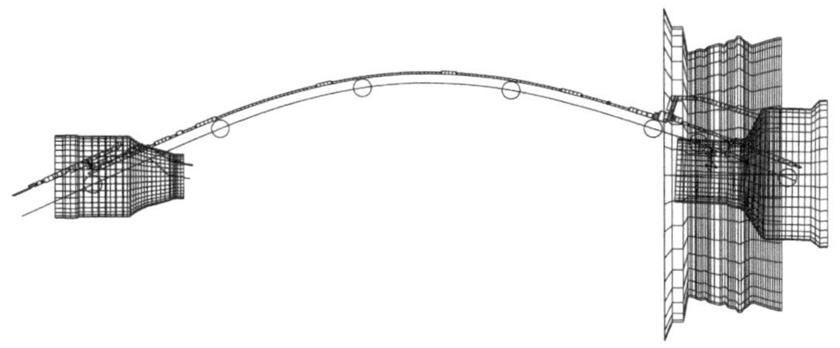

图 13.15　动力涡轮单元体的第一阶振型

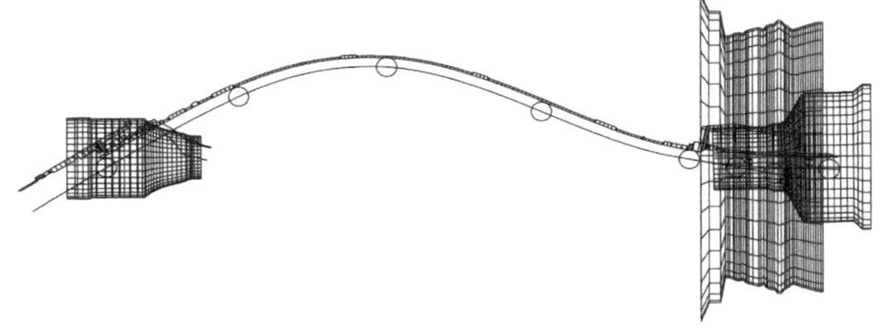

图 13.16　动力涡轮单元体的第二阶振型

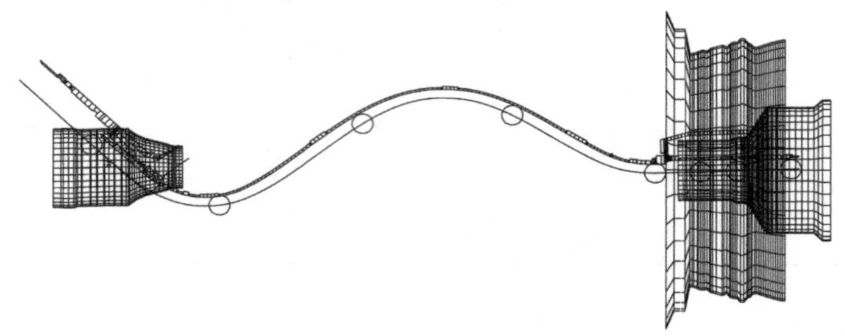

图 13.17　动力涡轮单元体的第三阶振型

从图 13.15～图 13.17 可知，动力涡轮单元体的前三阶振型与动力涡轮转子的前三阶振型非常相似。单元体虽然采用了弹性支承，但并没有出现真正意义上的刚体振型，而全部为弯曲振型。这主要是由于传动轴刚性很小，是一根非常柔性的轴造成的。

13.2.3　动力涡轮单元高速动平衡试验转接段设计及后支座调心

1. 转接段的设计

动力涡轮单元体高速动平衡试验转接段主要有承力转接件和后支座(前支座与进行动力涡轮转子高速动平衡试验的支座相同)。动力涡轮单元体通过承力转接件装配在后支座上，后支座通过燕尾槽与通用平台配合并固定在平台上，见图 13.13。

1) 承力转接件的设计思想

在发动机中，承力机匣与动力涡轮机匣之间通过六个精密定位销定位和一圈(共 40 个)沉头螺栓固紧，承力转接件在设计上尽可能模拟承力机匣，在承力转接件设计方案中，全部借用发动机原有的精密定位销和沉头螺栓，以最大限度地模拟单元体的实际安装情况，但要求承力转接件必须按航空构件加工，对定位孔和螺栓孔的加工精度和位置度的要求很高，其中要求定位孔的位置度达到 $\phi 0.02$，结构示意图如图 13.18 所示。承力转接件通过螺钉固定在后支座上(其上的八个均布孔与后支座上的八个螺纹孔一一对应)。图中的圆柱面 A 可以起到定位作用，它与后支座的中心孔之间有一定的配合紧度。

2) 后支座的设计思想

后支座的设计主要考虑三点：①利用原有通用平台上的燕尾槽实现前后移动并能在平台上固紧；②后支座的中心孔直径要能包容整个动力涡轮单元体(包括机匣)；③便于后支座调心。综合考虑这三个因素，后支座设计成由垫座、垫片、下半座子、上半座子(上盖)等部分组成，其结构示意图如图 13.19 所示。其中垫座放在通用平台上，通过燕尾槽与通用平台配合，垫片及上、下半座子放在垫座上(上、下

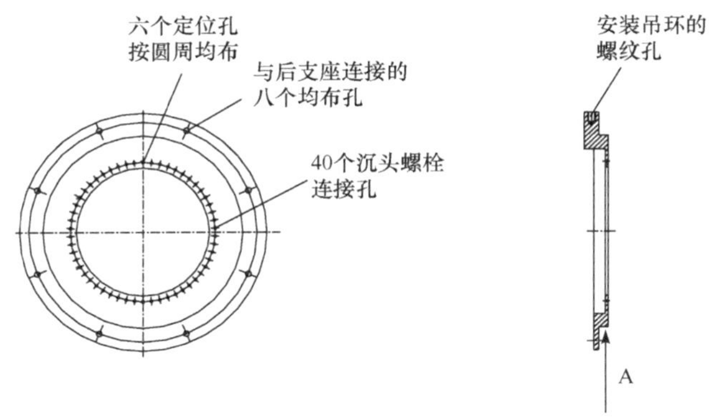

图 13.18　承力转接件结构示意图

半座子之间在加工完成后由销钉定位，四个螺栓固紧），支座的左右位置通过调整下半座子与垫座之间的相对位置来实现，高低位置通过调整垫片厚度来实现。调心结束后再把垫座、垫片和下半座子通过销钉定位，用螺钉固紧。整个后支座通过T形螺栓固定在平台上。

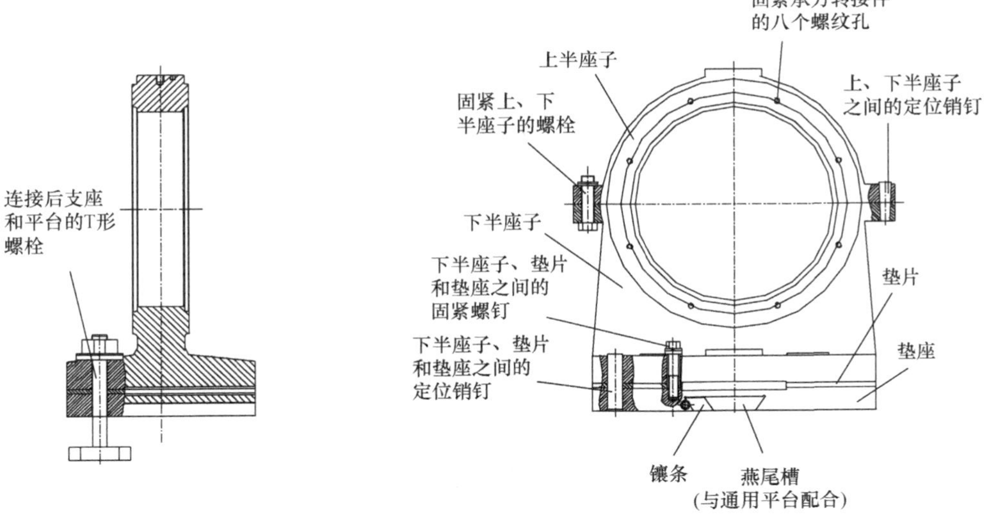

图 13.19　后支座的结构示意图

2. 后支座的调心

为保证发动机动力涡轮单元体在高速动平衡试验中的安全，要求后支座与前支座之间的同轴度不低于动力涡轮单元体安装在涡轴发动机中的同轴度。调心前，把动力涡轮输出轴组件安装在前支座上。

1）调心步骤

调心使用了激光对中仪，并在后支座中心孔内安装了专用调心芯棒。

（1）以输出轴组件为基准，确定后支座在通用平台上的轴向位置，并清理后支座安装位置通用平台上的杂物、修平凸点。

（2）为了确保垫座与通用平台的接触精度，对垫座下表面进行打磨，用着色法进行检测，垫座与通用平台的实际接触面积大于80％。

（3）为了确保垫座与垫片、垫片与下半座子的接触精度，对垫座的上表面、垫片的上表面和下表面以及下半座子的下表面进行打磨，用着色法进行检测，确保接触面积大于80％。

（4）调整垫座与下半座子之间的左右相对位置以及垫片的厚度使后支座中心孔的中心线与输出轴组件中心线的同轴度达到要求。

2）调心结果

最终调心结果见表13.9。

表 13.9　后支座调心结果

	径向跳动/10^{-3}m	端面跳动/10^{-3}m	检测工具
设计值	0.05	0.02/ϕ100	激光对中仪和专用工装
实际值	0.046	0.014/ϕ100	

13.2.4　动力涡轮单元体的高速动平衡试验

为确保试验安全，选择一个已在02号发动机中装机使用过的动力涡轮单元体进行高速动平衡试验，下面对高速动平衡试验结果进行分析。

单元体在高速动平衡试验过程中的安装及测试情况见图13.13，试验照片见图13.20。

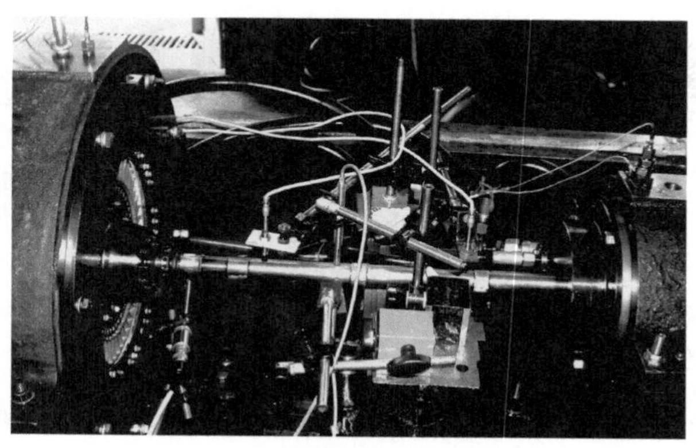

图13.20　动力涡轮单元体高速动平衡试验照片

1. 平衡过程

动力涡轮单元体高速动平衡的方法和工艺与动力涡轮转子的平衡方法和工艺相同。该单元体在初始运行时就可以平稳地越过两阶弯曲临界转速，但在额定工作转速下不满足平衡精度要求，平衡转速直接选择为额定工作转速，平衡面选择为1号和3号平衡凸台。经过两轮高速动平衡实际操作后，单元体满足平衡精度要求。高速动平衡试验过程见表13.10和表13.11。

表 13.10　第一轮高速动平衡试验过程

平衡转速/(r/min)	D_1 传感器测量值		备注
	振动幅值/10^{-6}m	相位/(°)	
额定工作转速	47	42	初始运行
	113	56	带试重运行
	16	51	带校正质量运行
	18	75	轴上去材料后检验运行

表 13.11　第二轮高速动平衡试验过程

平衡转速/(r/min)	D_2 传感器测量值		备注
	振动幅值/10^{-6}m	相位/(°)	
额定工作转速	78	141	初始运行
	129	160	带试重运行
	10	129	带校正质量运行
	16	185	轴上去材料后检验运行

从表13.10和表13.11可知，D_1 和 D_2 传感器测得的振动幅值分别从高速动平衡前的 4.7×10^{-5}m 和 7.8×10^{-5}m 下降到高速动平衡后的 1.8×10^{-5}m 和 1.3×10^{-5}m，下降幅度达到61.72%和79.49%。可见，在平衡转速下对单元体的单平面高速动平衡试验取得了理想的平衡效果。

2. 平衡结果

高速动平衡前和高速动平衡后由 D_1、D_2、D_3 和 D_4 传感器测得幅值-转速曲线分别见图13.21、图13.22、图13.23和图13.24。

图13.21～图13.24中，高速动平衡前和高速动平衡后第二阶临界转速位置不一致，这主要是由于开车加速度不同造成的，不是平衡本身造成的。

从图13.21～图13.24可以得到高速动平衡效果，见表13.12。

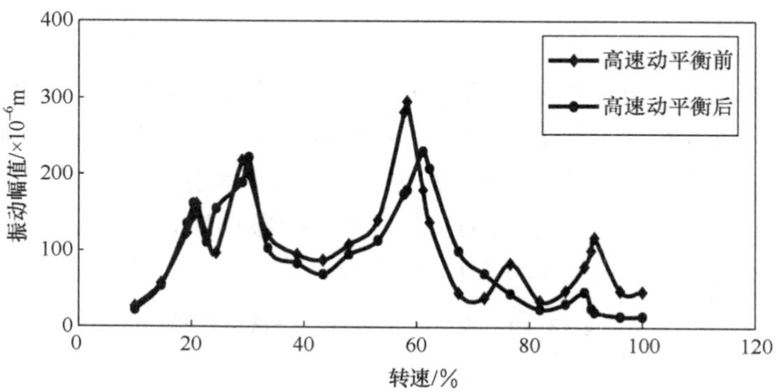

图 13.21 D_1 传感器测得动力涡轮单元体在高速动平衡前和高速动平衡后的幅值-转速曲线

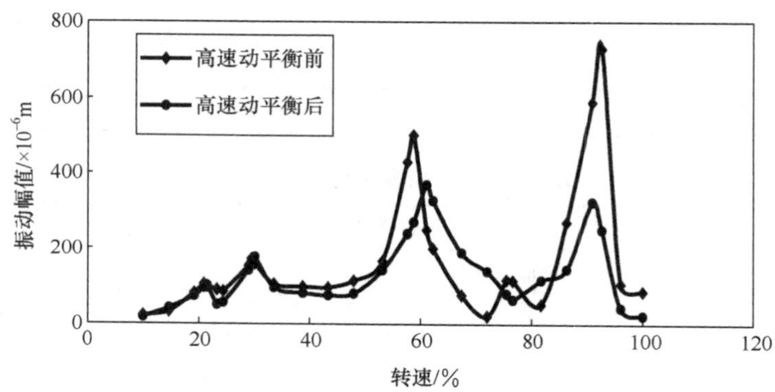

图 13.22 D_2 传感器测得动力涡轮单元体在高速动平衡前和高速动平衡后的幅值-转速曲线

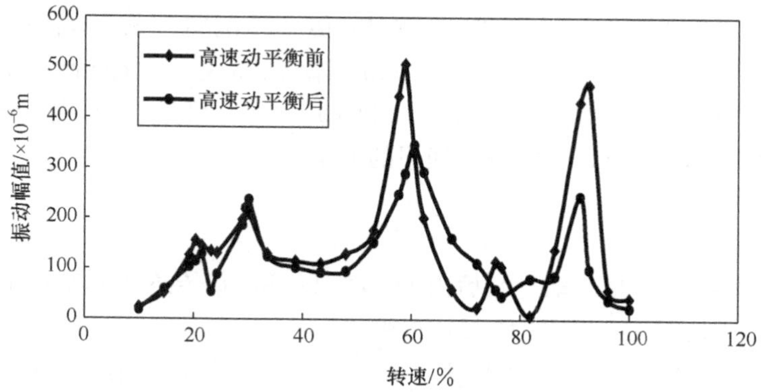

图 13.23 D_3 传感器测得动力涡轮单元体在高速动平衡前和高速动平衡后的幅值-转速曲线

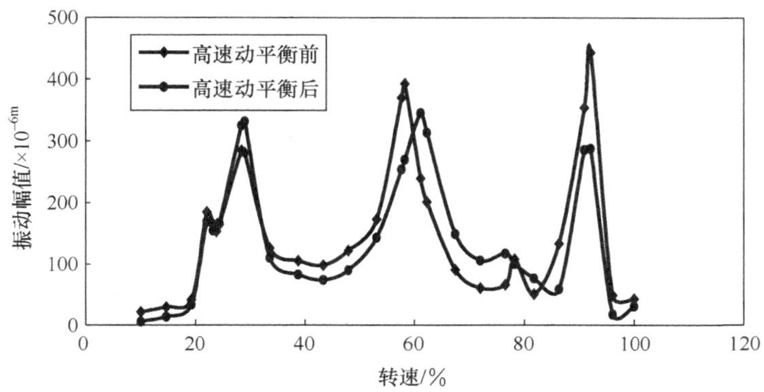

图 13.24 D_4 传感器测得动力涡轮单元体在高速动平衡前和高速动平衡后的幅值-转速曲线

表 13.12 动力涡轮单元体高速动平衡效果(基于挠度)

状态	D_1 传感器	D_2 传感器	D_3 传感器	D_4 传感器
高速动平衡前最大振动幅值/10^{-6}m	296	730	508	443
高速动平衡后最大振动幅值/10^{-6}m	231	369	347	346
平衡效果/%	21.96	49.45	31.69	21.90

从表 13.12 可知,单元体各测点最大振动幅值的下降幅度为 21.90%～49.45%。

分析支座上的振动加速度,从外传力角度来考察高速动平衡效果,见表 13.13。

表 13.13 动力涡轮单元体高速动平衡效果(基于支座振动加速度)

状态	振动加速度			
	A_1(⊥)	A_2(=)	A_3(⊥)	A_4(=)
高速动平衡前最大振动加速度/(m/s^2)	8	20	8	14
高速动平衡后最大振动加速度/(m/s^2)	4	6	6	12
平衡效果/%	50.00	70.00	25.00	14.29

从表 13.13 可知,高速动平衡使支座各测点的最大振动加速度值下降了 14.29%～70.00%,平衡使单元体的外传力得以显著降低,改善了轴承的工作条件。

综上所述,单元体高速动平衡使传动轴挠度和支座振动加速度得到明显降低,有良好的平衡效果,说明所采用的平衡方案是可行的。平衡后的单元体在整机台架试车中表现出良好的振动特性(整机振动值远低于报警值)。由图 13.22～13.24 可见,单元体在额定工作转速附近出现了一个振动峰值,从动力涡轮转子动力特性计算和试验结果分析,它并不是转子的固有频率。是不是由单元体机匣局部引起，还需作进一步的研究，但该峰值与不平衡量有关，可以通过高速动平衡控制在一定的范围内。

13.3 小　　结

通过对涡轴发动机动力涡轮单元体高速动平衡试验结果分析，可以得出如下结论：

(1) 动力涡轮单元体的高速动平衡方案是可行的，可以满足单元体的平衡需要。

(2) 高速动平衡对减小带细长柔性轴的动力涡轮单元体的动挠度和支座振动加速度效果显著，为单元体平稳地越过临界转速并在工作转速下安全可靠地运行提供了有效保证。

(3) 由于动力涡轮单元体在高速动平衡后无需分解和重新装配就可直接装机使用，不但可以节约成本、加快型号研制进度，而且不存在分解和重新装配所带来的附加不平衡(装配不平衡)，从而确保平衡精度不被破坏，对提高发动机研制质量具有重要意义。

(4) 单元体在额定工作转速附近出现的振动峰值可能是由单元体机匣的局部共振引起的，需要作进一步的分析研究，但该振动峰值可以通过高速动平衡得到有效控制。

参考文献

[1] 孟光.转子动力学研究的回顾与展望.振动工程学报,2002,15(1):1～9

[2] Rankine W A. On the centrifugal force of rotating shafts. Engineer,1869,(27):249

[3] Jeffcott H H. XXVII. The lateral vibration of loaded shafts in the neighbourhood of a whirling speed. —The effect of want of balance. The London,Edinburgh,and Dublin Philosophical Magazine and Journal of Science,1919,37(219):304～314

[4] Foppl A. Das problem der lavalschen turbinenwelle. Der Civilingenieur,1895,4:335～342.

[5] Newkirk B L. Shaft whipping. General Electric Review,1924,27(3):169～178

[6] Lund J W. Review of the concept of dynamic coefficients for fluid film journal bearings. Journal of Tribology,1987,109(1):37～41

[7] 付才高,郑大平,欧园霞,等.转子动力学及整机振动(航空发动机设计手册第 19 册).北京:航空工业出版社,2000

[8] 朱梓根,刘廷毅,欧园霞,等.航空涡轴、涡桨发动机转子系统结构设计准则(研究报告).株洲:中国航空工业第六零八研究所;北京:北京航空航天大学,2000

[9] Thearle E L. Dynamic balancing of rotating machinery in the field. Transactions of the ASME,1934,56(10):745～753

[10] 欧阳红兵,曾胜.转子系统在线动平衡综述及展望.机械强度,1997,(4):20～24

[11] 何立东,沈伟,高金吉.转子在线自动平衡及其工程应用研究的进展.力学进展,2006,36(4):553～563

[12] 屈梁生,史东锋.全息谱十年:回顾与展望.振动、测试与诊断,1998,(4):235～242

[13] 屈梁生,邱海,徐光华.全息动平衡技术:原理与实践.中国机械工程,1998,9(1):60～63

[14] 邱海,屈梁生.全息谱力,力偶分解法在全息动平衡中的应用.中国机械工程,1998,9(3):44～46

[15] 徐宾刚,屈梁生.非对称转子的全息动平衡技术.西安交通大学学报,2000,34(3):60～65

[16] Liu S. A new balancing method for flexible rotors based on neuro-fuzzy system and information fusion//International Conference on Fuzzy Systems and Knowledge Discovery. Berlin:Springer Heidelberg,2005:757～760

[17] Liu S. A modified low-speed balancing method for flexible rotors based on holospectrum. Mechanical Systems & Signal Processing,2006,21(1):348～364

[18] 三轮修三,下村玄.旋转机械的平衡.北京:机械工业出版社,1992

[19] 安胜利,杨黎明.转子现场动平衡技术.北京:国防工业出版社,2006

[20] 王汉英,张再实,徐锡林.转子平衡技术与平衡机.北京:机械工业出版社,1988

[21] 顾家柳.转子动力学.北京:国防工业出版社,1985

[22] 闻邦椿.高等转子动力学-理论、技术与应用.北京:机械工业出版社,2000

[23] Subbiah R,Rieger N F. Onthe transient analysis of rotor-bearing systems. American Society of Mechanical Engineers Design Engineering Division De,1988,110(4):515～520

[24] Den Hartog J P. Mechanical Vibrations. New York:McGraw-Hill,1956

[25] Blake M P,Mitchell W S. Vibration and acoustic measurement handbook. New Jersey:Spartan Books,1972

[26] Carlson P O L. Four run balancing without phase. Proceedings of Machinery Vibration Monitoring and Analysis Seminar and Meeting,New Orleans,1979:411～418

[27] Everett L J. Two-plane balancing of a rotor system without phase response measurements. Journal of Vibration,Acoustics,Stress,and Reliability in Design,1987,109(2):162～167

[28] Xu B,Qu L,Xu B,et al. A new practical modal method for rotor balancing. Proceedings of the Institution of Mechanical Engineers,Part C. Journal of Mechanical Engineering Science,2001,215(2):179～189

[29] Grāpis O,Tamužs V,Ohlson N G,et al. Overcritical high-speed rotor systems,full annular rub and accident. Journal of Sound and Vibration,2006,290(3):910～927

[30] Lalanne M,Ferraris G. Rotordynamics Prediction in Engineering. New York:Wiley,1998

[31] Hahn S L. Hilbert Transforms in Signal Processing. London:Artech House,1996

[32] Qin Y,Qin S,Mao Y. Research on iterated Hilbert transform and its application in mechanical fault diagnosis. Mechanical Systems & Signal Processing,2008,22(8):1967～1980

[33] 徐灏,蔡春源,严隽琪,等. 机械设计手册(第三卷). 北京:机械工业出版社,2001